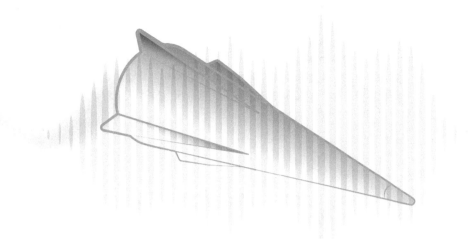

高超声速飞行器
及其运用

杨 哲 周俊杰 编 著

U0245381

北京航空航天大学出版社
BEIHANG UNIVERSITY PRESS

内 容 简 介

高超声速飞行器作为航空航天领域新的战略制高点,其巨大的民用和军用潜力引起了世界各国的极大关注。本书系统介绍了高超声速飞行器的发展现状及趋势、关键技术,分析了高超声速飞行器的运用特点、对军事领域的影响以及军事运用模式和方法,最后探讨了高超声速飞行器的防御问题。

本书既介绍了高超声速飞行器技术的科普性知识,又系统分析了高超声速飞行器的运用相关问题,可供从事高超声速飞行器技术研究的科研人员、工程技术人员和广大航空航天爱好者参阅,亦可以作为高等院校相关专业师生的教学用书。

图书在版编目(CIP)数据

高超声速飞行器及其运用 / 扬哲,周俊杰编著. --
北京 : 北京航空航天大学出版社,2023.5
ISBN 978 - 7 - 5124 - 4028 - 9

Ⅰ. ①高… Ⅱ. ①扬… ②周… Ⅲ. ①高超音速飞行
器-研究 Ⅳ. ①V47

中国国家版本馆 CIP 数据核字(2023)第 022318 号

高超声速飞行器及其运用
杨 哲 周俊杰 编 著
策划编辑 陈守平 责任编辑 龚 雪
*
北京航空航天大学出版社出版发行

北京市海淀区学院路 37 号(邮编 100191) http://www.buaapress.com.cn
发行部电话:(010)82317024 传真:(010)82328026
读者信箱:goodtextbook@126.com 邮购电话:(010)82316936
北京富资园科技发展有限公司印装 各地书店经销
*
开本:787×1 092 1/16 印张:10 字数:256 千字
2023 年 5 月第 1 版 2023 年 5 月第 1 次印刷
ISBN 978 - 7 - 5124 - 4028 - 9 定价:89.00 元

前　言

　　高超声速飞行器作为航空航天领域新的战略制高点,其巨大的民用和军用潜力引起了世界各国的极大关注。以美国和俄罗斯为代表的航空航天强国通过结合本国技术基础和研发能力纷纷制定了各自的高超声速飞行器发展计划,以期在未来高超声速竞赛中占据有利态势。

　　人类几千年的战争史一再证明,武器装备的飞跃式发展,往往带来军事领域的革命性变化。高超声速飞行器融合"高高空、高超速、高机动"特点于一体,具有飞行速度快、突防能力强、打击距离远、毁伤威力大、威慑效果好等优势,必将深刻地改变战争规则,影响未来战争模式。尽管高超声速飞行器在军事运用领域尚处于初级阶段,但随着高超声速技术的不断成熟与完善,作为一种颠覆性的战略前沿技术,不仅会对未来战争产生重大影响,而且会对世界战略格局带来巨大的冲击。因此,高超声速飞行器及其运用研究对于抢占军事科技制高点,带动相关技术领域发展,维护我国安全稳定等都具有重要意义。本书撰写的目的就是希望通过本书的出版,为我国的高超声速飞行器研究与发展起到一定的推动作用,为我国高超声速飞行器技术、运用和相关体系建设发展提供个人思路,以期我国高超声速飞行器事业在未来的国际竞争中赢得一席之地,并在国内的高超声速技术研究领域起到抛砖引玉的作用。

　　本书共分5章。第1章介绍了临近空间与临近空间飞行器、高超声速飞行器的概念及分类;第2章综述了高超声速飞行器的发展现状,总结了美国和俄罗斯等国高超声速飞行器的发展特点,畅想了高超声速飞行器的未来发展趋势;第3章介绍了高超声速飞行器的关键技术;第4章分析了高超声速飞行器的运用特点,并从世界战略格局、现代作战和军事理论三个维度分析了高超声速飞行器对军事领域的影响,然后从运用模式和运用方法两方面探讨了高超声速飞行器的军事运用;第5章从高超声速武器防御特点、方法及美国和俄罗斯高超声速武器防御做法三个方面探讨了高超声速飞行器的防御问题。

　　本书是笔者所在的教学科研团队在高超声速飞行器领域多年教学与科研实践工作的基础上,结合国内外相关文献编撰而成的。参与本书编写工作的人员有:杨哲、周俊杰、张会峰、刘宏强、刘成亮、纪义国、侯满义、谢瑞鹍、杨光。同时,本书也得到了北京航空航天大学出版社编辑们的指导和帮助,在此一并表示衷心的感谢。

　　受限于笔者之能力,书中难免有不妥之处,恳请读者批评指正,使之完善提高。

笔　者

2023 年 4 月 14 日于长春

目　　录

第1章　概　述

1.1　临近空间与临近空间飞行器

随着航空航天技术的发展以及外层空间重要性的不断上升,人类想要探索的空间范围不断拓展,临近空间逐渐成为人们探索开发的新领域。临近空间空域由于空气非常稀薄,多数航空类飞行器都不能在其中飞行,而航天类飞行器由于受重力作用过大,难以维持其飞行轨道,因此该领域以往并未有效开发。近年来,随着人类探索空间活动的不断深入,空间的无缝性和整体性逐渐凸显。临近空间具有的高边疆、无国界特点,与航空空间相比能提供更加广阔的视野、更丰富的信息,与航天空间相比又能提供更具有持续性的信息、更快的通信速度和更精准的探测分辨率,因此临近空间逐渐成为各大国激烈争夺的新的战略制高点。随着人类对临近空间认识的加深,人类的脚步将会一步步涉入这片鲜为人知的空间,临近空间也将被深深地打上人类文明发展进步的烙印。

1.1.1　临近空间的概念

目前,国际上对临近空间的高度范围尚无统一的标准。时任美国空军航天司令部指挥官吉·兰斯·罗德(Gen Lance Lord)将军认为,临近空间是指位于海拔 $20\sim99$ km 范围内的空间区域;美国学者保罗·沃格(Paul Verhage)在所著的《临近空间探秘之路》中认为,临近空间区域是地球大气空间海拔 $22.86\sim100.58$ km 范围内的空间区域;美国 2004 年版《空军转型飞行计划》中提到临近空间是海拔 $48\sim109$ km 范围内的空间区域;国际航空联合会给出的临近空间范围是 $23\sim100$ km。

目前,根据我国纬度情况,国内大部分专家认为临近空间是指海拔 $20\sim100$ km 范围内的空间区域,即航空飞行器的飞行上限与航天飞行器的轨道下限之间的高度范围,它既不属于航空领域,也不属于航天领域,是从航空区域向航天区域过渡的区域,是"空"和"天"的纽带,如图 1.1 所示。

临近空间涵盖大气平流层、中间层和部分电离层区域,正是因为所处的区域独特,因此临近空间具有得天独厚的优势。从大气物理性能角度讲,临近空间云雨天气少见,温度几乎不变,并且气流平稳,环境稳定,十分适合飞行器平稳飞行,使得大多数临近空间飞行器能够借助风力、大气浮力、太阳能等自然能源长时间飘浮在任务区的上空,从而降低能耗。从军事应用角度讲,临近空间处于传统的航空区域(20 km 以下)与航天区域(100 km 以上)之间,临近空间飞行器能够综合航空、航天飞行器的许多优点,对于控制整个空间起着承上启下、联系整体的关键作用;另外,临近空间飞行器凭借高度优势可以避免绝大部分地面防空反导武器的攻击,同时也能够有效实施对地攻击和对航天器的打击,是进行空中军事活动的理想区域,蕴涵着巨大的军事应用价值。

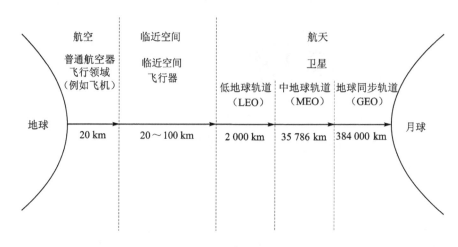

图 1.1　临近空间

随着科技的发展以及国家安全的需要,空间的无缝性与整体性使临近空间的重要性不断上升,其上可制天,下可制空、制地、制海的独特优势不仅使临近空间成为国家的"高边疆",同时也已经成为保护国家利益和维护国家安全的战略制高点。

1.1.2　临近空间飞行器

临近空间飞行器是指能够在临近空间区域进行飞行并执行预定任务的空间飞行器,如飞艇、气球、高空长航时无人机、远距离滑翔式遥控飞行器、高超声速飞行器等。临近空间飞行器具备航天、航空飞行器的诸多优点,可以弥补航天、航空飞行器的不足。

临近空间飞行器按照不同的标准可以有不同的分类。按照飞行高度可以划分为低空临近空间飞行器(飞行高度 20～30 km)、中空临近空间飞行器(飞行高度 30～50 km)和高空临近空间飞行器(飞行高度 50～100 km);按照滞留空中的时间长短可以划分为短滞空临近空间飞行器(10 天内)、长滞空临近空间飞行器(10 天到数月)和超长滞空临近空间飞行器(1 年以上);按照所飞行的区域则可以划分为定点临近空间飞行器、定区域临近空间飞行器、全球到达临近空间飞行器和机动穿梭临近空间飞行器;按照飞行速度可以划分为低动态临近空间飞行器(马赫数小于 1.0)和高动态临近空间飞行器(马赫数大于 1.0)两大类。本书主要以飞行速度为划分标准介绍临近空间飞行器。

1. 低动态临近空间飞行器

低动态临近空间飞行器包括平流层飞艇、高空气球、高空长航时无人机等,如图 1.2 和图 1.3 所示,具有悬空时间长、覆盖范围广、载荷能力大、飞行高度高、效费比高、生存能力强、易于更新和维护等特点。低动态临近空间飞行器能够携带可见光、红外、多光谱和超光谱、雷达等信息获取载荷,作为区域信息获取手段,用于提升战场信息感知能力,支援作战行动;可携带各种电子对抗载荷,实现战场电磁压制和电磁打击,破坏敌信息系统;可携带通信及其他能源中继载荷,用于野战应急通信、通信中继及能源中继服务。

图 1.2 平流层飞艇

图 1.3 高空气球

与航天和航空类飞行器相比,低动态临近空间飞行器具有以下优势:

① 飞行器高度适中,覆盖范围广、探测精度高。太空中的卫星一般是周期性地访问目标区域的,并且周期长、误差较大。而临近空间飞行器飞行高度比卫星低,飞行速度又比航空类飞机慢,能够长时间悬停在目标区域,可实现直接覆盖、连续观测,容易探测到小型目标且探测精度更高。低动态临近空间飞行器还可长时间定点悬浮,不存在卫星和飞机掠过后的间歇问题。

② 飞行时间长,无防空武器威胁,生存能力强。相比于航空类飞行器,低动态临近空间飞行器能够长时间在目标区域驻留,现有的防空武器一般用于对付航空类目标,攻击高度小于临近空间飞行器的飞行高度。

③ 成本低,可以大量迅速部署。相比于卫星,临近空间飞行器不像卫星升空那样需要进行昂贵而又充满风险的火箭发射,具有效费比高、部署速度快、易于更新和维护、可重复使用等优点。

2. 高动态临近空间飞行器

高动态临近空间飞行器伴随着高超声速技术的发展而出现,主要包括平台和武器两种,平台以空天轰炸机为代表,武器以高超声速导弹为代表。

高动态临近空间飞行器具有极高的飞行速度和大载荷能力,并采取隐身技术等对抗手段,具有极强的突防能力,上可威胁卫星等天基平台,下可攻击空基平台及地面海面目标,由于高度和速度的关系,当前多数地面防空武器都无法对该空域飞行的飞行器构成实质性威胁,具有远程快速到达、高速精确打击、可重复使用等优点。既可配载核弹头,替代弹道导弹实施战略威慑和打击,又可配载常规精确弹药攻击时间敏感目标,还可携带信息传感器,对全球重要目标实施快速侦察,从而比弹道导弹更具灵活性和快速响应能力,具有很强的战略威慑力。

1.1.3 临近空间飞行器的运用

基于临近空间飞行器的诸多优势,其可作为军用航天器和航空器的有效补充,使得临近空间飞行器具有广阔的军事应用前景。

1. 低动态临近空间飞行器的运用

① 预警监视平台。临近空间飞行器通过搭载先进的预警雷达、激光雷达、电子侦察等设备,构成临近空间预警探测平台,可全天时、全天候远距离探测、跟踪来袭的各类目标,查明其航向、航速等情况,并进行目标识别,在防空反导作战中发挥重要作用。同时,可与卫星、空中预警机、地面预警雷达形成空天一体化预警体系,实现对高、中、低空,远、中、近程空中目标的严密预警以及对战术弹道导弹的早期预警,提供打击目标的准确数据,并引导攻击武器对敌实施精确打击。

② 通信中继平台。临近空间飞行器搭载通信设备后可为地面、海上、低空对象提供宽带高速抗干扰及超视距通信,其通信不受地形的限制,从而有效扩大作战空间。当前,在作战时卫星导航、通信信号易受干扰,而临近空间通信平台能够长时间持续工作,提供比卫星导航通信信号强度更大、保密性更好的信号。临近空间通信平台采用点波束天线,实现有限区域通信覆盖,不同于卫星通信的广域通信方式,因而具有良好抗干扰性能,可用于战场高空通信中继平台,执行与视距外部队通信的任务,提高联合作战能力。

③ 电子对抗平台。临近空间飞行器可扩展为一种高空、长航时、隐身的电子对抗和干扰平台,拥有强大的电子对抗优势,可协同其他作战力量作战,具有灵活机动、覆盖范围广等特点,可在各种地理环境下,根据情况选择最佳位置对敌雷达、通信、光电、导航、敌我识别等电子装备广泛实施压制性干扰和欺骗干扰,降低其作战效能,提高我方飞机、导弹等在作战过程中的突防能力、作战效能和生存概率。

④ 打击平台。临近空间飞行器作为武器平台,具有覆盖范围大,不受气候条件、地理环境、领空限制等特点,可直接装备动能武器、定向能武器等,长时间在战区上空巡航,一旦需要,就可以从临近空间对敌地面战略目标实施打击,这种居高临下的突然攻击可极大地压缩对方预警反应时间,提高突防能力,具有很强的战略威慑作用和实战效能。同时,临近空间武器平台还可以远程拦截敌方现役和未来可能部署的多种空天进攻平台。

随着技术的发展,将来低动态临近空间飞行器运用将更加灵活机动,可根据实际作战需求灵活组合,混合搭载不同载荷,大大增强战场支援和作战能力。

2. 高动态临近空间飞行器的运用

20 世纪 90 年代以来,以美国、俄罗斯为主的军事强国对高动态临近空间飞行器的发展进行了规划,并开展了大量深入的研究。其中,美国先后开展了多种不同类型高动态临近空间飞行器的研究,并对高超声速技术进行了大量实验探索,具有代表性的研究项目包括 SR‐72、X‐37B、X‐51A、HTV‐2(hypersonic technology vehicle‐2)等。

高动态临近空间飞行器可以构建三类飞行平台:快速打击时间敏感目标的高超声速临近空间飞行器、全球快速到达的高超声速临近空间飞行器以及以快速进出空间为背景的高超声速临近空间飞行器。

① 快速打击时间敏感目标的高超声速临近空间飞行器。快速打击时间敏感目标的高超声速临近空间飞行器主要性能特征为:飞行速度 5 Ma 以上、飞行距离几百甚至上千千米、飞行高度 20~30 km。该类飞行器主要包括吸气式巡航飞行器和助推‐滑翔式飞行器两种。

助推‐滑翔式飞行器由于技术相对易实现,未来一段时间内将是快速打击时敏目标的高超声速临近空间飞行器的重点发展方向。助推-滑翔式飞行器是一种新型组合导弹,可以同时结合弹道导弹射程远、飞行速度快和巡航导弹大升阻比、高机动性的优点,能有效突破导弹防御系统的拦截,完成对远距离目标的精确打击。而吸气式巡航飞行器由于涉及推进技术等问题,短期内无法达到实用化的效果,但其具有弹道低平、机动灵活等优势,也是军事强国研究的热点。

② 全球快速到达的高超声速临近空间飞行器。全球快速到达的高超声速临近空间飞行器主要性能特征为:飞行速度大于 5 Ma、飞行距离几千甚至上万千米、飞行高度超过 30 km。

全球快速到达的高超声速临近空间飞行器以美国 SR-72 高超声速无人机为代表,如图 1.4 所示。SR-72 是一种双发隐身高超声速无人机,主要用来取代美国已经退役的 SR-71 高空侦察机,飞行速度能达到 6 Ma,可在 2 h 内到达全球任何地点,凭借其速度优势突破敌防空系统,执行情报、侦察、监视、打击等多样化作战任务,可填补现有卫星、亚声速有人、亚声速无人飞行平台在快速反应情报方面日益增长的能力缺口。

③ 以快速进出空间为背景的高超声速临近空间飞行器。以快速进出空间为背景的高超声速临近空间飞行器简称空天飞行器,它可实现飞行器地面自主起飞、进出空间、降落和可重复使用,最终达到快速、廉价进出空间的目的。

以快速进出空间为背景的高超声速临近空间飞行器以美国 X-37B 为代表,如图 1.5 所示。X-37B 提供了一种灵活的空间试验平台,其最主要的任务是验证具有自主再入和着陆能力、可长时间工作、可重复使用空天飞行器所需的技术。在民用领域,X-37B 可用于太空探索、空间运输;在军用领域,可执行情报收集、发射小卫星等任务,并且可携带攻击性载荷,有能力对别国卫星和其他航天器进行控制、捕获和摧毁等。

图 1.4　SR-72 高超声速无人机

图 1.5　X-37B 空天飞行器

1.2　高超声速飞行器概念及分类

1.2.1　概　念

高超声速飞行器是指飞行速度大于 5 Ma,能在大气层和跨大气层中远程飞行的飞行器,其应用形式包括高超声速导弹、高超声速运输机、可重复使用运载器等多种飞行器。高超声速技术是一门集航天、航空、材料、气动、控制等多学科于一体的前沿技术,高超声速飞行器不仅能在大气层内高速飞行,还具备二级入轨甚至单级入轨的潜力,具有很高的军用和民用价值,是航空航天领域的战略制高点。

高超声速飞行器概念由来已久。早在1883年,奥地利科学家欧根·桑格尔就提出了在临近空间使用火箭助推-滑翔飞行器制造环球轰炸机的方案,即"银鸟"空天轰炸机,如图1.6所示。桑格尔将这种飞行器设计为一种底部平坦的类飞机式结构,在100 t火箭助推器的推动下,该结构被投送至太空获得一定的速度矢量,在大气层和太空的交界处利用重力和空气升力的联合作用,以"打水漂"的方式实现洲际飞行和突防,这种高超声速飞行器弹道被称为"桑格尔弹道",如图1.7所示。受此思路启发,我国火箭控制学专家钱学森设计了一种更为科学、易于实现的弹道——"钱学森弹道",取消了桑格尔在太空与大气层交界面"打水漂"的设想,而是让火箭助推器先将飞行器推出大气层,而后在重力的作用下重返临近空间,利用自身操控翼面产生的"激波浮力"在临近空间滑翔。《苏联军事百科词典》也对"钱学森弹道"进行了定义:它是由弹道式弹道和在稠密大气层内依靠空气动力面升力的滑翔段相结合而成的,以便增大射程。后来发展的高超声速飞行器几乎都采用了"钱学森弹道"。

图1.6 "银鸟"空天轰炸机

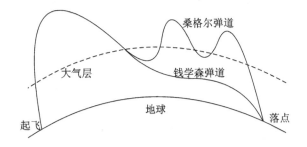

图1.7 "桑格尔弹道"和"钱学森弹道"弹头质心运动轨迹

从军事应用角度看,相较于传统的弹道导弹,高超声速飞行器具有更强的突防能力。由于弹道导弹沿固定的抛物线弹道飞行,导弹起飞后不久,就能判断整个飞行轨迹和落点,从而发射拦截弹进行拦截。虽然当前的弹道导弹可以进行机动变轨,但在外层空间变轨需要大量抛射火箭燃气,成本和难度较高,变轨幅度也有限。而高超声速飞行器可以在临近空间进行大范围的横向机动,弹道和落点不固定,大大增加了拦截系统的拦截难度。

临近空间高超声速飞行器通常具备响应迅速、航程远、打击范围广、毁伤威力大、打击精度高、突防能力强等独特优势,正逐渐成为世界军事强国的空天竞争要地和高地,并不断影响着大国竞争背景下的导弹防御策略和军备控制策略。自2001年以来,美国已完成多次基于X-43A、X-51A、HTV-2和AHG(advanced hypersonic weapon)等平台的临近空间高超声速飞行试验。2020年3月20日,美国成功进行了海、陆、空三军通用型高超声速滑翔体(common hypersonic glide body,C-HGB)的发射和飞行测试,为其在2025年前将战术高超声速武器投入现役奠定了基础。俄罗斯则在成功进行YU-71高超声速助推-滑翔导弹、"锆石"(Zircon)高超声速巡航导弹、"匕首"(Kinzhal)高超声速导弹和"先锋"(Avangard)高超声速助推-滑翔导弹的飞行实验后,于2019年12月24日宣称其是世界上唯一拥有高超声速武器的国家。中国于2018年8月成功试射飞行速度达5.5 Ma的"星空-2号"(Xingkong-2或Starry Sky-2)高超声速滑翔飞行器后,在2019年10月1日举行的庆祝中华人民共和国成立70周年阅兵式上,向全世界展示了乘波体外形的高超声速飞行器东风-17(DF-17),如图1.8所示,意味着中国已在此领域实现从跟跑到并跑甚至领跑的跨越。除了综合实力处于领先地位的美国、俄罗斯和中国之外,包括澳大利亚、印度、日本、法国等在内的其他国家也在采用多种手段发展各自的临近空间高超声速飞行器技术。正如 2020 年初美国人 Richard Stone 在《Science》上撰文指出的那样,尽管存在夸张成分和技术障碍,但高超声速军备竞赛正在加速。

图 1.8　东风-17 导弹

作为一种可改变战争规则的穿透型"速度隐身"飞行器,临近空间高超声速飞行器甚至有望取代核武器成为新的常规快速全球打击手段,也必将给未来的国家空天安全带来重大机遇和挑战。

1.2.2　分　类

高超声速飞行器有多种类型,按照飞行方式进行分类可以划分为高超声速吸气式巡航飞行器、高超声速助推-滑翔飞行器和可重复使用运载器三大类;按照气动布局分类可以分为轴对称体、翼面融合体、升力体以及乘波体等。

1. 按照飞行方式分类

高超声速飞行器按照飞行方式可划分为高超声速吸气式巡航飞行器、高超声速助推-滑翔飞行器和可重复使用运载器三大类。

(1) 高超声速吸气式巡航飞行器

高超声速吸气式巡航飞行器(hypersonic cruise vehicle,HCV)是以超燃冲压发动机为动力,可在临近空间高超声速巡航的一类飞行器。高超声速巡航飞行器先以火箭发动机为助推器或通过飞机携带,使飞行器加速至高速,随后切换到吸气式超燃冲压发动机提供后续动力,维持高超声速巡航式飞行。超燃冲压发动机被称为继螺旋桨式、喷气式发动机后的"第三次飞行动力革命"。借助超燃冲压发动机,高超声速巡航飞行器可以从大气里直接吸入氧气,改善火箭发动机提前携带氧化剂的弊端,有效降低起飞重量,使其在消耗相同质量推进剂的条件下,产生约 4 倍于火箭的推力,并且能够实现全程动力、全程操控、全程机动。高超声速吸气式巡航飞行器的典型代表有美国的超燃冲压发动机飞行器验证器(X-51A)、俄罗斯的"锆石"高超声速巡航导弹,如图 1.9 和图 1.10 所示。

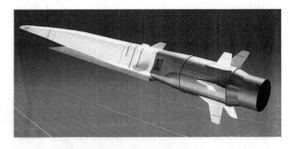

图 1.9　X-51A 吸气巡航飞行器　　　　　　图 1.10　"锆石"高超声速巡航导弹

　　高超声速吸气式巡航飞行器的弹道接近于巡航导弹的弹道特点,主要包括助推段、巡航段、下压段,如图 1.11 所示。助推段:发射后利用火箭助推的方式,助推高度大约为 20 km,助推至超燃冲压发动机启动工作所需的启动速度。巡航段:巡航高度一般为 20~40 km,巡航速度为 6 Ma 左右,具有较强的横向机动能力。下压段:飞行器接近目标后,在较短距离内进行急速下压,做近垂直运动。

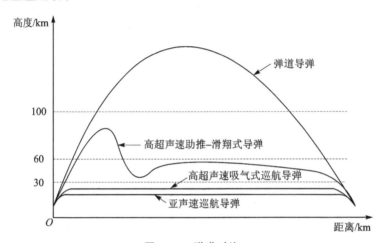

图 1.11　弹道对比

　　高超声速巡航飞行器飞行轨迹低平、机动灵活,能够实现从低速到高超声速的整个包线飞行,具有很强的实际应用价值,但由于超燃冲压发动机技术复杂,因此实用化难度较大。

　　(2) 高超声速助推-滑翔飞行器

　　高超声速助推-滑翔飞行器(hypersonic glide vehicle,HGV)是一种基于助推-滑翔弹道概念的高超声速飞行器。这种飞行器采用火箭助推器将其发射在合适的高度、速度和航迹角后,飞行器与火箭助推器分离,飞行器在临近空间依靠高升阻比的气动外形做高超声速滑翔式飞行,如图 1.12 所示。高超声速助推-滑翔飞行器的典型代表有美国高超声速技术飞行器(HTV-2)和俄罗斯"先锋"高超声速导弹等,如图 1.13 和图 1.14 所示。高超声速助推-滑翔飞行器的弹道接近于弹道导弹的弹道特点,主要包括助推段、惯性段、再入拉起段、滑翔机动段和下压段,如图 1.11 所示。助推段:采用火箭助推的方式,与弹道导弹助推段相似。惯性段:当飞行器和火箭助推器分离后,飞行器进行惯性抛物线运动,相当于弹道导弹的中段。再入拉起段:主要是指飞行器再入大气层后,通过姿态控制系统,在 40~50 km 高度向上拉起机动,实现到达滑翔初始点的过渡飞行。滑翔机动段:飞行器在 20~80 km 高度进行长时间滑翔飞行,具有一定的横向机动能力。下压段:飞行器接近目标后,在较短距离内进行急速下压,做近垂直运动。

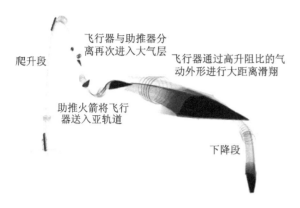
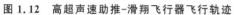

图 1.12 高超声速助推-滑翔飞行器飞行轨迹

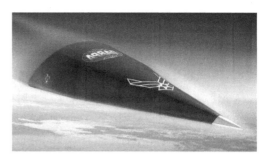

图 1.13 HTV-2 助推-滑翔飞行器

图 1.14 "先锋"高超声速助推-滑翔导弹

高超声速助推-滑翔飞行器前段采用弹道式弹道,后段采用滑翔式弹道并配以末制导系统,在滑翔飞行中,飞行器可以依靠自身高升阻比的优势实现大范围的横向和纵向机动,因此滑翔距离远,且弹道不固定,增大了突防能力,避免了传统弹道导弹采用惯性弹道轨迹,对方可以通过预测其轨迹对其进行拦截的问题,如图 1.15 所示。同时,由于弹道低,陆/海基雷达受

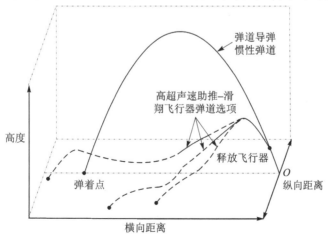

图 1.15 高超声速飞行器落点的不可预测性

制于地球曲率的影响,难以在远距离进行预警和探测,大大压缩被对方陆/海基探测系统发现的时间。

（3）可重复使用运载器

可重复使用运载器(reusable launch vehicle,RLV)是指能够把成员与货物送入预定的空间轨道,在完成任务后,再入大气层返回,最后像普通飞机那样水平着陆的天地往返运载器。

可重复使用运载器是航天再入返回技术与航空飞行器技术有机融合的产物,它的研制与热保护、新型材料、飞行器总体设计、超燃冲压发动机以及飞行控制等技术的发展密不可分。当前,除航天飞机和 X-37B 是较为成熟的实际运行飞行外,可重复使用运载器大都为某几项关键技术的演示验证飞行器或者处于研制阶段的飞行器。空天飞机是可重复使用运载器的典型代表,它集航空、航天技术于一身,兼有航空和航天两种功能,既能完成民用航空航天任务,又能执行多种军事航空航天任务,是一种具有广阔发展前景的载人航天器。随着空间活动的增加特别是载人航天的发展,一次性使用火箭、飞船和航天飞机的高额发射费用日益成为大规模开展空间活动的"瓶颈",需要一种既能像普通飞机一样起降,又能往返于天地之间的经济、安全的飞行器,这就是空天飞机,其中最著名的空天飞机方案有美国的国家空天飞机(NASP)、英国的霍托儿(HOTOL),如图 1.16 所示。基于可重复使用运载器巨大的民用和军用价值,美、俄、日和印度等国均在实施包括空天飞机计划在内的可重复使用运载器技术发展计划。

2. 按照气动布局分类

高超声速飞行器按照气动布局分类可划分为轴对称体、翼面融合体、升力体以及乘波体等。

（1）轴对称体

轴对称体的主体部分是旋成体,即由一条母线围绕某轴回转而成的构形,其任意一个截面都是圆形,如图 1.17 所示。轴对称体外形特点是尖头部、大细长比、弹性大后掠角、小展弦比,通过马赫锥减小波阻,并且为发动机提供入口进气条件。轴对称体气动布局的优点是控制系统设计简单,技术比较成熟,如弹道导弹的锥形弹头、飞船的返回舱多为轴对称体,美国的快速霍克(Fast Hawk)高超声速导弹、俄罗斯的"匕首"高超声速导弹都属于这一类型。但轴对称体升阻比低,内部可使用空间有限,而且在其所占据的狭长空间中,设计满足发动机进气和喷气条件的三维激波系有较大难度。

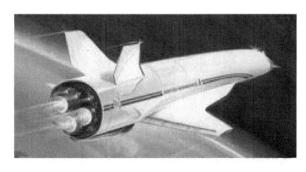

图 1.16　HOTOL 空天飞机

图 1.17　轴对称体

（2）翼面融合体

翼面融合体是由飞行器的机翼与机身两个部件一体化融合而成的布局,类似于常规的飞机构型,飞行器的翼面和机身区分明显,美国早期的火箭动力高超声速验证机 X-15、美国计划中的 SR-72 高超声速侦察机采用的都是翼面融合体构型,如图 1.18 所示。翼面融合体的优势是结构重量轻、具有较高的内部空间使用率,具有传统气动设计的基础和经验,且热防护、操纵等方面的技术相对成熟,由于消除了机翼与机身交界处的直角,翼面融合体也有助于减少雷达反射截面积(radar cross section,RCS),改善隐身性能。

翼面融合体气动布局是完全三维意义上的设计,其激波系非常复杂,对于吸气式推进系统而言,要使得飞行器外形满足多模块的发动机入口条件和利用发动机喷流提高气动性能的目标很难达到,对气动设计提出了很高的要求。

（3）升力体

升力体是在没有机翼等结构的情况下靠飞行器本身形成的升力稳定飞行的气动结构,其构型如图 1.19 所示。升力体没有常规飞行器的机翼,而是用三维设计的翼身融合体来产生升力。升力体气动布局消除了机身等部件所产生的附加阻力和机翼机身间的干扰,提高了升阻比,从而改善了系统的总体性能。升力体构形具有较强的升阻比和机动性能,是空间航天器气动构形的首选方案,主要用在可重复使用运载器等飞行器外形设计中,包括美国国家航空航天局(National Aeronautics and Space Administration,NASA)研究的 X-33、X-34 系列都采用的是升力体气动布局。但升力体和翼面融合体气动布局一样,如果使用空气作为氧化剂,其三维设计难度大,而且发动机进口和出口条件与升力体整体外形难以协调,所以升力体构型大多用于火箭动力飞行器,如美国的 X-23、X-24、X-33 验证机等。

图 1.18　SR-72 翼面融合体布局

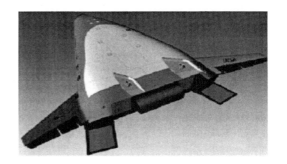

图 1.19　升力体布局

（4）乘波体

乘波体构型的概念首先由英国人 Terence Nonweiler 在 1959 年提出。常规构型飞行器上下表面之间存在流动泄漏,可以导致多达 25% 的升力损失。针对这一问题,Terence Nonweiler 首先提出了由二元楔形流组成三元升力体的基本乘波体构想,即用已知精确解的流场来确定飞行器外形,这与常规的已知外形求解其流场的思路相反。由于设计中使外形前缘平面与流场激波上表面重合,如同外形前缘平面骑在激波的波面上,故称之为"乘波体"。乘波体构型是一种所有的前缘都具有附体激波的声速、高超声速飞行器构型,如图 1.9 所示,其优势主要体现在以下几个方面：由于乘波体所产生的激波位于其升力面的下方，上下表面没有压力沟通，所以不存在飞行器下表面和上表面的流场干涉问题，上下表面可以分开处理，有效地简化了飞行器的初步设计和计算过程；乘波体具有比常规构型更大的升阻比，扩大升阻比对飞行器增大航程具有重要意义。在超声速流中，常规外形前缘多为脱体激波，激波前后压差阻力大，乘波体前缘及上表面与激波共面，压差阻力小，下表面在设计马赫数下受到与常规外形一样的高压，且上下表面的压差不会像常规外形一样相互交流，因此获得较大的升力，而常规外形要得到同样大的升力，必须使用更大的迎角；乘波体更适宜于吸气式高超声速飞行器，因为乘波体下表面是一个高压区，是发动机进气口的极佳位置，并且发动机的下表面还可以与乘波体一体化机身设计，能够保证进气道入口处流场均匀，从而有效地保证发动机的性能；乘波体流场已知，为优化设计提供了基础。乘波体外形是用已知的可以得到精确解的流场反设计而成，这为对于实际使用的飞行器进行优化设计提供了基本条件，可以根据实用需要(如有效容积、内部组件安装、增加垂直尾翼等)，将各种理想的乘波体外形适当变化，折衷设计；乘波体外形在偏离设计条件下仍能保持有利的气动性能，如椭圆锥流场形成的椭圆锥乘波体在马赫数和迎角变化较大时，升阻比的变化相对很小，有小侧滑角时，其压力分布与无侧滑角相比也无大的差异。

　　从武器化角度讲，相比传统轴对称体飞行器，乘波体如果实现武器化，将具有很大优点。采用助推-滑翔方式的乘波体，在相同的释放高度和速度下，其纵向和侧向滑翔距离都远超传统轴对称体弹头，特别是侧向滑行能力很强，可实现大范围侧向机动，加之飞行的弹道低，敌方预警系统更难以预测其飞行轨迹，因此在射程相同的情况下，相较于轴对称体更难以拦截，高超声速飞行范围内乘波体也由此被公认为是最好的外形。乘波体构型的不足在于乘波体的气动设计和飞行控制要比传统轴对称体飞行器更复杂，另外，目前的乘波体高超声速飞行器的体积利用率似乎不如轴对称体飞行器，在起飞和着陆过程中存在困难，而且具有燃料储量较少、跨声速阻力大等缺点，这也导致目前基于乘波体构型的高超声速飞行器的实用化和武器化具有一定困难。美国在乘波体投入最多，成果也最丰富，并进行了工程化产品的试验。X-51A、HTV-2、X-43A高超声速飞行器都使用了乘波体设计。

第 2 章　高超声速飞行器发展现状及趋势

高超声速飞行器作为航空航天领域新的战略制高点,其巨大的民用和军用潜力引起了世界各国的极大关注,以美国和俄罗斯为代表的航空航天强国通过结合本国技术基础和研发能力纷纷制定出台了各自的高超声速飞行器发展计划,以期在未来高超声速竞赛中占据有利态势。

2.1　发展现状

2.1.1　美　国

美国是当前世界上研究高超声速基础最强、投资最大、体系最全的国家。为了抢占高超声速技术领域的制高点,美国从 20 世纪 50 年代就进行了一系列的高超声速科学计划及武器项目,推动其临近空间高超声速飞行器技术的持续发展,也奠定了美国在高超声速领域的领先地位。

美国先后制定并开展了"国家空天飞机"(NASP)计划、"高超声速技术"(HyTech)计划、"高超声速飞行器试验"(Hyper‐X)计划、"低成本快速反应导弹演示器"(ARRMD)计划、NVI 倡议、"高超声速飞行验证"(HyFly)计划、"猎鹰"(FALCON)计划、"超燃冲压发动机飞行器验证器"(X‐51A)计划等科学计划,通过这些计划的实施,美国开展了一系列的武器项目,其中具有代表性的包括先进高超声速武器项目(AHW)、常规快速全球打击/常规快速打击项目(CPGS/CPS)、远程高超声速武器项目(LRHW)、高超声速打击武器演示验证项目(HSSW)、战术助推‐滑翔项目(TBG)、高超声速吸气式武器概念项目(HAWC)、空射快速响应武器项目(ARRW)、高超声速常规打击武器项目(HCSW)、作战火力项目(OpFires)等。时任美国研究与工程国防部长助理艾伦舍菲尔曾表示,美国希望成为第一个掌握高超声速技术的国家。实际上,美国长期以来一直坚持以前沿技术探索推动其临近空间高超声速飞行器的持续发展。

1. 高超声速科学计划

为了保证在高超声速领域的领先地位,美国相继开展了一系列关键技术研究计划。在相关的国家战略及规划的指引下,这些计划之间联系紧密、环环相扣,有些计划是对之前计划所发展技术的验证,有些计划则是为之后开展的计划进行基础技术的研究。众多的基础研究计划和演示验证计划围绕高超声速飞行器技术发展的最终目标,构成了一个有机的研究体系。

(1) NASP 计划

1986 年,根据美国国防高级研究计划局(Defense Advanced Research Projects Agency,DARPA)倡导的单级入轨研究,为了抢占高超声速技术领域的制高点,美国国防部与 NASA 共同组织实施了"国家空天飞机"(NASP)计划。NASP 计划是国家级多学科项目,计划的设想是研制一种单级入轨的航天运载器,能够革命性地改变航天运输的现状,能够像普通飞机那样重复使用,从机场起飞和降落,相比火箭动力运载器大幅度降低发射成本。由于经费短缺和技术不成熟等原因,NASP 计划并没有能够按原有计划实施,于 1995 年终止。

NASP 计划研究的内容要比美国之前的一些高超声速飞行器研究计划更加深入,除了进行基础理论研究和概念性探索之外,还进行了地面试验研究,突破了美国以往大部分超燃冲压发动机研究工作只停留于理论研究阶段的局面。在 1986 年到 1995 年的 NASP 计划期间,美国对已有的试验设施进行了大规模的改造,并进行了一系列试验研究,初步掌握了马赫数小于 8 的超燃冲压发动机技术,并留下了大量宝贵的数据。但直到 NASP 计划结束,该计划都没有进行实际的飞行试验,而只是对高超声速飞行器中的关键部件超燃冲压发动机进行了地面试验和风洞中的模拟飞行。

（2）HyTech 计划

NASP 计划结束后,1995 年由美国空军研究实验室（Air Force Research Laboratory, AFRL)牵头启动了"高超声速技术"（HyTech)计划。HyTech 计划的目标是发展和演示在马赫数为 4～8 的条件下,碳/氢燃料超燃冲压发动机推进系统的运行能力、性能以及结构的可行性。HyTech 是一个主要发展技术的计划,研究工作重点是发动机的研制,以一次性使用的导弹为应用背景,若能研制成功,将为之后研制马赫数更高并且可以重复使用的超燃冲压发动机打下坚实基础。

HyTech 计划研制的超燃冲压发动机及其相关技术之后陆续应用在 Hyper-X、X-51A、ARRMD 等美国其他高超声速计划之中,为其他计划的开展奠定了基础。

（3）Hyper-X 计划

NASP 计划没有进行实际的飞行试验,而只是对超燃冲压发动机进行了地面试验和风洞中的模拟飞行,只有飞行试验验证成功,超燃冲压发动机技术才能从基础研究阶段迈进到工程生产阶段。因此在 NASP 计划结束之后,NASA 于 1997 年发起了"高超声速飞行器试验"（Hyper-X)计划。Hyper-X 计划由 NASA 的兰利研究中心和德莱顿（Dryden)研究中心联合进行研制,目的是对可重复使用飞行器与超燃冲压发动机一体化设计技术进行研究和验证。主要采用代号为 X-43A 的飞行器进行试验,如图 2.1 所示,之后还有 X-43B、X-43C 和 X-43D 等飞行器。

图 2.1　X-43A

X-43A 飞行器计划通过飞行试验来验证超燃冲压发动机的实际性能,飞行器使用的是可以对超燃冲压发动机性能进行验证的飞行器的最小尺寸,飞行器和连接器的设计和制造主要由 ATK GASL 和波音公司完成。X-43A 设计速度为马赫数 7～10,飞行高度在 29～34 km 的范围内,采用乘波体气动外形。X-43A 共进行了 3 次飞行试验:2001 年 6 月, X-43A 进行了第一次飞行试验,但在与 B-52 分离之后 X-43A 失去控制,事故调查小组认为失败的主要原因在于采用的模型不够精确,使得设计的控制系统不能满足预设的轨迹跟踪要求;2004 年 3 月,X - 43A 成功进行了第二次飞行试验,在约 12 km 高空中,X - 43A 与加速器分离后独自运行了 10 s,完成了空气动力学机动状态的测试,发动机性能接近预期状态,最高速度达到 6.83 Ma;同年 11 月,X - 43A 成功进行了第三次飞行试验,飞行速度高达 9.8 Ma。X - 43A 的成功充分验证了超燃冲压发动机可以作为吸气式高超声速飞行器的动力来源,标志着吸气式高超声速飞行器的发展迈入了新纪元。

Hyper - X 计划的重点在于飞行试验验证,三次试验是对美国在超燃冲压发动机这一领域多年的研究成果的验证,把之前只停留于理论研究中的技术应用到实际飞行之中,所获得的经验对高超声速技术之后的发展有很好的借鉴作用,该计划还为 HyTech 计划中的发动机提供了试验平台。

(4) ARRMD 计划

1998 年,DARPA 提出了"低成本快速反应导弹演示器"(ARRMD)计划,该计划由 DARPA 的战术技术办公室组织管理,美国空军实验室参与,波音公司为主要承包商。ARRMD 计划的目的是进行远程高超声速巡航导弹的飞行试验,以检验其性能。ARRMD 计划要求导弹采用模块化、多功能的战斗部,有足够精确的探测和识别目标的能力,具备在最短时间内对目标信息进行传递处理的能力,既能打击表面的突发威胁,又能摧毁位于地下的坚固目标。该计划最初对成本的要求是要把成本控制在单价 20 万美元,并且要求能同时满足美国空军和海军作战要求,既能用于多种轰炸机和战斗机,又能安装在军舰和潜艇的发射装置内,对多个平台都能兼容。在这种情况下,DARPA 希望承包商能使用成熟度较高的技术,并最大限度地参考已有导弹研制的经验。

ARRMD 计划最初计划分为两个阶段进行,第一阶段重点发展关键技术,第二阶段则重点进行大量的飞行试验演示。波音公司提出了两种技术方案:第一种方案是在之前 HyTech 计划中的一体化推进系统基础上进一步发展而形成的乘波体构型方案,该方案的发动机截面为矩形,一体化于飞行器的下表面,采用双模态超燃冲压发动机,发动机燃烧时采用液体热沉燃料进行主动冷却,发动机的喷管与飞行器后部的下表面一体化;另一种方案是基于原来美国海军的地对空导弹方案,采用双燃烧室冲压发动机技术,该方案中的飞行器为轴对称外形,锥形头部为多个进气道模块,气流进入进气道后被这些模块分配,一部分进入亚声速燃烧室,剩余部分进入超声速燃烧室。经过两年研究论证,DARPA 认为双燃烧室冲压发动机有很多关键技术的难点不易解决,更看好双模态超燃冲压发动机设计,并最终选择了第一种方案。ARRMD 计划最终由于无法有效解决发动机在超声速气流中燃烧这一问题而一再拖延,最终于 2001 年结束。

虽然 ARRMD 计划最终并没有开展预计中的飞行试验,但是在其第一阶段所提出的两个方案为后续美军的研究提供了技术基础,其中乘波型结构方案最终应用到了 X - 51A 计划中,而双燃烧室冲压发动机方案在后续的 HyFly 计划中得以继续。

(5) NAI 倡议

2001 年,NASA 和美国国防部联合提出了"国家航空航天倡议"(NAI)。该倡议综合空间与空中技术,用于实现全球顶尖的武力打击、空间发射与持久情报、侦察与监视的能力。NAI 倡议技术开发重点体现在三个相互关联的领域:高速/高超声速技术、太空进入技术和空间技术,这三个方面共同致力于实现远程精确打击、空间发射和响应性空间有效载荷能力。NAI

倡议涉及领域广泛且技术有所交叉,具体分类情况如图 2.2 所示。

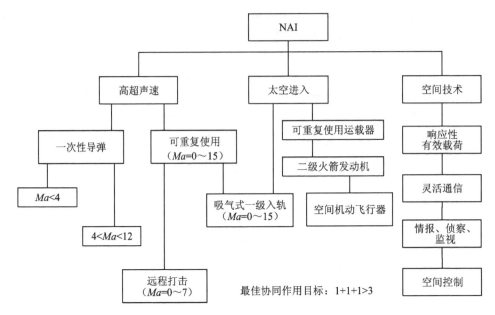

图 2.2　NAI 倡议分类

NAI 倡议的目的是把国家航空航天技术的发展统一起来,并把这些技术的发展置于国家优先发展的地位。NAI 倡议希望通过综合各项技术的发展、优化、演示与转型来确保美国在航空航天领域的领导地位。

NAI 倡议进一步明确了美国高超声速飞行器的发展战略,为高超声速飞行器的发展制定了新的路线,主要分为三个阶段:

① 近期目标重点发展高超声速导弹,解决并验证推进系统、空气动力学、防热结构与材料及制导控制等方面的核心技术。

② 中期目标重点发展能快速到达全球任何地点的高超声速飞机,进行关键技术攻关,提升高超声速飞行器技术的成熟度及可靠性。

③ 远期目标重点发展可重复使用的能全球降落、全天候起飞的空天飞机。

NAI 是一项有计划的综合性科技开发与验证倡议,在 NAI 倡议之前,美国高超声速飞行器的发展缺乏统一的思路,对同一需求会有不同的解读,导致整个发展进程没有完整清晰的规划。在 NAI 倡议之后,美国统一了高超声速飞行器的发展思路,在美国已有的数十年研究成果基础之上,将很多技术逐渐应用到实际作战中,对高超声速技术的发展起到了巨大的推动作用。

（6）HyFly 计划

2002 年,美国海军研究办公室和 DARPA 共同出资发起了"高超声速飞行验证"（HyFly）计划。该计划主要承包商是波音公司,各方面共同完成项目的设计、试验和研制工作。HyFly 计划可以看作是 ARRMD 计划的延续。当时 ARRMD 计划提出了两种技术方案:一种是采用碳/氢双模态超燃冲压发动机,另一种是采用双燃烧室冲压发动机。在 ARRMD 计划中,DARPA 最终没有选择双燃烧室冲压发动机方案,但是美国海军并没有停止相关研究,在 AR-RMD 项目终止之后,DARPA 再一次考虑了之前放弃的双燃烧室冲压发动机方案。HyFly 计划的主要目标是对双燃烧室超燃冲压发动机、轻质高温材料、制导控制等关键技术进行研究验证,实现以 6~8 Ma 在 27 km 的高空进行高超声速巡航。

美国海军之所以倾向于双燃烧室冲压发动机技术而非双模态超燃冲压发动机,主要原因在于:一是美国海军只是希望能研制一种用于打击的高超声速导弹,而并不需要满足可重复使用等其他要求;二是美国海军要考虑导弹能兼容其他作战平台,既能安装在军舰和潜艇的发射装置内,又可以装载在战斗机上,这样双燃烧室冲压发动机所用的无须冷却的轴对称结构是最合适的;三是美国海军希望导弹可以在相对较低的飞行速度下就可以启动,双燃烧室冲压发动机 3 Ma 的启动速度比启动速度相对较高的双模态超燃冲压发动机合适。飞行器的结构使用了锥形的头部及圆柱形的弹体,外形像一枚大型反舰导弹,弹体采用钛合金。为了能够适应长为 4.25 m,直径约 500 mm 的双燃烧室冲压发动机的尺寸,飞行器的弹径设计较大。2002 年 7 月,双燃烧室冲压发动机已经在 NASA 的高速风洞内进行了 Ma 为 6~6.5 的试验,试验达到了预期的性能目标。2005 年 1 月 26 日,在没有动力的情况下,HyFly 计划进行了第一次试飞,导弹与载机成功安全分离,并对制导与控制系统进行了验证。2005 年 8 月 26 日,HyFly 计划进行了第二次试飞,这次试飞采用了固体火箭发动机点火,助推速度超过了 3 Ma。2007 年 9 月 25 日,HyFly 计划进行了第三次试飞,这也是双燃烧室冲压发动机进行的第一次飞行试验,主要是为了验证双燃烧室冲压发动机的转接、燃油控制和爬升,预计速度可以达到 5 Ma,但是在发射过程中,验证弹在与助推器分离后由于燃油控制系统出现问题,速度只达到 3.5 Ma,没有达到预期目标;2008 年 1 月 16 日,双燃烧室冲压发动机进行第二次飞行试验,这次试验的目标为飞行马赫数达到 6,试验由波音公司的 F－15E 战斗机携带 HyFly 验证弹在美军的一处海上靶场上空发射,首先经由火箭发动机加速到 3 Ma,但是此后超燃冲压发动机没有按预先设定的程序工作,导致验证弹在飞行约 1 min 后从空中坠落;2010 年 7 月,双燃烧室冲压发动机进行第三次飞行试验,这次由于弹上飞行软件的故障导致又一次失败。

(7) FALCON 计划

2003 年,DARPA 和美国空军联合启动了"从本土实施武力发送与应用"(Force Application and Launch from Continental United States,FALCON)技术研制计划,即"猎鹰"计划,主要目标是研发、飞行试验和验证高超声速关键技术,以实现全球快速精确打击,同时还要演示验证可进行快速空间发射的能力。FALCON 计划涉及四个主要项目:通用再入飞行器(CAV)、增程型通用再入飞行器(ECAV)、小型运载火箭(SLV)和高超声速巡航飞行器(HCV)。整个 FALCON 计划的技术基础是要开发一套通用的技术和演示验证途径,既可以满足近期 SLV/CAV 具备初始瞬时全球打击能力的要求,又可以满足远期发展 HCV 目标的要求。这套通用的技术包括高升阻比的气动外形、轻质耐高温材料、防热技术、目标修正和自动飞行控制等,这些技术将在进行首次飞行试验前逐步成熟,并设计成一个集成的武器系统,然后通过一系列的飞行试验对其进行验证。为了避免造成核误解,2005 年美国国会将 FALCON 计划限制为非武器技术验证,取消了与武器相关的飞行试验,FALCON 联合项目办公室最终决定发展一系列高超声速技术飞行器来开展飞行试验以演示验证所需的关键技术,在这之后,CAV 改名为"高超声速技术飞行器"(HTV)。HTV 作为高超声速技术演示和验证计划的一部分,主要有 HTV－1、HTV－2 和 HTV－3(后来发展为 HTV－3X)三种验证机,分别验证通用再入飞行器、增强型通用再入飞行器和高超声速巡航飞行器技术。在计划的执行过程中,HTV－1、HTV－3 相继被撤销,只有由洛·马公司的臭鼬团队研制的 HTV－2 飞行器进行了两次飞行试验,如图 1.13 所示。各验证机主要数据如表 2.1 所列。

表 2.1　HTV 系列验证机主要数据

类　型	HTV－1	HTV－2	HTV－3	HTV－3X
长度/m	约 3.5	约 3.05	—	约 14
升阻比	2~2.5	3.5~4	4~5	6~7
巡航速度/Ma	10~20	10~20	—	大于 6
能否重复使用	一次性	一次性	可重复使用	可重复使用
有无动力	无	无	有	组合涡轮发动机、冲压式喷气发动机
结构设计	高升阻比构型	高升阻比构型	升力体	
进展情况	因技术不够成熟,被放弃	进行过 2 次试验,均失败	—	预算不足,被放弃

HTV－1 是无动力、可机动、一次性使用的高超声速验证飞行器。2005 年 11 月,在美国阿诺德工程研制中心的 9 号高超声速风洞中,HTV－1 模型在模拟飞行速度 10 Ma 和 4 Ma 的环境条件下,成功进行了 30 多次试验。但 HTV－1 壳体使用的 6~7 层碳/碳复合材料通过铺层成形工艺制备,在制造过程中由于材料应力的作用导致层间存在气穴,在高超声速飞行中剧烈的气动加热使气穴内空气膨胀破裂从而导致飞行器解体。由于这一重大技术问题久攻不克,美国空军最终放弃 HTV－1。

HTV－3 后来发展为飞行试验平台,命名为 HTV－3X("黑燕")。HTV－3X 是一种可从传统跑道上起飞、以 6 Ma 速度巡航并在跑道上着陆的试验机。2008 年 9 月,由于预算大幅度削减,HTV－3X 项目被暂停。

HTV－2 采用了高升阻比构型,机身长 3.66 m,预期最大射程和横向机动距离分别为 16 668 km 和 5 556 km。2010 年 4 月,HTV－2 进行了首次试飞,在与火箭分离进入临近空间区域后,仅仅飞行了 139 s 就与地面指挥中心中断了联系,最后启动了自毁系统坠入太平洋。DARPA 调查后得出结论:飞行器的偏航运动超出预期,同时耦合着滚转运动,超出了舵面的控制范围。根据以上结论,设计人员对 HTV－2 进行了三项改进:将重心前移、降低飞行迎角以及利用反作用控制系统以增强舵面的控制能力。2011 年 8 月,HTV－2 进行第二次试飞,但是在滑翔拉起过程中发生了意外而坠毁。事后调查分析认为:改进后的 HTV－2 实现了约 3 min 20 Ma 高超声速条件下的稳定飞行,但由于遭受强烈的气动加热作用,飞行器表面部分防热层开始不断脱落,形成了强烈的激波,进而导致滚转失控,增强后的控制系统起初控制住了激波诱导的滚转,但最后还是超出了控制范围。尽管 HTV－2 的两次试飞均失败,但还是取得了很不错的成绩。HTV－2 的第一次飞行试验创造了许多"第一":

① 使用了当时最大数量的地面、海上、空中以及太空数据收集平台,收集了独特的飞行数据,其中包括 139 s 的 17~20 Ma 的气动数据;

② 当飞行器以 5 794 m/s 的速度飞行时,可以维持 GPS 信号;

③ 验证了与飞行器的双向通信;

④ 检验了直接力控制系统的有效使用。

HTV－2 第二次试飞能够以 20 Ma 的速度稳定控制飞行长达 3 min,并揭示了有关飞行器热材料特性的新认知。

HTV-2 的研究成果不仅可以直接应用于助推-滑翔武器的研制,还解决了吸气式高超声速飞行器的许多关键技术,同样也极大地促进了高超声速巡航导弹、高超声速飞机、空天飞行器相关项目的推进。同时,也使研究人员认识到高超声速飞行的环境比当前任何一种飞航式武器或平台的使用环境都更为恶劣,安全可靠且高效率的结构热防护、控制等技术是高超声速飞行器不可或缺的部分。

(8) X-51A 计划

2003 年,美国空军研究实验室与 DARPA 联合开展了"超燃冲压发动机飞行器验证器"(X-51A)计划,该计划重新采用了 ARRMD 计划中的乘波体机身设计方案。该计划由多个政府机构和工业界联合开展,集中了全国的力量。其中,美国空军对项目主要负责并进行项目评审,DARPA 的战术技术办公室(TTO)提供管理和技术支持,NASA 的高超声速部门负责技术支持和地面试验数据分析,主要承包商是波音公司和普·惠公司组成的合作团队,其中机身由波音公司生产,而发动机的研制则由普·惠公司来完成。X-51A 计划的主要目的是通过飞行试验来测试超燃冲压发动机的性能,并且验证吸热型碳/氢燃料的可行性,同时也对机身与发动机一体化设计和高速飞行条件下飞行器的推进系统的稳定性进行验证,其验证机的基本性能参数如表 2.2 所列。

表 2.2　X-51A 基本性能参数

性　能	参　数	性　能	参　数
验证机长度/m	7.62	验证机质量/kg	1 788
最大速度/Ma	6	发动机类型	碳/氢燃料主动冷却超燃冲压发动机
最大射程/m	约 740	最大飞行高度/ km	约 22

X-51A 总共进行了 4 次飞行试验,具体情况如表 2.3 所列。

表 2.3　X-51A 飞行试验情况

次　数	时　间	试验情况
1	2010 年 5 月	因加速性能不足等原因,飞行没有达到预期目标
2	2011 年 6 月	在飞行器成功点火后,进气道未能启动,飞行器坠毁,试验失败
3	2012 年 8 月	飞行器与载机成功分离,由于控制尾翼的故障,试验失败
4	2013 年 5 月	有效飞行时间 240 s,飞行速度达到 5.1 Ma,飞行试验取得成功

在第 4 次飞行试验中,X-51A 在 27 km 的高度上实现了 5.1 Ma 的飞行,并且射程为 1 200 km,初步具备了 1 h 内打击全球任何目标的能力。X-51A 计划的飞行试验打破了吸气式高超声速飞行器最长飞行时间和距离的纪录,证明了美国高超声速飞行器计划的发展已经取得了阶段性的成功,验证了很多关键技术,反映出美国武器装备向空天一体发展的趋势。

2. 高超声速武器项目

(1) AHW

2006 年美国陆军提出"先进高超声速武器"(Advanced Hypersonic Weapons,AHW)计划,目标是发展一种前沿部署的大气层内战略级助推-滑翔高超声速武器,能够打击 6 000 km 处目标的导弹,落点打击精度在 10 m 以内,可在关岛、迪戈加西亚岛和波多黎各等地前沿部署。

在美国提出的"全球常规快速打击计划"(Conventional Prompt Global Strikes,CPGS)项目中,AHW 被确定为 HTV-2 的备选方案,作为降低研制风险的一种途径。AHW 的再入飞行试验平台高超声速再入滑翔体(HGB)气动布局方案放弃了乘波体构型,而是采用更简单、技术更成熟的"尖锥＋裙＋十字尾翼"布局,如图 2.3 所示,这种轴对称构型可以增大弹体容积和提高稳定性,而十字尾翼除了可以提高升力,还可以作为气动舵面实现弹体的机动飞行。

图 2.3　AHW

　　AHW 共进行了三次试飞。2011 年 11 月,AHW 进行首次试飞,飞行器与火箭分离后以高超声速沿非弹道滑翔轨迹飞行,在不到 30 min 的时间内成功完成了约 4 000 km 的预定飞行,飞行马赫数约为 6.5,这是美国第一个成功试飞的高超声速滑翔飞行器,验证了助推-滑翔技术的可行性,在高超声速飞行过程中获得了大量真实、可信的数据,对美国高超声速研究具有重要意义。2014 年 8 月,AHW 进行了第二次试飞,以期将航程提升至接近 6 000 km。然而,飞行器发射不久后系统出现故障,美国陆军终止了试验。据后续调查结论显示,此次失败与飞行器本身无关。其后,AHW 项目主导权移交海军。海军针对潜艇导弹发射管进行了适应性改进,形成海基型号,并于 2017 年 10 月进行了第三次试飞(海基 AHW 首次潜射飞行试验,项目代号 CPS FE-1),飞行距离超过 3 800 km,试验取得了成功。以此次试验成功为契机,美国空、海、陆三军及导弹防御局在 2018 年 6 月签署合作备忘录,决定基于 CPS FE-1 使用的高超声速助推-滑翔飞行器开发通用高超声速滑翔弹头,通过与不同的助推器和发射平台进行集成,形成各军种所需的高超声速导弹。由此,美国空军的"高超声速常规打击武器"(Hypersonic Conventional Strike Weapon,HCSW)项目、海军的"中远程常规快速打击武器"(Intermediate Range Conventional Prompt Strike Weapon,IRCPS)项目和陆军的"远程高超声速武器"(Long Range Hypersonic Weapon,LRHW)项目明确采用同一滑翔弹头"通用型高超声速滑翔体"(C-HGB),作为姊妹项目齐头并进。美海军负责开展 C-HGB 的设计工作,桑迪亚国家重点实验室(SNL)负责制造该型通用滑翔飞行器。

　　(2) CPGS/CPS

　　2003 年,美国国防部推出了"常规快速全球打击"(CPGS)构想,目标是使美国能够在 1～2 h 内使用常规武器打击地球上任何一个地点的目标,且无须依赖前方部队,旨在改变战略力量的构成,增加常规威慑和打击力量。"目标"包括移动目标、深埋加固目标、时敏目标等,这些目标可能是恐怖分子藏身处、敌国导弹发射架和指挥控制系统等。美国国家科学院"常规型快速全球打击能力"研究委员会的研究报告指出:"常规"是指"非核";"即时"是指"在发射后 1 h 内实现打击";"全球打击"则指"能以精确至数米的精度打击世界任意处目标的能力"。为此,美国国防部致力于:一是把洲际弹道导弹改为常规弹头重新部署;二是研发以高超声速飞行的滑翔器(HGV);三是研发以高超声速飞行的巡航导弹(HCM)。对于把洲际弹道导弹改为常规弹头,由于存在其他国家核误判的危险,因而遭到中止。2008 年之后,CPGS 项目在国防部直接领导下重点支持了两大技术方案,分别为 DARPA 和空军牵头的 HTV-2 方案与陆军牵头的 AHW 方案。在经历了 HTV-2 方案连续两次试飞失败和 AHW 方案首次试飞成功之后,国防部将 AHW 方案列为首选方案。2012 年,美国国防部发布《国防预算优先事务与选择》文件,计划在潜艇上部署常规快速打击武器,明确了 CPGS 项目的技术成果将率先转化为一型潜射导弹。

2014 年美国国防部正式将 CPGS 主导权交给美国海军,并改名为"常规快速打击"(Conventional Prompt Strike,CPS)项目,选择由海军在陆军 AHW 项目成果的基础上继续开展下一阶段的飞行试验工作。美国海军战略系统项目办公室正式接过 CPGS 项目的主导权后,以 AHW 方案为基础,充分吸收此前多次飞行试验的技术成果,结合海军潜基部署的需求,瞄准潜射型中程高超声速助推-滑翔导弹这一型号背景,开展需求分析、方案论证和关键技术攻关及验证等科研工作。虽然美国海军 CPS 项目目前仍被定位为一个技术验证项目,但其转化前景十分明确,即一型只携带常规战斗部的中程高超声速助推-滑翔导弹,其任务定位是非核战略打击武器,可在全球范围内对战略目标实施常规快速打击,兼具战略武器强大的打击能力和常规武器较低的使用门槛等特性。

2017 年 10 月 30 日,潜射型 AHW 高超声速助推-滑翔导弹成功进行首次技术验证飞行试验(代号 CPS FE-1),试验飞行器飞越 3 800 km 成功击中预定目标区。AHW 战略级助推-滑翔导弹射程在 4 000~5 000 km 范围内,并不能真正意义上实现从美国本土发起的常规快速全球打击,而只能部署在较为靠近"前线"的军事基地,因此未来计划装备在"弗吉尼亚"级核潜艇及 3 艘"朱姆沃尔特"级驱逐舰上实施全球机动打击。

2018 年 6 月,美国海军在 AHW 基础上,牵头开发"通用型高超声速滑翔体"(C-HGB)供各军种使用,并于 2020 年 3 月成功进行飞行试验,飞行速度达 6.35 Ma。C-HGB 弹头计划将搭载到美国海军 CPS 和陆军 LRHW 上。C-HGB 是一种由航空金属+复合材料构成的圆锥形高超声速飞行器,并且带有可以提供末端机动的小翼。目前 C-HGB 高超声速弹头作为一个整体,正被集成到美军多项在研高超声速武器系统中。2020 年 3 月美国陆军和海军使用"北极星-3A"火箭发射了 C-HGB 概念验证弹"洛克 1 号","洛克 1 号"以 5 Ma 以上的速度成功击中了 3 200 km 外的预定目标。另外,为了验证 C-HGB 的助推器,在 2021 年 5 月 27 日,美海军在犹他州成功完成高超声速导弹助推器第一级固体发动机的首次点火试验,发动机在整个试验期间满足预期的性能参数和目标,将用作海军 CPS 和陆军 LRHW 的助推器部件。

(3) LRHW

"远程高超声速武器"(Long Range Hypersonic Weapon,LRHW)项目是美国陆军在 C-HGB 基础上,集成一种地面发射的两级助推器系统形成的中程高超声速弹道导弹,预计最高速度 5 Ma,最大射程 2 775 km,可挫败敌方的"反介入/区域拒止"能力,压制远程火力,并打击其他高价值/时敏目标。美陆军计划在 2023 年开展飞行试验。

LRHW 的显著特点是其作为高超声速武器集速度与机动性于一身,使用的发射车比传统的弹道导弹车辆有更高的机动性。此外,美军在搭载 LRHW 的 TEL 拖车上安装了两具发射器,这令 LRHW 的火力持续性能提升了一个档次。LRHW 全套装备都可使用 C-130、C-17 运输机进行空运,从而实现整个系统在高威胁前沿战区的快速部署与反应。LRHW 发射筒重约 1.9 t,导弹重约 7.4 t,单架 C-17 一次可运输 8~10 枚 LRHW 导弹,这几乎是一个导弹连的需求。不仅如此,美国陆军希望未来能够使用 LRHW 导弹为空军的远程轰炸机开辟空中走廊。

2021 年 10 月,美国陆军第 1 军第 17 野战炮兵旅第 3 野战炮兵团第 5 营在华盛顿州刘易斯-麦科德联合基地接收了首个 LRHW 导弹连的原型配套设备,即除了导弹本身之外的其他配套设备,包括 1 套连作战中心指挥车、4 辆运输-起竖-发射车以及其他地面设备车。按照计划,美国陆军一个野战炮兵连将装备 4 辆发射车共计 8 枚导弹。此外,从首个导弹连交付美陆军第 1 军(第 1 军目前隶属于美军印度洋-太平洋司令部)可看出,其未来将主要针对亚太地区。

LRHW 有效填补了美陆军战术导弹系统的射程空白。根据美俄之前签订的《中导条约》规定,两国禁止部署射程在 500~5 500 km 范围内的陆基核或常规巡航导弹和弹道导弹,美国著名的"潘兴 II"中程弹道导弹系统和 BGM-109 陆基"战斧"巡航导弹因此被迫先后退役,而现有的陆军战术导弹系统(ATACMS)使用的短程弹道导弹最远射程只有 300 km,LRHW 的加入使美国陆军导弹体系的火力覆盖射程以及打击精确能力都将有大幅提升。

(4) HSSW

2012 年 6 月,美国空军研究实验室发布了"高速打击武器"(HSSW)演示验证项目的公开技术征询书。HSSW 项目要求发展射程 1 000 km、最大飞行马赫数为 6 的高超声速机载武器,属于战术级武器装备,美空军希望通过 HSSW 项目发展远程防区外快速响应武器技术,并为将来可重复使用高超声速飞行器进行技术储备。由洛·马公司提出的 HSSW 方案是一款空射型吸气式高超声速巡航导弹,采用轴对称构型,4 片控制尾翼 X 形布局,圆截面超燃冲压发动机位于机腹,飞行速度达到 $4\sim6\ Ma$。

2013 年 5 月 1 日 X-51A 成功进行第四次飞行试验后,美国空军希望将 HSSW 项目作为 X-51A 的深化研究项目加快其武器化,随后美国空军将 HSSW 项目变更为"高超声速吸气式武器概念"(Hypersonic Air-breathing Weapon Concept,HAWC)项目,和新提出的"战术助推-滑翔"(Tactical Boost Glide,TBG)项目一起纳入新的 HSSW 计划,由 DARPA 和美国空军联合实施,希望通过 HAWC 和 TBG 两个子项目分别验证高超声速巡航导弹和助推-滑翔导弹中的关键技术。

(5) TBG

2014 年,DARPA 同时启动了 HAWC 项目和"战术助推-滑翔"(TBG)项目,两个项目分别致力于高超声速武器的两个不同方向,即吸气巡航式和助推-滑翔式。其中,TBG 项目旨在集成验证战术级空射高超声速助推-滑翔导弹的关键技术,主要包括大包线气动力/热设计技术、高裕度低成本热结构/材料设计与制造技术、鲁棒自适应制导导航与控制技术、先进热/力/大气等飞行测试技术和高速导引头技术等,由洛·马公司负责主要承研工作。

TBG 项目提出是由于当时 HTV-2 助推-滑翔飞行器两次试验失败,美军提出了代替它的"集成高超声速技术"(IH)项目,但由于技术风险太大又遭到了工业部门的反对,2014 年取消了 IH 计划。此后美国开始调整高超声速打击武器的发展路线,不再强调发展战略射程的高超声速打击武器,而是发展技术风险较低的战术级高超声速打击武器,于是提出了设计、制造并验证一种战术级助推-滑翔武器 TBG。TBG 项目可视为 HTV-2 项目的后继项目,目标是在 HTV-2 的基础上将高升阻比气动外壳和热防护按比例缩小,把速度和射程等关键指标降低,从而降低技术风险,使其成为空射或舰射的战术级武器,TBG 的最高速度能够达到 $9\ Ma$,射程 1 000 km。TBG 项目是美国所有助推-滑翔项目的基础项目,重点关注高超声速武器化关键技术的演示验证,为其他高超声速助推-滑翔项目的发展奠定基础。

(6) HAWC

2014 年,DARPA 和美国空军联合启动了"高超声速吸气式武器概念"(HAWC)项目,旨在发展和验证高效、经济的战术级空射高超声速巡航导弹系统中的关键技术,这些技术包括用于高超声速飞行的先进气动布局、基于碳/氢燃料的超燃冲压发动机推进系统、热管理系统和先进制造技术,相关研究工作主要由洛·马公司负责。

HAWC 的基本技术指标来源于 X-51A,在保持基本作战性能的基础上对一些技术指标进行了调整;气动布局方面,类似于 X-51A 外形,但布局进行了改良,主要表现在采用与发动机高度一体化的气动布局形式,先进的隐身气动外形设计。飞行马赫数 6～8,巡航高度 18～24 km,射程 1 111～1 852 km。发射方式初始设计为空射,能够适应 B-2 轰炸机内埋和 F-35 战斗机外挂,用以对敌方先进防空系统及时敏目标进行打击,提高战斗机应对"反介入/区域拒止"挑战的能力。DARPA 在 2018 年开始探索 HAWC 的海军改型,发展舰射型高超声速巡航导弹。

HAWC 项目的发展接连遇挫。自 2013 年 X-51A 成功试飞以来,液体碳/氢燃料双模态超燃冲压发动机一直是美军发展高超声速巡航导弹的主流技术路线。HAWC 最初计划在 2019 年完成首次飞行试验,后推至 2020 年,但最终也没能守住该节点。2020 年 5 月,该项目在一次系留飞行试验中发生样弹从载机上脱落的事故,导致样弹完全损毁,同年 12 月,赶在年底前进行的首次飞行试验又因故以失败告终,具体原因未正式披露。

（7）AGM-183A

2018 年,美国空军启动"空射快速响应武器"（Advanced Rapid Response Weapon,ARRW）项目,项目研制的导弹编号为 AGM-183A,总承包商为洛·马公司。ARRW 项目是战术助推-滑翔（TBG）项目的延续,研制内容包含了设计、试验、保障和验证一型 ARRW 导弹（即 AGM-183A）原型机的全部科研活动以及生产交付 2 批次低速初始生产阶段具备早期作战能力的 AGM-183A 导弹。AGM-183A 导弹属于远程高超声速导弹,将提高美国空军的超声速打击能力,该武器计划在具有挑战性的地点打击高价值/时敏目标,包括对峙距离的敌方军事基地和水面战舰,从而提供快速响应。ARRW 项目直接复用了 TBG 项目研发的战术级高超声速滑翔弹头及其相关关键技术成果,包括气动分析、热分析、风洞试验数据、关键高温材料、制导导航与控制算法、仿真模型、验证方法和软件代码等。

AGM-183A 整弹长 5.9 m,直径 0.66 m,质量 2.5 t,其中,滑翔体携带 68 kg 级别重、由高密度钨金属制成的破片战斗部,如图 2.4 所示。AGM-183A 射程超 926 km,速度约 10 Ma,能够接收固定目标的 GPS 数据,但缺乏获得移动目标数据的能力。

图 2.4　AGM-183A

AGM-183A 目前共进行了 7 次飞行试验。2021 年 4 月,AGM-183A 进行第一次飞行试验,但当时武器释放程序发生问题,导弹仍然停留在载机 B-52H 轰炸机上;2021 年 7 月进行第二次飞行试验,当时包括获取 GPS 资讯、挂架释放在内的一系列程序皆顺利完成,然而在与 B-52H 分离后,导弹的火箭助推器发生问题,未能成功点火,最后直接落入大海;2021 年 12 月进行第三次飞行试验,AGM-183A 再度卡在载机 B-52H 上无法投出;2022 年 5 月进行第四次飞行试验,试验取得成功,试验中 AGM-183A 与 B-52H 分离后助推器点火,并燃烧了"预期时间",将导弹加速到至少 5 Ma,此次试射属于助推器测试,证明了该武器能够达到并承受高超声速飞行速度,且能与载机安全分离;2022 年 7 月进行第五次飞行试验,试验取得成功,此次试射仍属于助推器测试,美国空军认为,此次试验标志着该项目的助推器测设阶段完成,并为接下来的实弹测试做准备;2022 年 12 月进行第六次飞行试验,为 AGM-183A 首次全流程测试,试验取得成功,测试中 AGM-183A 从一架 B-52H 上发射,成功与载机分离并加速到大于 5 Ma 的高超声速,随后助推滑翔弹头分离,导弹完成飞行路线后成功在目标区引爆;2023 年 3 月进行第七次飞行试验,试验再度失败,军方"没有从这次测试中得到需要的数据",并且美国空军计划不再推进 ARRW 项目,但将进行两次额外的飞行测试,以积累重要数据。

（8）HCSW

"高超声速常规打击武器"（Hypersonic Conventional Strike Weapon，HCSW）项目是美国空军瞄准快速形成高超声速打击能力需求,在 2017 年采用快速采办模式启动的高超声速导弹原型开发项目。该项目由美国空军部长直接指导,主承包商是洛·马公司,目标是快速研制和部署一型适应现役战斗机和轰炸机挂载的空射型高超声速导弹,采用惯导（INS）/GPS 复合的导航制导方式,弹头基于通用型高超声速滑翔体 C-HGB 改进,并配装现货战斗部,采用火箭发动机助推,用于从防区外快速打击"反介入/区域拒止"环境下的高价值/时敏固定或可移动部署目标。美空军在 2018 年 6 月公布 HCSW 项目快速采办批准文件,明确指出 HCSW 项目将采用高度成熟技术来降低总体周期和技术风险。

2020 年 2 月,美空军宣布,因预算压力取消 HCSW 项目,保留 ARRW 项目。空军认为 ARRW 技术更先进且体积小,B-52 轰炸机可携带至少 2 枚 ARRW 导弹,甚至可以由 F-15 战斗机空中发射,因此选择放弃 HCSW 项目而保留 ARRW 项目。

（9）X-37B

X-37B 是波音公司为竞标美国空军"轨道飞行器"项目而研制的无人可重复使用的跨大气层在轨飞行器。该机由火箭发射进入太空,是第一种既能在环绕地球卫星轨道上飞行又能自主重返大气层并最终着陆的航天飞行器。

X-37 是继 X-33 和 X-34 之后第三个可重复使用的技术演示验证器项目,其设计的目的是验证共计 41 项相关技术,并以显著降低空间飞行成本为目标进行飞行试验。2006 年,美空军接管了该项目,并在 NASA 的 X-37A 的基础上继续研发 X-37B 验证飞行器。X-37B 将提供一种灵活的空间试验平台,其最主要的任务是验证具有自主再入和着陆能力、可长时间工作、可重复使用空天飞行器所需的技术。X-37B 机长 8.92 m,机高 2.90 m,翼展 4.55 m,有效载荷 227～272 kg,轨道速度 28 044 km/h,如图 1.5 所示。自 2010 年 4 月至 2021 年,X-37B 共进行了 6 次飞行试验,试验内容包括在轨机动能力、高精度全域目标侦察监视能力、载荷能力、小卫星释放能力、太阳能转化微波能和航天新材料等。

尽管美国空军极力否认 X-37B 的武器化发展倾向,但其成功试验进一步拉大了美国和其他国家航天力量的差距,代表了美国更加重视对空间资源的争夺,预示着美国未来会拥有可以进入地球轨道、可重复使用的空间机动飞行器。在民用领域,X-37B 可用于太空探索、空间运输;在军事用途方面,可从事情报收集、发射小卫星等任务,并且可携带攻击性载荷,有能力对敌国卫星和其他航天器进行控制、捕获和摧毁等。

(10) SR-72

2013 年 11 月 1 日美国《航空周刊》杂志网站第一次正式披露了 SR-72 高超声速无人机。SR-72 是一种双发隐身高超声速无人机,主要用来取代美国已经退役的 SR-71"黑鸟"。SR-72 飞行速度能达到 6 Ma,并且集情报搜集、侦察、监视和打击等多种功能于一体,可填补现有卫星、亚声速有人、无人飞行平台在快速反应情报方面日益增长的能力缺口。

SR-72 由美国洛·马公司旗下的臭鼬工厂研制,采用可重复使用、碳/氢燃料、全尺寸涡轮基冲压组合发动机(TBCC)作为推进器。SR-72 机长超过 30.5 m,尺寸与 SR-71 相似,作战半径约 5 400 km,巡航高度 25~30 km,如图 1.4 所示。SR-72 飞行器能够从常规跑道水平起飞和降落,利用涡轮发动机从零速度起飞,到达一定速度后利用双模态超燃冲压发动机加速到巡航速度,其巡航速度可达到 6 Ma(是 SR-71 的 2 倍)。与 SR-71 不同,SR-72 增加了打击功能。据《简氏防务周刊》报道,SR-72 飞行器具备有人驾驶、无人自主飞行两种飞行模式,在 0~3 Ma 采用有人驾驶方式执行飞行试验、作战等任务,在 0~6 Ma 采用无人驾驶方式执行情报、侦察、监视和打击等任务。

SR-72 预计在 2030 年交付部队。一旦 SR-72 飞机研发成功并交付部队使用,将显著提升美国空军实力,该高超声速飞机可在 2 h 内到达全球任何地点,凭借其速度优势突破敌防空系统,执行情报、侦察、监视、打击等多样化作战任务。

(11) OpFires

在美军空射、潜射、舰射高超声速平台全面发展的同时,为了保持作战体系的射程全覆盖,美陆军也开始发展战术级的助推-滑翔导弹,谋求近程目标的精确打击。2018 年 DARPA 提出了"作战火力"(Operational Fires,OpFires)项目,旨在验证一种无动力、可从现有地面移动平台发射的高超声速武器,能穿透敌人防空系统,并快速、准确地对关键的时敏目标实施打击。OpFires 基于 TBG 项目的技术成果转化集成,一方面对现有地面配套设施充分集成,另一方面具备快速部署能力。前期陆军负责的 AHW 助推-滑翔导弹的成果也可为 OpFires 项目所采用,而且 OpFires 项目定位为战术级助推-滑翔项目,对火箭助推器、热防护、气动布局的技术要求更容易实现。

3. 发展特点

(1) 注重顶层规划,推动高超声速技术研发和应用转化

面对俄罗斯在高超声速技术领域的迅速发展,2017 年 3 月,美国空军首次将发展高超声速武器比喻成一项"曼哈顿工程",将其重要性提升到国家战略竞争高度。2019 年 12 月,美国《2020 财年国防授权法》批准成立实体化的"联合高超声速转化办公室"(JHTO),以加强顶层规划,制定战略指导文件,规划高超声速技术发展,推动美国高超声速技术研发和应用转化。

① 制定战略指导文件规划高超声速技术发展。2018 年 2 月 1 日,当时新上任的总管全军科研的国防部研究与工程副部长迈克·格里芬为落实新版《国防战略》目标,将高超声速技术视为 11 个国防现代化优先技术领域的最高优先级事项,提出美国要重新夺取世界高超声速领域领先地位的战略目标。格里芬上任伊始,便开始联合 DARPA、各军兵种、国防实验室以及NASA,启动新一轮高超声速技术路线图的论证,并着手开展《国家高超声速倡议》的制订,整

合之前分散开展的技术研发与验证工作,聚合优势资源、形成发展合力,可以看出美国开始从顶层战略上谋划重振高超声速技术的发展。

② 规划高超声速导弹升级路线图,有力牵引高超声速装备技术发展。美国防部于2021年2月制定了一项高超声速现代化战略,加速发展高超声速作战能力。一是2020年代初期发展出高生存性陆海空基常规高超声速打击武器,实现在关键时间对海上、沿海及纵深重要战术目标实施远程打击;二是2020年代中后期建成全面、分层的高超声速防御能力;三是2030年代初期到中期发展出可重复使用的高超声速系统,实现情报、监视、侦察和打击一体化,以及用于太空快速两级入轨的第一级。

为支持高超声速导弹技术迭代发展,美国国防部规划了高超声速武器技术路线图,计划未来每两年升级一次高超声速武器。重点支持末端导引头、数据链及新弹头研制,在新技术经实验验证生产成熟度和可靠性后不断创造插入"窗口"。

③ 调整机构设置,统筹协调国家高超声速领域科研活动。2019年11月,美国国防部在其研究与工程副部长办公室下成立了国防研究与工程现代化局,该局的主要职责是围绕新版《国防战略》中包括高超声速技术在内的11个顶级国防优先技术领域,统筹全军科研经费和能力建设,确保国防部相关基础设施建设、预先研究、样机开发以及型号研制等活动与国防战略方向一致,聚焦国防优先技术领域获得战略竞争优势。格里芬任命美国高超声速技术领域顶级专家马克·刘易斯为该局局长。刘易斯在高超声速技术领域具有30多年丰富科研经验,曾以空军首席科学家的身份深度参与X-51A等项目,此次被任命为国防研究与工程现代化局的负责人,彰显了美国国防部迫切重振高超声速技术发展的决心。与此同时,国会批准正式成立实体化的"联合高超声速转化办公室"(JHTO),旨在统一管理和推动高超声速技术的研发和武器转化工作。

(2) 重视高超声速技术基础研究

高超声速技术是阶梯式发展,需要经过几十年连续的技术发展才能取得渐进的进步。美国一直在全面系统地深耕高超声速技术基础科研以逐步推动高超声速飞行器型号研发工作。

除了前文介绍的美国进行的高超声速计划和武器项目可以体现出美国重视高超声速技术基础研究外,美国还开展了一系列高超声速技术攻关项目,并且汇集多方力量,推进高超声速技术基础研究。

① 开展了一系列高超声速技术攻关项目。美军认为,虽然X-51A成功验证了超燃冲压发动机的可行性,但仍有包括控制、气动等许多问题需要解决。为此,除美国空军研究实验室与NASA、澳大利亚国防科学与技术组织自2006年起就已经开始联合开展的国际高超声速飞行研究实验(HIFiRE)项目外,美军还正在实施实验性航天飞机项目(XS-1)、先进全速域发动机项目(AFRE)、高超声速飞行器边界层转捩实验项目(BOLT)、高频次低成本高超声速飞行试验项目(HyRAX)以及高速作战系统使能实现技术项目(ETHOS)等,也正在与英国反作用发动机公司合作研究"佩刀"发动机。2017年3月,在美国空军协会空中战争研讨会上,美国空军表示将重点投资高超声速相关技术研发。经过几十年的努力,美国已建成60余座耗资巨大的高超声速试验设备,其中尺寸最大的为2.4 m,模拟速度最高达到17 Ma。

② 汇集多方力量,推进高超声速技术基础研究。一是依托"应用高超声速大学联盟",向多所大学授出高超声速关键技术基础研究合同。2021年,美国"应用高超声速大学联盟"共授出18份合同,总价值2 550万美元,多所大学分别获得了价值150万美元的研究合同。二是

依托军工企业、军备联盟等,开展高超声速导弹关键系统应用研究。美国防部授予科巴姆公司(Cobham)高超声速系统天线技术开发合同;DARPA 选择通用电气公司、洛·马公司导弹火控部门、佐治亚理工学院开发"高熵孔径技术"(HEAT),为高超声速飞行器研制能承受极端高温和动态压力的射频雷达罩和红外窗口。美海军也在为高超声速武器寻求 GPS 以外的定位、导航与授时系统替代方案。此外,美国国家军备联盟正在推动高超声速武器引信技术发展,追求小型化,实现坚固目标的高效打击。

(3)"由易到难、从无到有"开展技术攻关

在高超声速飞行器技术发展路线上,美国始终遵循着吸气巡航式和助推-滑翔式两种不同技术途径相互支持和协调发展。如美军研发 HyFly 计划、X-51A 项目、HAWC 项目,同时也开展 HTV-2、TBG 项目。但在 2019 财年开展的项目中,仅有 HAWC 是吸气巡航式,而其他 5 项全部为助推-滑翔式,这标志着在技术路线上美军由吸气巡航与助推-滑翔两条主要技术路线并行开展预研转变为优先开展技术风险相对较小、技术实现难度相对较低、易于快速形成战斗力的助推-滑翔技术,吸气巡航飞行器技术则继续开展技术攻关。以 TBG 与 AHW 前期成果为基础,同时开展了 OpFires、ARRW 等多型飞行演示验证项目的研究,全面研发海、陆、空基助推-滑翔高超声速导弹,并不断通过合同条款、快速采办等多种手段缩短开发周期,以期尽早形成高超声速早期作战能力。这体现了美国想要尽快形成高超声速作战能力的迫切需求,因为吸气巡航飞行器需要突破超燃冲压发动机技术,而该技术目前仍然处于关键技术攻关阶段,无法进入型号研制。

(4)高超声速武器体系化发展

美国高超声速武器发展一直坚持着战略级、战术级并行发展,有动力、无动力并行发展以及空射、舰射、潜射并行发展的思路,一边压缩进展受阻项目,一边选择性地保留重点项目,体现了高超声速武器体系化的发展思路。

① 技术体系化。面对俄罗斯已经有高超声速武器服役的巨大压力,当前美国高超声速武器的重点发展方向是技术难度相对较低的高超声速助推-滑翔式导弹。同时,美空军也重新启动了其吸气式高超声速武器(HAWC)的研制计划,旨在制造出可以与俄"锆石"导弹相媲美的高超声速巡航导弹,实现更加强大的高超声速打击能力。因此,美军一方面将技术成熟度较高的助推-滑翔高超声速导弹作为近期的发展重点,以期尽早具备高超声速打击能力,同时持续开展吸气式高超声速巡航导弹的技术研发。

② 攻防体系化。美国一方面将进攻性高超声速武器作为高超声速攻防体系的发展重点,同步开展吸气巡航式和助推-滑翔式两类高超声速进攻武器技术的研究,另一方面也高度重视高超声速防御系统的建设,谋求攻防兼备。随着俄罗斯近几年新型高超声速导弹的试射服役,临近空间这个防御薄弱区域已经引起了美国的高度重视,美国正在同步开发针对性的防御技术与装备。美国高超声速防御采取全面、分层防御战略,将综合运用发射前、发射后打击和动能、非动能等主被动防御手段,在主动段、中段和末段防御竞争对手的高超声速武器打击。一方面对当前防空反导导弹采取增加射程、增加拦截高度和机动能力等措施来提高拦截适应性,另一方面开发反高超声速专项装备,弥补防御体系短板,另外还大力发展天基探测系统,提高对高超声速目标的预警探测能力。

③ 三军体系化。美国陆、海、空三军都正在研制自己的高超声速武器:陆军的 LRHW 项目、海军的 CPS 项目以及空军的 ARRW 项目。这些武器项目在研制完成后,将与美军整体指

挥架构进行整合,建立高超声速"三位一体"打击体系,并注重集成使用时展现的联合作战效能,以期消解竞争对手在相同领域的战略优势。2018年5月,美国国会明确要求国防部划拨资金用于满足发展陆、海、空"三位一体"常规高超声速打击能力的需求,届时,美三军高超声速武器将实现体系化联合,在未来复杂的作战环境中展现出强大的瞬时杀伤能力。并且,美国高超声速武器追求三军通用化。由桑迪亚国家实验室负责制造的C-HGB曾计划集成到三军的多项在研高超声速武器系统中,各军种根据不同发射平台的特点研制助推器,这样既能满足三军的实际需求,又能最大限度地减少重复研制,避免资源浪费。

(5)重点发展战术级高超声速武器

美国是冷战后唯一的超级大国,军事实力领先全球,其战略目的主要体现在控制热点区域、维持有限的局部区域争端、阻止地区或区域强国的出现与发展、保持不对称优势等方面,因此面向不对称战争的战术/战役级别常规武器远比战略级武器更贴近美国的需求。

"9·11"事件的爆发使美国认识到,在面临更加复杂多样和不确定现实威胁时(美国认为既有大国"反介入/区域拒止"威胁,也有"大规模杀伤性武器扩散国家"的导弹威胁,还有无政府的恐怖主义威胁),其传统三位一体核力量体系的威慑可信度已显著降低。因此,美国在2002年《核态势评估报告》中提出由全球导弹防御系统、常规快速全球打击和新型战略核力量组成的新三位一体战略威慑体系,将基于高超声速武器的常规快速全球打击(CPGS)能力视为新的非核战略威慑手段,以增强战略威慑效应的灵活性和实用性,减少对核武器的依赖。在CPGS能力需求框架下,美国一直将高超声速武器定位为常规武器,并且发展高超声速武器的任务需求呈多目标特征,既包括抵消其他大国日益提升的"反介入/区域拒止"能力,又包括对美国眼中的"大规模杀伤性武器扩散国家"的导弹威胁实施失能打击等。

综上可知,美国发展高超声速武器侧重遂行战术任务,而且近三十年来美国参与的数次局部战争也表明,美国迫切需要能在常规战争中应用、快速反应并消灭敌方核心目标的高效率武器,因此发展战术型高超声速武器是美国最实用的选择。

(6)深化盟友合作,共同推进高超声速技术开发

美国在发展高超声速技术时,不仅注重本国技术研究的突破,而且也重视与盟友的合作,共同推进高超声速技术开发。例如,美国与澳大利亚、挪威等盟友持续深化高超声速领域合作,推动高超声速原型样机及关键技术开发,包括美国与澳大利亚合作的"南十字星综合飞行试验"项目,推进高超声速巡航导弹技术发展。波音公司与澳大利亚Hypersonix公司合作研究Spartan 3D打印固定几何超燃冲压发动机,未来将作为三级入轨空天飞行器的第二级。美国在联盟原型倡议(API)下与挪威于2020年合作开展的"增程型战术高速进攻性冲压发动机"(THOR-ER)项目也取得阶段性进展,该项目旨在开发先进技术用于远程高速和高超声速武器系统,将利用挪威Nammo公司的新型固体燃料冲压发动机(SFRJ)与THOR-ER技术验证器集成。2022年10月美国与挪威在挪威北部的安德亚岛附近完成了固体燃料冲压发动机飞行器的测试,显示了飞行器动力装置的有效性,并展示了有效射程的显著增加。

2.1.2 俄罗斯

1. 发展概述

苏联是较早开展高超声速技术研究的国家。俄罗斯继承了苏联在火箭、高超声速飞行器

动力学、导航与制导、航天材料等方面雄厚的技术储备。自 20 世纪 50 年代至苏联解体，苏联多家研究机构对高超声速技术进行了长期深入的研究。20 世纪 90 年代左右先后实施过"冷"计划、"针"计划、"彩虹 - D2"计划等，取得了多项突破，储备了丰富的技术基础，曾一度领先于美国。

早在 20 世纪 80 年代初期，苏联就制定了代号为"冷"的高超声速巡航导弹计划，可在 6～14 Ma、高度 25～50 km 的工作范围内进行飞行试验。该计划主要利用即将退役的 SA - 5 地空导弹系统使用的 5B28 导弹作载体，开发轴对称型超燃冲压发动机。首次试验于 1991 年 11 月 27 日在哈萨克斯坦拜科努尔航天中心附近的靶场进行，导弹使用氢燃料作为推进剂，飞行了 180 km，飞行时间 130 s，最大高度 35 km，这是人类历史上首次高空高超声速飞行试验，首次实现了在高空试验冲压发动机超燃工作模式，对高超声速技术发展起到了重大促进作用。但由于技术局限和经费问题导致计划停滞不前。

在推动"冷"计划的同时，俄罗斯还启动了"针"高超声速技术发展计划。该计划利用 3 台超燃冲压发动机推动采用升力体构型的有翼高超声速试验飞行器，飞行器在 SS - 19 洲际弹道导弹的推动下，在达到约 80 km 的高度后与运载器分离，超燃冲压发动机在 10 Ma 速度下点火，最终达到 12～14 Ma。由于该计划集合了许多高超声速技术领域的基础研究成果，技术先进，成本高昂，因此虽进行了大量地面试验，却因经济不支而无法进行飞行演示。此后俄罗斯将该计划与飞行器验证计划结合为"针 31"计划，采用 S - 300 防空系统的 48N6 导弹作为试飞器，并与米格 - 31 结合进行空射试验。由于为验证性项目，因此并未取得实质性成果。

"彩虹 - D2"高超声速巡航导弹的飞行高度为 15～30 km，最大巡航速度可达 6.5 Ma。1997 年，俄罗斯展示了 X - 90 高超声速实验型巡航导弹（也被称为 AS - 19"考拉"导弹），飞行距离 3 000 km，可以携带 2 枚独立制导弹头，每枚弹头均能从距分离点 100 km 远的距离打击目标。

2000 年后俄罗斯高超声速发展计划鲜见报道，该领域的研究也并未转化为武器装备使用。

2001 年美国单方面退出《限制反弹道导弹系统条约》后，俄罗斯对战略平衡遭破坏表示担忧，认为美国对整个国际安全架构造成严重破坏。同时，俄罗斯在弹道导弹防御能力落后于美国的情况下，出于对自身安全的考虑，为保持对美战略平衡，将发展高超声速武器列为重点方向，通过抢占高超声速武器领域的先机来寻求不对称优势。随着近年来经济的复苏，俄罗斯开始大力推进高超声速武器研发工作。俄罗斯推出《2018—2027 年国家武器装备计划》，这是俄罗斯武装力量发展的国家顶层文件，开发高超声速武器并装备部队是该发展计划重点领域之一。

此后，俄罗斯全面重启并连续披露多项高超声速武器研发项目，加快发展高超声速巡航导弹、助推 - 滑翔飞行器和高超声速飞机等技术，且重点以高超声速助推 - 滑翔导弹、高超声速巡航导弹为主。与美国主要发展常规战术高超声速打击武器不同，俄罗斯助推 - 滑翔高超声速武器系统将成为其战略核打击力量的一部分，战略威慑和实战意义兼备。

在高超声速助推 - 滑翔飞行器方面，俄罗斯在"4202 工程"（高超声速滑翔弹头运输系统）武器计划下，研制一系列高超声速助推 - 滑翔飞行器。"4202 工程"项目的目的是为 RS - 28

"萨尔玛特"下一代洲际弹道导弹研制常规或核高超声速滑翔弹头。该项目的前身"信天翁"计划是20世纪80年代苏联机械制造科研生产联合体NPO‐Mash提出的,主要是为了对抗美国星球大战计划,重点发展可以携带滑翔有翼高超声速飞行器的洲际弹道导弹项目。"信天翁"计划由于经费短缺而搁置,但NPO‐Mash将其作为一项关键技术保留下来,并将飞行器改造成用于海上救援物资投送的高速助推‐滑翔飞行器。Yu‐71高超声速助推‐滑翔飞行器是"4202工程"项目的一部分。俄罗斯从2009年开始在栋巴罗夫斯基发射场对发射装置进行改造,以适应发射Yu‐71飞行器的SS‐19/UR‐100导弹。2011—2015年,俄罗斯对Yu‐71飞行器进行了多次飞行试验,虽然均以失败告终,但引起国际社会广泛关注。2016年4月19日Yu‐71飞行器首次成功试验,这也是俄罗斯高超声速滑翔飞行器发展史上的一个重要里程碑。根据俄罗斯以往的高超声速飞行器技术,Yu‐71可能采用了高升阻比的升力体构型,以获得较大的装填空间和良好的气动性能,具备在$10\ Ma$以上的高超声速滑翔能力。为了保护飞行器机体、鼻头以及两翼不在大气层中被烧坏,Yu‐71采用了被动烧蚀热防护措施,其制导体制采用三段制导,助推段与滑翔段采用"惯性+卫星+天文"组合导航方式,末段采用"雷达+红外成像"组合制导方式。Yu‐71可安装核常两种战斗部,可部署于陆基平台,亦可部署在俄核动力潜艇上。另外,2016年4月和10月俄罗斯在奥伦堡进行了两次Yu‐74战略级高超声速助推‐滑翔飞行器飞行试验,搭载于RS‐18A弹道导弹。Yu‐74是Yu‐71的改进型,飞行速度为$10\ Ma$,并能机动变轨,具有极强的突防能力。

在高超声速巡航导弹方面,俄罗斯在"宝石"和"布拉莫斯"超声速巡航导弹基础上研制的高超声速巡航导弹"锆石"是典型代表。2016年3月,俄罗斯利用陆基发射装置对海军"锆石"导弹进行了首次试射,飞行速度达$5\sim6\ Ma$,射程约$402\ km$。此外,俄罗斯与印度也正在联合研制"布拉莫斯‐2"高超声速巡航导弹。"布拉莫斯‐2"导弹采用与"锆石"导弹相同的超燃冲压发动机技术,据推测,该导弹速度将达到$7\ Ma$,射程达$500\ km$,飞行高度$30\sim40\ km$,可从水面舰艇、潜艇、地面和空中平台发射。

当前,俄罗斯高超声速武器发展迅速。2019年12月24日,俄罗斯表示:俄罗斯面临的是其近代史上从未有过的情况,即除了俄罗斯,目前没有一个国家装备了高超声速武器,更不用说洲际高超声速武器了;俄罗斯作为高超声速武器的唯一部署国,在先进武器的发展水平上领先于其他国家,西方国家及其他国家正在追赶我们的脚步。空射型"匕首"高超声速导弹、陆基"先锋"高超声速导弹以及海基"锆石"高超声速导弹已先后于2017年12月、2019年12月以及2023年1月入役。随着"锆石"的列装部署,俄罗斯高超声速武器打击体系已经基本成型,可以执行从洲际级战略核打击到战役战术常规作战任务,覆盖陆地、海上各类目标,俄罗斯陆、海、空三军将全面进入高超声速时代。

总的来说,俄罗斯的高超声速武器计划紧密结合其经济实力,在继承苏联相关技术力量的基础上,重点发展高超声速导弹,稳步推进高超声速飞机,择机发展天地往返可复用空天武器。当前,俄罗斯高超声速武器计划基本情况如表2.4所列。

表 2.4　俄罗斯高超声速武器计划基本情况表

计划名称		特　点	效能参数	用　途	动力形式
高超声速导弹	先锋	助推-滑翔飞行	速度：$Ma=20$ 射程：10 000 km	突破防空及反导系统，对目标实施精确打击	两级火箭发动机
	匕首	空射型弹道导弹	速度：$Ma=10$ 射程：2 000~3 000 km 高度：18 km	摧毁导弹防御系统，打击地面和海上目标	固体燃料火箭发动机
	锆石	巡航飞行	速度：$Ma=10$ 射程：1 000 km 高度：30~40 km	打击航母战斗群和地面目标	固体燃料火箭发动机＋超燃冲压发动机
高超声速飞机	图-2000	—	—	针对美国 NASP 计划提出	TBCC
	鳐鱼	—	无人驾驶	技术验证机	—
可重复使用运载器	鹰	—	—	开展军用飞机与天地往返系统的试验研究	
	铁锤	—	高超声速无人飞行器	对轨道级的布局和结构、冲压喷气发动机膨胀喷管推力特性进行研究	—

当前，俄罗斯最具代表性的高超声速武器主要包括"先锋"高超声速导弹系统、"匕首"空地(海)高超声速弹道导弹和"锆石"高超声速巡航导弹。

（1）"先锋"高超声速导弹系统

"先锋"战略级高超声速导弹系统（以下简称"先锋"导弹）由洲际导弹助推器和高超声速助推-滑翔弹头组成，可实现最大飞行 20 Ma 的洲际飞行，并通过大幅度机动突破现有防御系统的拦截，如图 1.14 所示。"先锋"导弹于 2018 年 7 月投入批量生产，2019 年 12 月 27 日开始执行战斗值班。

据俄罗斯塔斯社消息，"先锋"弹头长度为 5.4 m，采用扁平的乘波体外形，头部为尖锐前缘热结构，后体背部有两片 V 型布置的大后掠角后缘舵，后体底部延伸出两片类似飞机襟翼的俯仰全动舵，尾部含有多个喷管提供辅助动力，四片舵面与辅助动力的组合设计保证了弹头的深度机动能力。

俄罗斯国情咨文披露，"先锋"导弹最大飞行速度超过 20 Ma，并在接近目标后进行侧向（数千千米）与高度的大幅度机动，在飞行过程中外表面温度高达 1 600~2 000 ℃，可在高速高温飞行中实现长时间可靠控制。"先锋"弹头采用了耐高温复合材料并可耐受激光武器攻击，最新型"先锋"弹头将采用机械制造科学生产联合体研制的钛合金材料。在最初部署阶段，SS-19"三菱匕首"洲际弹道导弹将作为"先锋"导弹的助推器。俄罗斯当前正着力研发能携带多弹头的 RS-28"萨尔马特"重型洲际弹道导弹（用于替换 SS-18 导弹），一旦完成部署，未来该导弹将作为"先锋"导弹的助推器。其中，SS-19 导弹发射总质量约 100 t，投掷总质量约 4.5 t，射程约 10 000 km，采用井式发射，可携带一枚"先锋"弹头。RS-28 发射质量超过 200 t，射程 15 000 km，最多可携带三枚"先锋"弹头。

"先锋"导弹可以携载核常两种战斗部，实施常规和核打击作战。进行核作战时，可根据打击目标选择不同当量核战斗部。同时，俄罗斯 SS-19、RS-28 导弹的射程可随携载作战载荷的不同而调整,这使得"先锋"导弹的作战运用方案有了更多选择,既可以打击敌国的导弹防御系统和其他高价值军事设施,也可以进行先发打击和报复性核打击。

（2）"匕首"空地（海）高超声速弹道导弹

"匕首"空地（海）高超声速弹道导弹（以下简称"匕首"导弹,代号 Kh-47M2）可携带核常战斗部,摧毁地面及水面多种固定或移动目标（包括航空母舰、巡洋舰、驱逐舰和护卫舰等）。俄罗斯官方强调"匕首"导弹是一种防御性武器。

"匕首"导弹采用双锥体弹头,后端是圆柱形弹体,弹体尾部有呈 X 型布置的 4 片气动控制舵面,如图 2.5 所示。导弹长约 7.7 m,弹体直径约 1 m。有分析认为,该弹在"伊斯坎德尔-M"弹道导弹（9M723）基础上改进而来,尺寸也很相近。"伊斯坎德尔-M"导弹长 7.3 m,弹径 0.92 m,重约 3.8 t,最大射程 500 km,采用"惯导＋卫星导航＋末端光学"制导,命中精度在数米之内,具

图 2.5　"匕首"导弹

有很强的精确打击能力。"匕首"导弹战斗部重量 400～700 kg,最大飞行速度 10 Ma,最大射程 2 000 km。"匕首"导弹之所以能以与 9M723 弹道导弹相当的重量实现更高的飞行速度和射程,主要基于三点:一是使用了改进的固体火箭发动机,二是改善了飞行弹道,三是使用了高速的载机米格-31K 充当第一级助推。

从俄罗斯官方公布的"匕首"导弹作战模拟动画来看,导弹由载机挂载飞行到超过对流层的高度,导弹从载机分离后,导弹会自由下落几秒钟,期间会先抛掉加装在导弹尾部的整流罩,然后火箭发动机点火迅速爬升,达到弹道最高点后进入俯冲,在飞行末段进行大过载拉起并持续机动,增强突防能力,最后以接近 90°的角度对目标进行灌顶攻击。

在载机平台方面,目前俄罗斯主要使用米格-31K 携带"匕首"导弹。尽管使用截击机携带对地打击的大型导弹比较罕见,但是米格-31K 具有良好的超声速飞行能力,最大飞行速度约 2.5 Ma,可执行多种作战任务。特有的高空高速性能使米格-31K 在携带"匕首"导弹时具有独有的优势:米格-31K 高空高速的战术技术性能可以轻松爬升到 25 km 高空,打开加力可以爬升到 30 km 高空,这相当于赋予了"匕首"导弹一个助推级。因此,米格-31K 与"匕首"的搭配不仅能极大提高"匕首"导弹的初始动能,增加其射程,还能通过前置出击,进一步提高"匕首"导弹的扫击范围和发射地点的不确定性。

"匕首"导弹区别于传统弹道导弹和巡航导弹的作战优势主要包括:一是其别出心裁的空射导弹设计。用高性能飞机挂载导弹发射,使导弹发射更加隐蔽、灵活和机动,可有效突防现有导弹防御系统的拦截。二是利用高性能飞机搭载可实现高空高速发射。三是导弹射程得到载机飞行半径的增益。"匕首"导弹射程可达 2 000 km,加上米格-31K 飞行半径的加持,导弹射程可达到中远射程,这是现有空基巡航导弹和陆基弹道导弹无法比拟的独特优势。

据俄罗斯塔斯社 2018 年 12 月 28 日报道,在图-22M3 基础上改进而来的图-22M3M 轰炸机已经实现了首次飞行。图-22M3M 轰炸机可以携带"匕首"导弹,拥有更强的反航母能力。图-22M 轰炸机是由苏联图波列夫设计局开发的一型超声速、后掠翼、对地和对海打击轰

炸机。相对于图-22M3,经过升级后的图-22M3M换装了新型电子设备,包括全新的导航、控制、瞄准设备等,电子战设备也进行了升级,拥有更强的自卫能力。图-22M3M轰炸机可以携带 4 枚"匕首"导弹,火力密度大幅提升。

2017 年 12 月 1 日,俄军在南部军区正式组建了 1 个装备"匕首"导弹的米格-31K 航空兵大队,开始担负战备值班任务。2018 年 10 月,俄军在中部军区组建了俄空天军第 21 混成航空兵师,其下辖的 3 个航空兵团分别部署在彼尔姆州、克拉斯诺亚尔斯克州和车里雅宾斯克州,其中,2 个团装备了米格-31K 战机,另外 1 个团装备了苏-34 前线轰炸机。因此,第 21 混成航空兵师成为俄空天军前线航空兵突击性最强的航空兵兵团。2020 年 2 月,俄罗斯中部军区指挥官称,位于克拉斯诺亚尔斯克地区的空军团将在 2024 年前列装"匕首"系统。2020 年 12 月,俄罗斯国防部决定,将为俄罗斯海军北方舰队海上航空部队列装"匕首"导弹。

从"匕首"导弹性能可以看出,其可成为俄军反航母的又一撒手锏。首先,该导弹射程远,可由米格-31K、图-22M3M 等战机携带,2 000 km 的射程完全可以在航母防空圈外发射;其次,高超声速飞行且发射地点不确定,航母战斗群防空体系防御难度大,突防成功概率高;再次,复合制导,抗干扰能力强,命中精度高;最后,战斗部重量大,头体不分离,灌顶攻击以及很高的飞行速度可以产生巨大的撞击动能,使"匕首"导弹的毁伤能力很强。因此,"匕首"导弹可为俄罗斯提供防区外空射高超声速打击能力,不仅能打击地面目标,也可以对大型水面舰艇构成巨大威胁。

(3)"锆石"高超声速巡航导弹

"锆石"高超声速巡航导弹(以下简称"锆石"导弹)是世界上首款高超声速巡航导弹,也是世界上首款海基高超声速导弹,如图 1.10 所示,在 2023 年 1 月开始装备于俄海军 22350 级戈尔什科夫海军元帅号护卫舰前往大西洋、印度洋及地中海进行战斗执勤,这也标志着"锆石"高超声速巡航导弹正式服役。

俄罗斯在 2020 年 12 月披露,"锆石"导弹飞行速度超过 10 Ma,最大飞行距离超过1 000 km。根据美国核威胁倡议组织 2019 年发布的报告,该导弹长度可能达 8~11 m,最大飞行高度 30~40 km,携带的战斗部质量可达 300~400 kg,采用 3S-14 通用垂直发射系统,可安装在水面、水下舰艇和陆基发射平台上,打击海上和地面目标。采用两级推进设计,第一级为固体火箭发动机助推器,第二级使用液体燃料的超燃冲压发动机。发射后火箭发动机点火,调整姿态并加速到一定高度和速度后,超燃冲压发动机启动,以高超声速巡航速度飞向敌方目标。

"锆石"导弹可挂载核常两种战斗部。常规战斗部重量约为 300~400 kg,核战斗部爆炸当量约为 25 万吨。在制导方面,"锆石"导弹采用复合制导模式,具备主动/被动雷达导引头,末端还可采用红外制导模式,提高命中精度。飞行中可以与己方装备交换数据信息,并可在飞行中重新选择目标。

公开资料显示,"锆石"导弹是世界上首款具备实际作战能力的吸气式高超声速反舰导弹,其采用超燃冲压发动机+固体火箭助推器的组合动力,是在"宝石"和"布拉莫斯"超声速巡航导弹动力系统关键技术取得巨大突破的基础上发展而来的,有效解决了高超声速武器的推进技术难题。

"锆石"导弹采用最新通信技术,有效解决了导弹飞行速度超过 5 Ma 时"黑障"问题而导致的阶段性通信中断,做到导弹飞行过程全时可控。采用集成雷达自导头或光电引导系统,强化制导系统作战自主性和对抗性,导弹制导采用巡飞阶段中继平台和末段自主寻搜相结合的方式,强化自主规避威胁能力。

在热防护方面,"锆石"导弹参考了苏联时期研制高超声速飞行器 X-90 的方法,采用了等离子隔热涂层,隔热的同时还具备一定的隐身效果。导弹壳体附着有可电解水的微型反应器,在产出氢气燃料的同时消耗热量快速冷却壳体。

在水面平台方面,"锆石"导弹已在 2023 年 1 月开始装备于俄海军 22350 级戈尔什科夫海军元帅号护卫舰上。在水下平台方面,改进型亚森级攻击核潜艇"彼尔姆"号将于 2024 年测试"锆石"导弹,该艘核潜艇将于 2025 年进入俄罗斯海军服役,并成为"锆石"导弹的首个常备水下平台。"锆石"导弹除了舰射和潜射外,俄军还将发展陆射型。俄军计划升级 3K55"堡垒"岸基导弹系统作为"锆石"导弹新的岸基部署平台。因此,伴随"锆石"导弹的列装,俄罗斯将以"锆石"导弹形成舰艇发射为主,潜射与岸基协同的全方位、立体化高超声速反舰打击能力,颠覆传统反舰作战模式。"锆石"导弹服役后,将凭借其速度优势,大幅压缩对方防空系统的反应时间,实施高速突防和精确打击,显著弥补俄罗斯现役亚声速和超声速反舰导弹打击大型水面舰艇存在的能力短板。

2. 发展特点

俄罗斯高超声速技术发展经历了多次波折,但仍处于世界前列,在技术发展和项目管理上有诸多特点。

(1)充分利用现有技术,减小研制风险和经费投入

从俄罗斯高超声速技术发展情况看,其基本都是借助现有技术基础大大降低技术风险和开发成本,以低费效比实现高超声速力量质的跃升。

近年来,俄罗斯由于经济困难,导致军费额度大幅下降。2013 年军费开支为 907 亿美元,位居世界第三,再到 2017 年,俄罗斯军费开支为 491 亿美元,相较于 2013 年下降 45.9%。而 2021 年俄罗斯的军费开支为 450 亿美元,同样呈下降趋势,从 907 亿美元到 450 亿美元,在全球军费开支排行榜中跌出前十。在此背景下俄罗斯没有贸然采用全新的技术,而是通过新研装备和改进现有装备并行的方式,率先研制成功"先锋""匕首"和"锆石"三型高超声速武器。其中,"先锋"导弹的弹头是苏联时期"信天翁"计划中就开始探索的一种具备洲际飞行能力的助推-滑翔飞行器,而助推器使用 20 世纪 70 年代的 SS-19 洲际导弹的弹体,即用退役的陈旧弹体验证新型高超声速战斗部,减少研发开支,尽快形成战斗力;"匕首"系统也并非是新研的武器系统,而是充分利用早已成熟的弹道导弹技术开发具有优异机动性的空基导弹,其导弹是在陆基战术弹道导弹"伊斯坎德尔-M"基础上改进而来的,载机平台是俄罗斯"老兵"米格-31K;而"锆石"的发展最早可追溯至俄罗斯在 20 世纪 90 年代研发的高超声速实验飞行器 HELA,其推进技术也是在"布拉莫斯"和"红宝石"超声速导弹动力系统关键技术基础上取得的突破。由此可以看出,俄罗斯充分利用现有技术,减小研制风险和经费投入,采用最直接的加速手段达到优先装备,率先形成作战能力。

(2)兼容化、通用化发展思路

俄罗斯在研制高超声速飞行器技术领域注重兼容化、通用化发展思路,这在"锆石"导弹发展陆射型的方法上有明显体现。

"锆石"导弹由 3S‐14 通用发射系统发射,可搭载于水面舰艇进行舰射,也可以搭载于核潜艇平台进行潜射,除此之外,俄罗斯还将发展陆射型"锆石"。当前,俄军计划升级 3K55"堡垒"岸基导弹系统作为"锆石"导弹新的岸基部署平台。俄罗斯《报纸文摘》披露了部署"锆石"导弹升级岸基导弹系统的路径。"堡垒"系统所使用的反舰导弹 P‐800"缟玛瑙"与"锆石"在尺寸、重量、连接器位置方面基本一致,"堡垒"系统只需对指控模块进行现代化升级即可兼容发射"锆石"导弹,不需要对"堡垒"系统进行根本性的改造。而这一发展思路的优势在于,对 3K55"堡垒"岸基导弹系统进行现代化升级只需要研发一个控制系统模块,不需要开发一个全新的系统,这样可以广泛地使用岸基反舰系统可用的系列模块,从而大大简化和加速研发工作,缩短后续测试的持续时间。另外,升级后的"堡垒"系统保留现有作战平台和发射装置,具有明确的技术和操作优势,可以快速列装和进入战斗值班状态。升级后的"堡垒"机动性和通畅性保持不变,而且无须重新建立技术保障和更改供应系统等。从战术技术性能上讲,升级后"堡垒"系统可同时装备"缟玛瑙""锆石"和"口径"导弹系列,一种岸基系统同时装备三种射程、速度、打击精度不同的导弹,将形成远中近射程覆盖、不同速度搭配的精确打击反舰作战体系,大幅提升俄罗斯岸基导弹部队的全方位打击能力。而且对于 3S‐14 通用垂直发射系统,目前已装备从排水量不足千吨的"暴徒"级护卫舰到排水量上万吨的核潜艇,因此由 3S‐14 通用垂直发射系统进行发射的"锆石"高超声速导弹未来可以成为俄军舰艇的标配。

（3）重点发展战略级高超声速武器

面对西方的经济制裁和军事围堵,俄罗斯认为单纯依靠常规武器难以抵御西方势力包围、维持区域均势、守护自己地区强国的地位。因此俄罗斯研发高超声速武器是为了避免陷入冷战时以量取胜的军备竞赛模式,以高质量的武器制衡美国,与美国在军事规模、技术和航母数量上的优势相抗衡,形成非对称优势。因此,充分利用高超声速技术"快""远"的优势来提高核威慑水平,对于俄罗斯来说是很切合实际的选择。目前,俄罗斯重点发展战略核力量,将恢复和维持战略核威慑能力作为俄罗斯国防建设的核心,战略打击武器的发展受到俄方重视,"先锋""匕首""锆石"三型高超声速导弹均可配载核常两种战斗部足以证明其积极发展本国战略核力量、保持全球核威慑力的意图与决心。

（4）注重攻防兼备发展

"进攻是最好的防守",俄罗斯除了积极研制和装备进攻型高超声速导弹外,也在大力打造高超声速武器防御系统。考虑到高超声速武器的威胁已经接近战略核武器水平,俄罗斯特将应对这种武器打击作为 2020 年前俄军装备建设的优先发展方向之一,在其新一代空天防御系统发展规划中,明确提出了拦截高超声速滑翔弹头、巡航导弹等临近空间目标任务需求。

目前,在俄罗斯高超声速导弹研制项目中,除了"先锋""匕首"和"锆石"外,俄 A‐235 战略反导系统、S‐500 非战略防空反导系统也在加速推进中,上述系统都具备抗击高超声速武器的能力,由此可见俄罗斯在高超声速领域的攻防兼备发展。

2.1.3　日　本

日本是高超声速技术发展的强国,在高超声速材料/动力装置等子系统领域有着很强的实力和雄厚的技术储备。近年来日本开始将高超声速领域的技术潜力和优势明显转向国防和武器技术领域,2019 年,日本防卫省公布了 2019—2024 年防卫大纲,其中旗帜鲜明地提出要研制高超声速导弹武器。具体而言,日本希望通过不同项目并行发展高超声速助推-滑翔导弹与高超声速巡航导弹技术,并规划了飞行器外形、控制、推进、材料与结构等多种专业技术研究方向。

1. 雄厚的技术积累

日本对高超声速飞行器的研制已有 30 多年历史。早在 1986 年,日本就正式开展了名为 HOPE-X 的轨道飞机项目。该项目计划研制由运载火箭发射,并可在普通跑道上水平着陆的航天飞机,用于向国际空间站日本舱运送货物。日本希望借此掌握返回式飞行器、热防护和相关材料技术。这一项目标志着日本高超声速飞行器的正式起步。在此之后,日本重点开始研究高超声速发动机。1989 年,日本宇宙技术推进中心开始筹划建造新一代的高超声速发动机技术测试系统,该测试系统于 1993 年建成,日本随即展开了多项新型发动机的研究试验。2002 年,日本首次取得超燃冲压发动机有效推力,紧接着 2003 年又在 8 Ma 速度条件下取得当时世界上最高的等效推力,标志着日本在高超声速发动机研制方面取得了长足进步。与此同时,日本还设计建造了大型高超声速风洞,以模拟再入飞行器超燃冲压发动机的再入特点,为高超声速发动机研制创造了更好的条件。

日本很早就有了高超声速飞行器成功试飞的先例。1996 年,日本利用 J-1 运载火箭在种子岛宇宙中心将高超声速飞行器 HYFLEX 发射到 110 km 高空,飞行器以 3.9 km/s 的速度与火箭分离,然后在大气层内靠自身升力体产生的升力滑翔,最大速度达到 15 Ma,最后飞行器于 6 min 后成功落在 1 300 km 外的小笠原群岛水域。

2. 发展高超声速武器

日本在高超声速发动机、飞行器领域的技术积累为其高超声速武器研究打下了坚实基础。2016 年,日本防卫装备厅出台《中长期技术规划》,对未来 20~30 年武器装备和关键技术发展进行规划。这份文件高度关注离岛作战,认为假想敌会对离岛进行迅速入侵,日本必须具备快速反应与灵活机动能力。目前日本在精确打击方面主要依靠亚声速巡航导弹,日本认为其打击速度慢、易拦截、战场生存能力弱,难以对敌方进行有效慑止,因此需要发展全新的高超声速打击武器满足作战需求。在未来作战任务牵引与前期技术储备支撑下,此后日本陆续披露多个高超声速导弹研究项目,体现出高速助推-滑翔导弹与高超声速巡航导弹并行发展的规划思路。

(1)高速助推-滑翔导弹项目

日本高速助推-滑翔导弹项目于 2017 年首次披露,规划了为期 7 年(2018—2024 财年)的关键技术开发及验证工作作为型号研制基础,如表 2.5 所列。2017 年,日本防卫装备厅在 2018 财年防务预算文件中提出了"岛屿防卫用高速滑翔导弹技术的研究"项目,单年拨付 46 亿日元(约 2.8 亿元人民币)。次年,该项目在 2019 财年预算文件中更名为"岛屿防卫用高速滑翔导弹的研究",不仅单年预算大幅增长到 138 亿日元(约 8.4 亿元人民币),而且提出了更为详细的发展规划,即采取分阶段方式发展助推-滑翔弹头。

表 2.5　日本高速助推-滑翔导弹项目

项目名称	简　介	预算金额
岛屿防卫用高速滑翔导弹技术的研究	为在岛屿防卫中实现对敌打击,可高速飞行后命中目标的岛屿防卫用高速滑翔导弹的要素技术研究	2018 财年 46 亿日元 (约 2.8 亿元人民币)
岛屿防卫用高速滑翔导弹的研究	采用大高度的超声速滑翔导弹技术,高精度到达目标的技术等要素技术,通过岛屿之间的对地攻击等来发挥火力的岛屿防卫用高速滑翔导弹所需技术的研究	2019 财年 138 亿日元 (约 8.4 亿元人民币)

第 1 阶段(早期装备型),采用搭载圆锥形或双锥形弹头的助推-滑翔导弹,如图 2.6 所示,计划在 2026 财年投入使用;

第 2 阶段(性能改进型),改用搭载更高升阻比弹头的助推-滑翔导弹,如图 2.7 所示,计划在 2028 财年或更晚投入使用。

图 2.6　阶段 1,早期装备型　　　　图 2.7　阶段 2,性能改进型

虽然该项目始终采用"高速""超声速"等描述,但飞行速度指标并未披露,因此尚不能断定其属于高超声速武器。该导弹定位于岛屿间攻击,射程 300～500 km,采用陆基发射方式。

高速助推-滑翔导弹项目旨在研发使用惯导/GPS 导航的高速助推-滑翔导弹,日本在相关技术领域具有坚实的储备。

① 制导方式。根据日本官方的资料显示,该滑翔弹制导方式采用 GPS 辅助惯性导航系统(INS)。日本在制导系统领域的产品性能均已达到世界先进水平,尤其在电子芯片、元器件、半导体、新材料等基础技术领域处于世界领先地位,并已成为美欧导弹研制生产的重要配套厂商,其生产的电路、电子芯片、陶瓷部件等已成为美欧等精确制导武器的重要元部件。日本采取寓军于民的军工发展战略,目前已经形成了以三菱电机公司为主掌控制导导航系统设计集成以及核心元器件导引头的研制生产,由日本航空电子设备公司(NEC - AVIO)、日本无线电公司(JRC)、NEC 公司和富士通公司等多家厂商提供各类组件及元器件的配套供应链。因此,GPS 辅助惯性导航系统技术对于日本来说是较为成熟的技术。

② 动力装置。日本在固体火箭发动机上积累深厚,"标准- 3"Block ⅡA 的第二级发动机就是日本研制的。此外,2013 年 9 月 14 日,日本自主研发的"艾普西龙"三级固体运载火箭成功发射升空,该火箭起飞质量和运载能力都与美国"和平卫士"重型固体洲际导弹相当,美国的HTV - 2 的运载火箭就是在"和平卫士"洲际弹道导弹的基础上改进而来的。而其所具备的智能发控、智能检测、快速响应等特点恰为机动部署洲际弹道导弹所必需的功能,完全具有改装成为导弹运载滑翔弹头的可能。因此日本的火箭技术也能达到功能要求,能够将弹头推送至指定高度并达到速度要求,但还要进行多脉冲固体火箭发动机的研制。

③ 热防护技术。日本为 HOPER 航天飞机研制的高温区用碳/碳复合材料已经取得较大进展,在碳/碳复合材料表面涂覆碳化铅等难熔碳化物,可大大降低碳/碳复合材料烧蚀率,使

之能承受更高温度或延长使用时间,该复合材料已成功地应用于轨道试验飞行器头锥和防热面板,且其力学性能已接近或优于美国航天飞机现用材料。考虑到日本进行过多次再入返回试验,以及日本在材料科学上的积累,日本具备突破该项技术的能力。

(2) 高超声速巡航导弹项目

日本高超声速巡航导弹项目于 2018 年首次披露,同样规划了为期 7 年(2019—2025 财年)的关键技术开发及验证工作。2018 年,日本防卫装备厅在 2019 财年防务预算文件中提出了"关于高超声速导弹的要素技术的研究"项目,单年拨付 64 亿日元(约 3.9 亿元人民币),发展 5 Ma 以上巡航导弹技术,重点是发动机技术。需要指出,进度表显示该项目自 2013 年便开始谋划,历经 6 年准备性工作(原文称为"相关先期业务",包括通过其他类型飞行器设计对该项目提供基础技术与设计借鉴等)后才启动研制阶段,说明日本对发展高超声速巡航导弹可行性进行了细致的评估,并可能已经制定了合理的研制规划。

2019 年 11 月 18 日,日本防卫省公布将在 2030 年前同步开展助推-滑翔与吸气巡航两种高超声速导弹的研发计划。根据这份文件,日本计划在 2030 年左右部署一型速度不低于 5 Ma 的高超声速巡航导弹,在 2030 年中期拥有助推-滑翔导弹武器。由此可以看出,日本虽然采取助推-滑翔导弹与巡航导弹并行发展的策略,但对于助推-滑翔导弹,防卫省明确提出计划在 2035 年左右完成武器化,可见其相关技术成熟度已达到一定程度。而对于巡航导弹,在 2030 年前完成首型研发、2030 年左右实现部署等计划,一定程度上体现出日本对自身技术能力与前期工作的自信。

综上可以看出,日本发展高速/高超声速导弹的思路大致为:先发展早期装备型助推-滑翔导弹,同步攻关巡航导弹关键技术,再发展性能改进型助推-滑翔导弹以及巡航导弹。进一步可分为三个阶段:近期发展携带锥形/双锥形弹头的助推-滑翔导弹,中期发展高升阻比弹头的助推-滑翔导弹,远期发展巡航导弹,与美国当前思路基本一致。日本采用与美国相似的发展思路,有利于降低研发进度与经费方面的压力。具体来说,日本前期拥有再入飞行器设计与飞行实践经验,其高速助推-滑翔导弹研制难度相对较低,更适合优先发展以满足军备要求。相比之下日本不具备短期内发展高超声速巡航验证飞行器的能力,因此目前仅安排有限投入,将主要精力用于研究超燃冲压发动机等关键技术,视研究进展情况决定后续(该项目后期或后续项目)投入力度。

(3) 可重复使用运载器项目

可重复使用运载平台是日本高超声速项目另外一个主攻方向,日本在这一领域走过了多个试验型号的技术全流程,积累了相当丰富的平台研制和试验经验。

① HOPE 系列"宇宙往返机"。日本早在 20 世纪 80 年代末期就开始了 HOPE 系列"宇宙往返机"系统的研制。最初 HOPE 被计划用于往返于国际空间站的日本空间运输系统。为减少研发经费和风险,日本决定分步研发。1994 年,全尺寸验证样机即 HOPE 试验号(HOPE - X)通过预算并开始由日本国家航空空间实验室(NAL)和日本国家空间研究局(NASDA)合作研发,主承包商为三菱重工业公司。HOPE - X 是由 H - Ⅱ火箭发射的无人再入式空间运载器,其研究包括从基础研究到试验性轨道飞行器的全面开发,共实施了 4 次飞行试验,分别是 1994 年进行的轨道再入试验、1996 年进行的高超声速飞行试验和自主飞行与着陆试验以及两个阶段的高速飞行验证,这些试验为 HOPE - X 的研究提供了重要数据。根据原本的计划,飞行器于 2001 年开始生产并将在 2004 年试飞,然而日本认为在寻求可重复使用

空间运输系统的最佳选择之前,还要进行许多讨论和分析,因此 2001 年飞行器的生产被冻结,但高速飞行验证仍按计划完成。通过 HOPE - X 计划,日本不仅开发了再入飞行器的基本结构、飞行控制及热防护等技术,而且还找到了再入飞行器系统设计的方法。这些飞行器和在飞行验证中确认的技术将在可重复使用空间运输系统的研发中扮演重要角色。

② 升力体飞行试验(LIFLEX)技术验证机。在往返试验机 HOPE - X 开发以后,日本宇宙航空研究开发机构(JAXA)进一步探讨了往返系统的概念,即升力体飞行试验(LIFLEX)技术验证机,它也是该机构开展的系列研究中最新的一个项目。JAXA 在 2008 年及其后进行了该试验机的一系列试验和研究工作。LIFLEX 是一种无翼升力体,JAXA 称无翼升力体再入时产生热量较低并且具有更大的载荷能力。LIFLEX 试验机的机长 1.6 m,宽 0.8 m,该无人机在 1 km 高度从直升机上投放,分离速度达 40 m/s,预定飞行器按 45°下滑航迹飞行,着陆速度为 33 m/s。LIFLEX 设置有垂直尾翼,有 2 个方向舵和 4 个升降副翼用于控制,采用 GPS辅助、基于微机电系统的 Micro - GAIA 惯性制导系统制导。

③ HyShot 国际高超声速联合研制计划。日本非常关注高超声速飞行器推进技术的发展,其在研的吸气式发动机包括超燃冲压发动机及可作为二级入轨飞行器第一级发动机的空气涡轮冲压发动机(ATREX)等。为了加快研究进度,日本还选择与国外进行合作,积极推进高超声速技术的国际研发,HyShot 计划便是其中之一。该计划始于 1999 年由澳大利亚、美国、英国、德国、韩国、日本等国合作进行,目的是对氢燃料超燃冲压发动机进行飞行验证。

④ 火箭基组合发动机技术。日本的火箭基组合发动机采用液氢为燃料,深入开展了包括超燃冲压+火箭组合发动机在内的推进系统匹配性能研究,在 2007 年成功研制完成配装 2 台氢气/氧气火箭、总长 3 m 的火箭基发动机试验模型。该试验发动机主要子系统设计为可更换,即采用并联发动机模式,可以任意选用超燃冲压发动机、亚燃冲压发动机、涡轮风扇发动机与火箭发动机并联形成组合动力装置,可以测试多种火箭基组合发动机的工作情况,以优化动力装置设计。目前,日本研制的火箭基组合发动机已完成超燃冲压发动机燃烧室燃烧性能优化,以及飞行器速度为 4 Ma 时发动机从亚燃冲压向超燃冲压转换情况的研究试验,还在 6~8 Ma 的高超声速条件下试验了火箭基组合动力装置的性能,成功产生了平均值为 2 000 N 的净推力。

3. 攻防一体发展

除了发展高超声速助推-滑翔导弹项目和巡航导弹项目,日本也注重高超声速武器防御能力的发展,这主要体现在日本开始启动高超声速飞行器太空预警监视网络和拦截系统的研发和构建。

(1) 太空预警监视网络

日本防卫省计划通过数百颗低轨道小型人造卫星组成的"卫星星座"构建自己的防空反导太空监视与预警网络。为此,日本防卫省在 2021 年的年度预算中增加了 2 亿日元(约 0.12 亿元人民币)的"卫星星座"计划研究款项,在 2025 年前后首先发射 3 颗小型卫星。

小型卫星的质量大约为 100~500 kg,可被发射至高度为 400 km 左右的低轨道。它在运行时通过自带的传感器和摄像头对地面和海洋情况进行监测,多颗卫星联动运行以增强信息收集能力。小型卫星的造价比普通卫星低,一些民间企业也在大力开发此种卫星。日本政府将通过实证实验检测卫星间能否相互配合进行通信和信息处理,若实验效果理想,或将进一步增加卫星发射数量。日本构建卫星监测网的目的除了掌握植被分布情况和火山、地震等自然灾害情况以外,还包括监控海洋上行踪可疑的船只,另外,卫星监测网还可被用于监控高超声速飞行器。构建能够覆盖全球的卫星监测网需要耗费巨资,因此日本政府正在考虑加入美国的监测网,或与民间开展合作。

（2）拦截系统

随着高超声速导弹的实用化,俄罗斯、美国等国都已经列装或准备列装这种武器,尤其是2022年1月朝鲜进行了两次高超声速导弹试射,在日本看来,朝鲜等国的高超声速武器是一个威胁,为此日本一方面加快推进高超声速导弹的研制计划,另一方面也加紧研制拦截高超声速武器的防御系统,攻防结合,双管齐下。

2020年末,日本《产经新闻》报道称,日本防卫省将于2021年度启动高超声速武器拦截系统的研发工作。当前,日本现役反导体系由海基"宙斯盾"系统和陆上的"爱国者"系统及预警指挥系统组成。日本海上自卫队目前拥有8艘"宙斯盾"驱逐舰,这些驱逐舰都配备了"标准"-3反导导弹。海上的"宙斯盾"战舰主要用于中段拦截,"爱国者"系统主要用于末段拦截。目前日本防卫省正在开发用于拦截高超声速武器的电磁轨道炮。

20世纪80年代日本投入资源开发电磁轨道炮这种新概念武器。在20世纪90年代前半期,日本主要着眼于利用等离子体电枢实现超高速,当时的研发成果有7.45 km/s的纪录。之后,由于等离子体电枢的导轨烧蚀、脉冲电源等遇到技术瓶颈,实用化研究基本没有进行。2000年左右日本完成了简单的低速加速装置,探讨了利用固体电枢的性能。2010年,日本防卫省开始着手研发用于近程防御的小口径电磁轨道炮系统。2015年,日本防卫装备厅研发了16 mm的小口径电磁轨道炮,在炮口采用弧形设计有效减少发射对炮口的烧蚀。2016年,防卫省在此前小口径电磁轨道炮的研制基础上,开始实施40 mm口径的电磁轨道炮的研发,目标是初速度达到2 000 m/s,并达到120发以上的耐久性。目前,该项目已经进入后期。2018年8月2日,日本防卫省正式对外宣告其正在研制电磁轨道炮装置——电磁加速系统,该系统是电磁炮的技术试验原型机,该设备体积小,配套设施齐全,包括直线电磁推进加速器、功率转化器、脉冲式储能装置、电力分配控制、散热装置等子系统。2010—2016年该项目共投资10亿日元（约0.55亿元人民币）,可以以2 000 m/s的速度发射10 kg的炮弹。2019年11月,日本防卫省公布了在下北试验场试射分离弹的一些数据和分离时视频。根据日本媒体报道,在研究测试阶段,日本的轨道炮原型机的发射速度曾达到近2 300 m/s。日本防卫省于2022财年拨款65亿日元（约3.57亿元人民币）,用以完成电磁轨道炮在装备化前的样机生产,日本计划在2020年代后半期将电磁炮投入使用。日本计划在"摩耶"级驱逐舰上实验电磁轨道炮和激光武器,在27DDG驱逐舰上配备电磁轨道炮等动能武器,增强战舰的多任务作战能力。

2022年1月,美国国务卿安东尼·布林肯表示,美日近期将签订为期五年的双边防务技术研发合作协议,主要应对高超声速武器和天基打击能力威胁,因此,未来美日将在这一领域展开深度合作,在电磁轨道炮方面,美国应该会积极支持日本展开研究。

2.1.4　印　度

高超声速技术在空间和导弹方面的应用潜力引发了印度的极大兴趣。虽然印度国防工业基础薄弱,但印度开展高超声速研究已经20余年,在超燃冲压发动机技术上已经取得了很大的进步,验证了超燃冲压发动机的气动构型、点火和高超声速流动下的持续燃烧、高超声速分离以及高温材料的热结构特性等关键技术,有力推动了印度高超声速技术的发展。印度在国防研究与发展组织(DRDO)牵头负责下,除着力设计和建造运载器和卫星之外,还开展了数个高超声速飞行项目。

1. AVATAR 高超声速吸气式空天运输飞行器

DRDO 在 2007 年 6 月 29 日宣布,该组织的"高超声速吸气式空天运输飞行器"(Aerobic Vehicle for Hypersonic Aerospace Transportation, AVATAR)的验证飞行器将在 2008 年进行试飞。该项目的目标是研制一种小型可重复使用的空天飞机。该空天飞机的概念是在 2001 年由一个印度工程师提出的,它是一种可重复使用、水平起飞的吸气式单级入轨飞机,采用涡轮冲压/超燃冲压/火箭组合循环发动机,总重 25 t(其中 60% 是液氢燃料),每次可将 1 t 重的有效载荷送入太空,一架空天飞机在其寿命周期内可执行 100 次这样的任务。它在不携带火箭发动机时,还可作为一种高超声速飞机,用于对地攻击或侦察,然后返回基地。后来,印度前总统、"印度导弹之父"卡拉姆提出印度要研制 AVATAR 空天飞机,并称之为"梦之计划"。

2. HSTDV 高超声速技术验证器

由于高超声速空天飞机是一个由多个子系统组成的庞大系统工程,因此印度的空天飞机研究计划包括太空舱回收试验、可重复使用运载器、超燃冲压发动机开发和高超声速技术验证器(Hypersonic Technology Demonstrator Vehicle, HSTDV)。其中,HSTDV 项目作为高超声速技术的核心部分,被倾注了最大的力量和心血。HSTDV 项目的目的是通过研制技术验证机并进行试验飞行,对无人驾驶、自主飞行模式下的飞行器性能进行验证。除了对超燃冲压发动机的设计和性能进行重点验证之外,HSTDV 项目还将对高马赫数飞行时的气动性能、气动热设计、材料和热防护技术进行广泛的验证与研究。同时,HSTDV 项目也是印度高超声速巡航导弹开发计划的一部分。HSTDV 飞行器的试验目标是在 32.5 km 高度上实现速度 6.5 Ma 的飞行。

2000 年,DRDO 启动了 HSTDV 的相关工作。2003 年,DRDO 开始了 HSTDV 的可行性研究。2004 年,DRDO 完成了 HSTDV 的初步设计工作。2007 年 2 月,印度在班加罗尔举行的印度航空航天展览会上展出 HSTDV 的模型,如图 2.8 所示,项目研究人员表示该机可能会在 2008 年进行飞行试验,但直到 2019 年 6 月,HSTDV 飞行器以"烈火"- I 火箭为助推级进行了首次试飞。HSTDV 搭载在"烈火"- I 火箭助推器上,在飞行至 30~40 km 高空后与助推器分离,并启动超燃冲压发动机,以 6 Ma 的速度飞行。DRDO 在试验后发表声明称,这次试验成功验证了超燃冲压发动机的关键技术,并取得了关键的试验数据。2020 年 9 月 7 日,DRDO 再次开展了 HSTDV 的飞行试验,成功展示了高超声速超燃冲压发动机技术。HSTDV 搭载在固体火箭助推器上,在上升到 30 km 的高度时,整流罩分离,随后 HSTDV 分离,超燃冲压发动机成功点火,在持续高超声速燃烧 20 s 后,HSTDV 达到 6 Ma 的速度。在试验中,多个跟踪雷达、光电系统和遥测站监测了飞行器的相关参数。这次试飞成功验证了用于高超声速机动的气动构型、超燃冲压发动机的点火和高超声速流动下的持续燃烧、高超声速分离机制以及高温材料的热结构特性等关键技术,也展示了印度超燃冲压发动机燃油喷注和自动点火等技术的成熟。

图 2.8　HSTDV 模型

HSTDV 高超声速技术验证器长 5.6 m,质量为 1 000 kg,其横截面为扁平八角形,机体中部装有一对短翼,机体后部装有倾斜垂直尾翼,位于机腹部的进气道长度为 3.7 m,横截面形状为矩形,进气道为固定不可调节式,设计有一个压缩斜面,在飞行器处于不同迎角和姿态的情况下都能对进入进气道的高超声速空气进行有效压缩。超燃冲压发动机位于机体中下部,机体尾部作为排气喷管的一部分,机体前部有两个平行的挡板,用于增加推力。机翼后缘的襟翼用于飞行器滚转控制。可偏转的喷管位于燃烧室后端,其偏转角可达 25°,为 HSTDV 提供调整飞行姿态和机动飞行所需的矢量推力。从气动外形角度看,HSDTV 的外形像一块斜板,与美国的 X-43 高超声速技术验证机和 X-51A 超燃冲压发动机飞行器验证器非常相似。HSDTV 的机体下表面、机翼和尾翼由钛合金制成,而机体上表面由铝合金复合材料制成。

HSDTV 计划采用碳/氢燃料(如航空煤油)的超燃冲压发动机,碳/氢燃料通过一系列交错的喷射杆喷入燃烧室,以保证其能在高速进气中充分燃烧。HSTDV 设计的全尺寸超燃冲压燃烧室在 HST4 激波风洞中已经进行了试验,设计的超燃冲压发动机燃烧室长度为 1.8 m,矩形截面,靠近进气道一端为 100 mm×230 mm,出口端为 250 mm×230 mm,发动机内表面用铌合金材料,外表面采用镍铬钛合金材料。目前,超燃冲压发动机的试车正在进行,对燃烧室燃烧情况、进气压力、耐热材料等技术难点进行广泛而系统地试验和验证。未来,印度还将研制与超燃冲压发动机并联的涡轮风扇发动机,构成涡轮基组合循环发动机,使 HSTDV 空天飞机具备大气层内自由飞行的能力。

印度在进行空天飞机高超声速技术研究时,非常重视发展相关试验设备,开始建造包括高超声速风洞和激波风洞在内的大型实验设备。1973 年,印度建成了第一个高超声速激波风洞(HST)。根据美国国会研究服务中心(CRS)2021 年更新的《高超声速武器:背景和国会议题》报告显示,印度运营着大约 12 个高超声速风洞,能够测试高达 13 Ma 的速度。

印度科学研究所航空航天工程系的高焓空气动力实验室是印度的高超声速试验中心,该实验室在 2010 年更名为高超声速和冲击波研究实验室(LHSR)。该实验室现有 5 台高超声速测试设施,包括一系列的常规高超声速激波风洞,如 HST1 激波风洞(50 mm 内径激波管+300 mm 直径试验段)、HST2 激波风洞(50 mm 内径激波管+300 mm 直径试验段)、HST4 激波风洞(165 mm 内径激波管+1 m 直径试验段)、高超声速自由活塞激波风洞 HST3(165 mm 内径压缩管+50 mm 内径激波管+20 kg 活塞+300 mm 自由射流管)以及燃烧驱动激波风洞 HST5(105 mm 内径激波管)。2020 年 12 月,DRDO 启动了印度最先进的高超声速风洞(HWT)试验设施,这是一个采用压力真空驱动的封闭式自由射流试验台,喷嘴出口直径 1 m,可模拟 5~12 Ma 的高超声速气流。

通过 HSTDV 项目的研究,印度完成了高超声速试验飞行器的设计以及超燃冲压发动机的设计和地面试验工作,并且带动了高超声速相关试验设施的建设,对于推动印度高超声速技术的研究起到了重要作用。

3. RLV - TD 空天飞机技术验证机

印度在 2009 年公布的《航天愿景 2025》中提出,为研发"两级入轨可重复使用运载器"(TSTO)将开展技术演示验证试验。印度计划通过一系列飞行演示验证试验,在 2025—2030 年间能够研制成功"两级入轨可重复使用运载器"。印度空间研究组织(ISRO)希望这种运载器至少能够重复使用 10 次,发射成本降低到每千克 2 000 美元。

根据 ISRO 的计划,两级入轨航天器 TSTO 分为两部分,第一级是火箭助推级,发射时放置在火箭发射台上,垂直发射,这一级属于一次性使用,不可重复回收利用;第二级是空天飞机级,这一级在外层空间与火箭助推级分离后,自主入轨,之后自主返回并滑跑降落。2012 年 1 月印度启动"重复使用运载器-技术验证机"(Reusable Launch Vehicle-Technology Demonstration,RLV - TD)研制计划(即第二级空天飞机级的缩小版验证机),如图 2.9 所示。RLV - TD 长约 6.5 m,重 1.75 t,将来的真实飞行器的尺寸将是它的 6 倍。为此,印度规划了 4 次飞行试验,分别为高超声速飞行试验(HEX)、着陆试验(LEX)、再入试验(REX)和超燃冲压推进试验(SPEX)。其中 HEX 主要测试 TSTO 上面级在高超声速飞行状态下的气动、热防护以及制动控制等相关技术;LEX 主要验证飞行器在陆地机场自主着陆的技术;REX 主要验证飞行器再入大气层返回的技术;SPEX 主要验证关键的超燃冲压发动机技术。上述先进技术将成为印度未来低成本进入太空的基础。

图 2.9　RLV - TD

RLV - TD 的空气动力学模型(风洞模型)在印度国家航空实验室进行了研究和测试,随后 RLV - TD 缩比验证机的机体由海德拉巴 CIM 私营技术公司研制制造。2015 年,在印度维克拉姆·萨拉巴伊航天中心,RLV - TD 首架样机进行了组装,内容是对 RLV - TD 表面敷设隔热瓦、安装热防护系统,并进行测试。印度原本计划当年便进行首次试飞,但由于种种原因未能实现,在组装一年后的 2016 年 5 月进行了首次试飞。2016 年 5 月 23 日,ISRO 从印度东南部的萨迪什·达万航天中心用 HS9 固体火箭成功发射了 RLV - TD 飞行器。RLV - TD 在飞行 91.1 s 后,在高度 48 km 与运载火箭分离,随后飞行器上升到 65 km 的高度后以 5.5 Ma 的速度开始返回。在自主导航、制导与控制系统和热防护系统的帮助下,RLV - TD 成功落在距斯里赫里戈达岛 450 km 的指定海域,整个飞行过程共持续 770 s,斯里赫里戈达岛上的多个地面站以及一艘跟踪船成功跟踪测量了 RLV - TD 的飞行数据,试验取得了圆满成功,为印度发展可重复使用运载器跨出了关键的第一步。

4."布拉莫斯"-Ⅱ高超声速巡航导弹

"布拉莫斯"是印度与俄罗斯在"宝石"反舰导弹的基础上联合研发的一种超声速导弹,其研制单位包括负责"锆石"项目的俄罗斯机械制造科研生产联合体。"布拉莫斯"遵循系列化发展思路,在基本型的基础上衍生出陆射型、空射型、潜射型号,使"布拉莫斯"导弹成为各军种通用的导弹,实现印度从舰艇、潜艇、飞机以及地面车辆上发射的全方位作战意图。导弹采用垂直发射系统,可以携带一枚 300 kg 的常规弹头,射程 300~500 km,巡航速度 2.8 Ma。"布拉莫斯"-Ⅱ高超声速巡航导弹的研发始于 2010 年,导弹全长约 8.9 m,直径约 670 mm,将采用与"锆石"导弹相同的超燃冲压发动机技术。"布拉莫斯"-Ⅱ导弹的最大飞行速度将达到 7 Ma,射程达 600 km,它的一个关键设计是要保持早期型号的物理参数,从而使这种新型导弹能利用已经研制好的发射架和其他基础设施。2013 年印度航展上展示了"布拉莫斯"-Ⅱ导弹的缩比模型,如图 2.10 所示,缩比模型显示"布拉莫斯"-Ⅱ采用固体火箭助推,乘波体气动外形设计,为吸气式高超声速巡航导弹。印度 DRDO 同样为"布拉莫斯"-Ⅱ导弹规划了多种平台发射能力,包括陆射、舰射、潜射和空射,丰富该导弹的部署和打击方式。样弹试验从 2017 年开始,计划在 2025—2028 年间形成初始作战能力。目前,无论是印度还是俄罗斯均未公开"布拉莫斯"-Ⅱ的详细设计指标和最终的总体设计情况。

图 2.10 "布拉莫斯"-Ⅱ导弹模型

2.1.5 法　国

法国从 20 世纪 90 年代开始大力发展超燃冲压发动机等高超声速技术,通过在欧盟内及与俄罗斯开展相关项目合作,奠定了较为深厚的技术基础。美国智库兰德公司在 2017 年发布的《高超声速导弹防扩散》报告中指出,法国是当前高超声速导弹技术研发水平仅次于美、俄等国的第二梯队国家。近年来,世界各大国都在抢占高超声速技术领域的先机,加速推进高超声速武器化的步伐,在此背景下,作为传统军事强国兼联合国安全理事会常任理事国之一的法国,一直把维护大国地位作为国家战略的核心,为避免在高超声速领域被"边缘化",也正在加速推进高超声速技术和武器的研发。

1. 早期技术研究聚焦于吸气式动力领域

法国是欧洲最早开展超燃冲压发动机研究的国家,从 20 世纪 50 年代开始,法国便开始了超燃冲压发动机的研制,并制定了一系列方案。法国早期的高超声速技术研究主要以超燃冲压发动机为核心,从最早应用于航天运载器的大尺寸超燃冲压发动机研究,到确定以双模态超燃冲压发动机为研究对象深入开展关键技术攻关,再到以高超声速巡航导弹为应用背景的中小尺寸超燃冲压发动机研究,以及拓展到飞行器总体角度的设计和试验能力探索。总体来说,法国高超声速技术科研以可重复使用的航天运输为应用愿景,主要聚焦于吸气式动力领域。

20 世纪 90 年代初,法国开展了"吸气式高超声速推进研究与技术"PREPHA 计划、"宽范围冲压发动机"WRR 计划、JAPHAR 计划、LEA 计划、"临近空间高超声速导弹"Promethee 计划、"高空高速隐身无人侦察机"HAHV 计划等一系列研究项目。其中 PREPHA 计划、WRR 计划、JAPHAR 计划和 LEA 计划属于超燃冲压发动机的研发项目,Promethee 计划和 HAHV 计划旨在对基于超燃冲压发动机基础上的高超声速武器、飞行器进行研发;PREPHA 计划旨在试验马赫数为 8 的超燃冲压发动机,并积极探索高超声速巡航导弹、高超声速飞机和空天飞机方案;WRR 计划旨在研制一种煤油燃料的变几何双模态超燃冲压发动机,可在 3~12 Ma 的范围内工作;JAPHAR 计划旨在研究氢燃料定几何双模态冲压发动机;LEA 计划旨在对一体化的超燃冲压发动机进行实际飞行条件下的研究。法国航空航天实验室(Onera)在 2021 年 7 月称将在 LEA 实验项目目下,对全尺寸高超声速巡航导弹样机进行首次试飞,旨在验证超燃冲压发动机性能,确定导弹基本方案,并且法国计划为 LEA 高超声速巡航导弹配备核弹头,形成 ASN4G 高超声速核巡航导弹,作为"阵风"战斗机中程空地巡航导弹 ASMP - A 的后续产品;Promethee 计划旨在以一种升力体气动布局的空地隐身巡航导弹为研究对象,采用碳/氢燃料双模态超燃冲压发动机推进,导弹长 6 m,发射质量 1 700 kg,飞行 2~8 Ma,由法国航空航天实验室和法国马特拉公司研制;HAHV 计划旨在研究与发展一种 6~8 Ma、巡航高度 30~35 km,航程 2 000 km 的高超声速无人侦察机,机上装有合成孔径雷达等多种侦察设备。除此之外,法国也积极参与国际合作,参与了欧洲多国联合开展的"长期先进推进概念与技术-Ⅱ"(LAPCAT II)、高速飞行可用轻质先进材料的"空气动力学和热负荷相互作用"(ATLLAS II)、"过渡试验飞行器"(IXV)、"高超声速飞行试验-国际合作"(Hexafly-Int)等高超声速研究计划。

2. 近期逐步推动高超声速技术武器化

近年来,在美国、俄罗斯、日本等国竞相追逐高超声速武器的背景下,法国也正式加入高超声速武器化这一行列。2019 年 1 月 21 日,法国国防部部长弗洛朗斯·帕利(Florence Parly)发表声明称,法国决定发起一项高超声速滑翔飞行器技术验证机研究计划,项目代号 V - max(vehicles manoeuvrant experimental,意为实验性机动飞行器)。声明特别强调,法国"具备研制(高超声速滑翔飞行器验证机)的各方面能力,不能再坐等下去",该项目将推动法国在许多领域实现"技术飞跃"。该项目由法国负责武器装备采办和科研设计管理的武器装备总署(DGA)主管,欧洲阿丽亚娜集团(Ariane Group)公司担任总承包商,项目主要目的在于评估鉴定滑翔飞行器概念的潜在优势和局限,并开展相关关键技术研究,其中主要难点是飞行器在高超声速飞行条件下进行机动以及耐受极高温度,项目将研究探索适合的结构材料,分析研究该尺寸滑翔飞行器所能携带的战斗部质量。2021 年 5 月,Ariane Group 公司称计划首飞 V-max 高超声速滑翔导弹,拟首先采用固体燃料助推器将导弹加速到 15 Ma 左右,然后释放滑翔体,滑翔体再以 6 Ma 的速度在 60~80 km 高度滑行。

V-max 项目是法国首个提出的高超声速滑翔方案项目。从专攻吸气式到重视助推-滑翔式,法国高超声速技术发展思路的转变可以认为受到内外两方面因素的影响。外部因素主要体现在当前国际形势的发展,美国、俄罗斯、日本等国都在大力发展高超声速助推-滑翔导弹;内在因素则体现为技术本身,助推-滑翔方案相比吸气式巡航方案技术难度较低,可更快实现部署,尽管后者在机动能力、隐蔽效果、打击方式、任务灵活性、实用性等方面更具优势。

总之,法国作为欧洲军事强国,在高超声速技术领域具有深厚的技术积累和完善的试验设施,目前法国拥有 5 个高超声速风洞,能够进行速度高达 21 Ma 的试验,同时法国也是世界军事工业体系较为完善的国家,国防政策具有较强的自主性,随着近年来对高超声速技术探索的加速,其在世界高超声速领域中将占据一席之地。

2.1.6 英 国

早在 20 世纪 80 年代,英国就开始了空天飞机及其发动机的研制探索。过去的几十年中,英国一直致力于研究和验证冲压发动机的关键技术。

20 世纪 80 年代,英国航空航天研究院于 1985 年启动研制"霍托尔"(HOTOL)单级入轨空天飞机(见图 1.16)和当时英国著名发动机公司罗尔斯·罗伊斯研制的 RB545 吸气式氢氧发动机,其中 RB545 是为 HOTOL 而配套研发的。RB545 发动机采用了一种独特的喷气/火箭混合发动机,兼有喷气发动机和火箭发动机的功能和优点。在大气层内飞行时,它采用吸气式涡轮发动机模态,依靠吸入空气中的氧燃烧工作,因此可以大大降低液氧的携带量,进而降低了空天飞机的起飞重量。而飞出大气层后,则切换至氢氧火箭发动机模态工作。RB545 配装的 HOTOL 高超声速空天飞机的设计理念和技术水平也很前卫,它采用火箭发射车辅助水平滑跑起飞,采用这种起飞方式可降低起飞质量达 70 t。HOTOL 空天飞机可以像普通飞机一样起降,同时实现单级入轨,远远领先于同时代服役的美国航天飞机。但经过几年的研究和论证,英国宇航公司和罗尔斯·罗伊斯公司都感到无论从技术还是研究经费而言,HOTOL 空天飞机和 RB545 发动机方案都过于前卫激进和代价高昂,因此在 1988 年 HOTOL 空天飞机和 RB545 发动机计划纷纷下马。

到了 21 世纪初,英国反作用发动机公司(REL)在 RB545 的基础上,开发出了协同吸气式火箭发动机(SABRE,简称"佩刀")。"佩刀"发动机在继承了 RB545 基本结构设计的基础上,引进了气体循环冷却技术,安装了氦循环管道,通过加装液氦来吸收穿过空气的热量,达到增推和降温的双重目的,使得吸入发动机的空气瞬时温度从超过 1 000 ℃迅速降低到 140 ℃左右。当前,"佩刀"发动机进行了数十次成功的地面试验,标志着这种发动机在技术上已经日趋成熟,越来越具备实用可行性。英国航天局、国防部了解到"佩刀"发动机技术发展的情况后,在 2013 年 7 月,政府直接给反作用发动机公司投资 6 000 万英镑,继续支持"佩刀"发动机的发展。1 个月后,欧洲航天局与反作用发动机公司签订了 100 万欧元的合同,研究基于"佩刀"发展的单级入轨天地往返运输系统,即"云霄塔",如图 2.11 所示。"云霄塔"作为 HOTOL 空天飞机的继承者,采用梭镖型机身,远距鸭翼布局,三角形小翼位于机头,较短的机翼位于机身中后部,机身长约 90 m,采用多台"佩刀"发动机,在 5.5 Ma 以下采用吸气式,在 5.5~25 Ma

采用火箭发动机方式,计划水平起飞质量 275 t,可运送 12 t 有效载荷到地球低轨道,用来向轨道空间运送货物和卫星,经过改进后可运送乘员舱,发射成本可由当前运载火箭的 1.5 亿美元降低至 1 000 万美元。

图 2.11 "云霄塔"空天飞机

近年来,英国反作用发动机公司"佩刀"发动机研发策略出现重大调整,其超过 5 倍声速的设想已获得欧洲和美国专家甚至是美国空军研究实验室审核,或将在高超声速飞行平台领域掀起变革。英国反作用发动机公司于 2016 年 7 月发布了基于"佩刀"发动机的高超声速快速响应飞机概念设计方案及作战应用设想,该机采用鸭式布局,飞行马赫数可达 5,主要执行快速物资补给、载荷(无人机)投送以及精确侦察和信息支援等任务。在 2016 年重新调整"佩刀"发动机研发策略之后,英国反作用发动机公司稳步推进"佩刀"发动机科研工作,已经在英国白金汉郡维斯科特创业园动工兴建发动机试验厂房,为 2020 年开始的 20 t 级推力"佩刀"发动机验证机部件和整机试验做好准备,与此同时,该公司也在美国同步兴建试验厂房,为美国 DARPA 授予的高温考核试验做好准备。

2.1.7 澳大利亚

澳大利亚非常重视高超声速技术研究。在 20 世纪 60 年代,澳大利亚昆士兰大学即开始致力于高超声速飞行技术的基础研究。20 世纪 60 年代初,澳大利亚空气动力学家斯托克(R. T. Stalker)就建设了第一个自由活塞激波管,经过不断改进,在 20 世纪 80 年代初建成 T3 自由活塞激波风洞,1988 年建成 T4 自由活塞激波风洞,该风洞可以模拟飞行马赫数为 8 的高超声速飞行器的飞行环境,并开展了有关高超声速飞行器外形和超燃冲压发动机的试验研究。

1. HyShot 计划

HyShot(Hypersonic Shot)高超声速飞行试验计划是由澳大利亚昆士兰大学高超声速中心的艾伦·保尔(Allan Paull)博士领导的,参加和赞助的单位有澳大利亚防务科学技术组织、NASA、美国空军科学研究办公室、德国航空航天中心(DLR)、英国防务评估研究局、日本国家航空航天实验室(NAL)等。飞行试验采用的运载火箭(Terrier - Orion)为一个两级探空火箭,其第 1 级火箭为圆柱体,尾部有 X 形配置的 4 个梯形稳定尾翼。第 2 级火箭也是圆柱形,但直径比第 1 级火箭略小,尾部也有 X 形配置的 4 个稳定尾翼。第 2 级火箭的顶部为试飞器。试验在澳大利亚武麦拉导弹靶场进行。在第 2 级下落过程中,进行超燃冲压发动机试验。在

2001 年和 2002 年进行的 HyShot 1 和 HyShot 2 试验中,所用的以氢为燃料的超燃冲压发动机由澳大利亚昆士兰大学高超声速中心设计,采用二维背对背结构、楔形进气口和矩形燃烧室。在试飞器上,仅携带了可供超燃冲压发动机工作 5～6 s 使用的燃料,试验中在超燃冲压发动机内外设置了 40 多个测量点。HyShot 1 试验没有成功,但 HyShot 2 取得了成功,试验的马赫数达到 7.6。2006 年 3 月 25 日试验的 HyShot 3 的超燃冲压发动机由英国奎奈蒂克公司(Qinetiq Co.)设计,头锥由强度高重量轻的复合材料制造,采用三维子弹形进气口,椭圆形燃烧室。2006 年 3 月 30 日试验的 HyShot 4 的超燃冲压发动机由日本设计,但在飞行试验中,由于发动机可能没有工作而宣告失败。

2. HyCAUSE 计划

2004 年,由澳大利亚国防科学技术部(DSTO)和美国 DARPA 联合执行了 HyCAUSE (Hypersonic Collaborative Australia/United States Experiment)高超声速飞行试验计划。计划的目标是在飞行速度 10 Ma 下试验氢为燃料的超燃冲压发动机。发动机有两种方案,一种是澳大利亚的二维方案,地面试验在昆士兰大学的 T4 自由活塞激波风洞内进行;另一种是美国的向内转向方案,地面试验在美国 CUBRC 的 LENS 激波风洞内进行。飞行试验最后选用了美国方案。2007 年 6 月 15 日进行了飞行试验,试验中计划使用 TalonMk - 11/Castor 1 XM - 33 二级探空火箭,火箭加速到 530 km,然后在接近垂直的方向下降,达到飞行 10 Ma。但在试验中由于助推火箭发生晃动,超燃冲压发动机无法正常工作,试验中有 2 s 时间测量了超燃冲压发动机壁面的压力分布和热流分布,但与地面试验数据不符。

3. HIFiRE 计划

高超声速国际飞行研究试验(Hypersonic International Flight Research Experimentation,HIFiRE)计划是由美国空军研究实验室和澳大利亚国防科学技术部联合管理,美国 NASA、德国航空航天中心、英国反作用发动机公司等参加,并由美国波音公司和澳大利亚昆士兰大学为主要承担单位的一项国际高超声速飞行研究试验计划。

HIFiRE 计划在 2006 年 11 月正式启动,总经费为 5 400 万美元,该计划的目的是提供一个低成本的高超声速飞行试验平台,对高超声速飞行的现象进行研究,以增加对高超声速飞行的基础问题和物理现象的理解。通过计划,将拓展高超声速飞行数据库,提高模拟高超声速飞行的建模能力和提高其模拟方法的精度,验证高超声速飞行的飞行环境及其关键技术。计划通过循序渐进的项目安排,逐步增加高超声速飞行试验的复杂程度,最后期望实现超燃冲压发动机的持续自主飞行,为研制下一代空天飞行器打下技术基础。

HIFiRE 计划进行三类型旨在验证关键技术的飞行试验,包括测量高超声速边界层转换的空气动力学试验、高超声速飞行器的控制试验和高超声速飞行器动力系统的超燃冲压发动机试验。最后,还要进行使用超燃冲压发动机的高超声速飞行器的持续飞行试验。

此外,澳大利亚还计划发展"南十字星综合飞行研究实验"(SCIFiRE)项目来继承 HIFiRE 项目,进一步发展高超声速吸气式武器技术,该项目的演示试验预计于 2025 年左右进行。整个 HIFiRE 计划是一个国际合作的计划,充分发挥澳大利亚和美国在高超声速技术研究方面的长处,为高超声速技术的国际合作提供了宝贵经验。

澳大利亚除了拥有伍默拉试验场(世界上最大的武器试验场之一)外,还拥有 7 个高超声速风洞,能够进行速度高达 30 Ma 的试验。澳大利亚在 2016 年的国防白皮书中曾设想到 2035 年将高超声速武器引入澳大利亚地区,但目前更多的是开展商业应用开发。

从 HyShot 计划、HyCAUSE 计划到 HIFiRE 计划,以澳大利亚昆士兰大学研究团队为核心的国际研究团队逐步走出了一条低成本发展高超声速技术之路,也充分体现了澳大利亚在高超声速技术领域取得的成绩。HIFiRE 计划偏重技术基础和低成本的特点,使得已经完成了 X-51A 这种高超声速飞行器飞行试验的美国空军试验研究室和美国波音公司等仍然愿意和澳大利亚进行合作研究。HIFiRE 计划获得的大量飞行试验数据将进一步推动世界高超声速技术的发展。

2.2　发展趋势

随着世界各国对高超声速技术的不断探索以及高超声速武器的列装使用,高超声速飞行器必将在挫折与进步中不断向前发展。根据装备技术发展规律,结合当前国际战略格局走向及各国发展高超声速飞行器的特点,可以对高超声速飞行器的发展趋势进行展望。

2.2.1　高超声速技术会持续得到大力发展

由于高超声速技术巨大的军用和民用潜力,加之国际战略格局和地缘政治的考虑,以美、俄为首的各军事大国均会大力发展高超声速技术,以期在高超声速领域中能有所收益。

1. 美　国

美国将高超声速武器视为其常规快速打击的核心装备和"确保美国有能力打赢未来战争"及"第三次抵消战略"的关键技术之一,未来会继续大力发展高超声速技术。

美国谋求构筑全球导弹防御系统、常规快速全球打击和新型战略核力量的新三位一体军事能力体系。可以清晰地看出,美国将以攻、防、核、常四个维度的绝对军事优势维护和巩固其领先地位。其中,高超声速武器是其常规战略威慑和常规快速打击的核心装备。美参谋长联席会议副主席、美国战略司令部前指挥官约翰·海顿将军指出,高超声速武器能够"在其他武器被拒止或不便选用的情况下,对远距离、加固防护和(或)时间敏感性威胁提供快速、远程打击选项"。2018 年《美国国防战略报告》强调,科技的快速发展和战争形态的不断变化对安全环境造成影响,新兴技术如人工智能、定向能、高超声速以及生物技术等,其发展将决定美国是否"有能力打赢未来战争"。由此可见,美国防部将高超声速技术与武器的发展提到了美军能否打赢下一场战争的战略高度。

当前,鉴于俄罗斯宣布其高超声速武器已经担负战斗值班和量产后批量装备部队,以及其他大国在这一方面的技术发展,美国感觉到了前所未有的焦虑和紧迫感。美国认为,高超声速武器远程快速精确打击能力,使美军的全球"联合作战进入"面临挑战。随着对手"反介入/区域拒止"能力的提高,美军在一些地区进行前沿投送和前沿存在本已形势严峻,如果对手再用高超声速武器对其后方机场、指挥控制中心等关键目标实施精确打击,美国的全球"联合作战进入"将会雪上加霜。美国认为发展自己的高超声速武器可以有效解决这一问题。美国企业研究所 2017 年 4 月在其网站发布题为《高超声速武器:评估"第三次抵消战略"》的报告,对作为"第三次抵消战略"核心能力之一的高超声速武器进行了初步评估。报告指出,高超声速武器克服了当前限制常规兵力投送的距离、时间和防御系统障碍,可在远距离使敌多处目标面临风险,并极大缩减了常规亚声速弹药的飞行时间。此外,高超声速武器还有助于满足常规快速全球打击的战略需求,以及作为核武器的战略替代方案。美国将高超声速武器视为"第三次抵消战略"的"改变游戏规则"的武器技术,能抵消远程精确武器并维持美国竞争优势。美国防部联合高超声速过渡办公室主任吉莉安·布西于 2021 年 11 月 15 日在美国航空航天学会发表演讲时表示,继美空军 AGM-183A 和海军"常规快速打击武器"(CPS),美国防部联合高超声速过渡办公室正在研究制造下一代高超声速滑翔武器所需要的技术与能力,例如具有更高升阻比的滑翔飞行器、新的热防护系统,这样高超声速滑翔器可飞行更长的时间、滑翔更远的航程、携带更大的有效载荷。

在经费投入上,随着战略重心转向大国竞争,美国将高超声速导弹武器视为现代化高端军事能力建设的核心,将高超声速技术列为国防技术发展的最高优先事项,在战略规划和资源投入方面大幅倾斜。2020 财年以来美国防部对高超声速领域投入经费暴增。2015 年前,美国对高超声速领域的经费投入一直处于较低水平,2006—2015 财年间年均 3.8 亿美元,2017 财年开始增长,2019 财年突破 12 亿美元,2020 财年经费陡然增至 26 亿美元,2021 财年达 32 亿美元,2022 财年申请总额高达 38 亿美元,美国国防部计划 2020—2024 财年持续投入 112 亿美元,超过了过去 20 年来美国防部公开投入经费的总和。从经费投入可以看出,美国当前在高超声速领域投入强度达到近 20 年来之最,可谓是继 20 世纪举国之力发展空天飞机(NASP)计划后的又一次顶峰。

在强大的政治支持和经费支撑下,美国的高超声速武器发展必将全面加速。美国正在从国家层面寻求重振高超声速技术领先优势,通过加强新质作战力量建设牵引军事能力跃升,从而赢得大国竞争的胜利。

2. 俄罗斯

俄罗斯将高超声速武器视为突破美国对其实施战略围堵的非对称装备,未来会继续大力发展高超声速技术。

俄罗斯认为,美国大力加强全球反导体系建设,抵消了俄罗斯的战略打击能力,强大的导弹防御能力大大降低了弹道导弹对美国本土及盟友的威胁,使美俄之间的军事攻防平衡被打破。目前,美国已经建成了世界上最全面的战略反导系统,号称可以拦截所有类型的弹道导弹,并开始建立分布式弹道导弹防御系统,即利用全球不同地域、不同平台对来袭弹道导弹进行分段、分层拦截,从而实现美军反导系统的全球一体化。这种形势迫使俄罗斯持续致力于研发先进的高超声速武器系统,通过抢占高超声速领域的先机来寻求不对称优势,突破美国的全球反导防御系统。俄罗斯正在开展一系列新型高超声速武器的研制工作。例如,为苏-57 隐身战斗机研发的"幼虫"-MD 新型高超声速导弹,目前正处于地面测试阶段,这将是俄空天军装备的第二种空射高超声速导弹;为图-22M3 远程轰炸机和苏-34 前线轰炸机研发的代号为"锐利"的机载小型高超声速导弹,该导弹将采用先进的冲压喷气发动机技术,注重小型化,首次采用大气层内可控高超声速飞行技术,将成为打击航母战斗群的利器;2021 年 8 月,俄罗斯总参谋部军事学院院长透露,俄罗斯正为其航空航天部队研制 Kh-95 新型远程高超声速导弹,将由图-22M3 或图-160M 等改进型超声速战略轰炸机使用。因此,在美国不断加强全球反导体系建设和北约持续东扩这一大背景下,俄罗斯会继续发展高超声速武器,以保持战略平衡。

2.2.2　高超声速飞行器武器化、多样化、智能化、核武化趋势明显

1. 武器化

当前,俄罗斯空射型"匕首"高超声速导弹和陆基"先锋"高超声速导弹已先后于 2017 年 12 月、2019 年 12 月和 2023 年 1 月入役,俄罗斯海军也预计将于 2022 年开始接收"锆石"高超声速导弹。随着"锆石"的列装部署,俄罗斯陆、海、空三军将全面进入高超声速武器时代。另一方面,为了应对俄罗斯高超声速武器的发展,实现在高超声速领域的反超,美国也加紧推动高超声速实战部署,并将其列为国防现代化的优势之一,以在 2023 年后建成多域覆盖、多平台列装的高超声速打击体系为核心目标,最终实现在高超声速武器领域的反超,确保美国重新掌握战略主动权。2021 年 1 月 1 日生效的 2021 财年国防授权法案第 1671 项"常规快速打击条款",要求美军参联会主席与负责政策的国防部副部长在法案生效的 120 天以内,讨论高超声速武器的作战运用决策程序以及向战区指挥官的授权流程;明确高超声速武器打击的潜在目标群以及支持目标指示所需的任务规划……这些极为具体、明确的硬性要求标志着美军高超声速武器投入实战部署的急切心理。

当前,美国国防部相关机构已经开始对高超声速武器系统的研发重点进行调整,即让高超声速武器系统飞起来不再是工作重点,而是更加关注如何使高超声速武器系统发挥作用。2020 年 10 月,美国空军全球打击司令部司令蒂莫西·雷将军表示,美国空军的高超声速武器需要"以最快速度"部署在印太地区。

在具体实施动作上,美国三军着力推进高超声速技术实战化准备。美军高超声速导弹科研布局正在由 DARPA 和国防部部长办公厅等直属机构主导开展,以技术集成演示验证为目标的预先研究,开始转入由空军、海军等军种主导的以形成作战能力为目标的型号研制。2021 财年预算申请文件也表明,美军高超声速科研经费配比继续向型号研制端倾斜,这也从一个侧面说明美军当前高超声速投资重心偏向武器化实战化。同时,美国三军正多头并进推进高超声速武器早日形成战斗力,试图早日赶上已部署高超声速导弹的俄军步伐。

美国陆军部署第一种可投入战斗的高超声速武器。2021 年 10 月,美国陆军第 1 军第 17 野战炮兵旅第 3 野战炮兵团第 5 营在华盛顿州刘易斯-麦科德联合基地接收了首个"远程高超声速武器"导弹连的原型配套设备"暗鹰",2021 年 11 月 16 日美国《空军杂志》月刊网站报道称,美国陆军将在一两年内部署第一种可投入战斗的高超声速武器。美国陆军宣称,高超声速武器是陆军远程精确火力现代化努力的一个关键方面,也是美国与潜在对手竞争并超越对手的一个重要砝码。

美国空军验证 B-1B"枪骑兵"轰炸机挂载高超声速导弹的能力。美国空军全球打击司令部和第 412 试验中队已于 2019 年 8 月完成 B-1B"枪骑兵"轰炸机载弹能力扩展演示验证,通过改进外挂点设计和扩大内埋弹舱尺寸,安装常规旋转发射架后,可内埋 1 枚 AGM-183A。2020 年 4 月,美国空军全球打击司令部司令蒂莫西·雷表示,美国空军计划改进一批 B-1B "枪骑兵"轰炸机,使其能够挂载 AGM-183A 高超声速导弹执行打击任务,从而为高超声速武器在空军迅速形成战斗力做好准备。

美国海军开展适配平台改装,为部署高超声速导弹做准备。美海军高超声速导弹适配平

台改装工作与导弹研发同步进行,当前正对 3 艘"朱姆沃尔特"级驱逐舰进行改装,拆除舰艇前部两个 155 mm 先进舰炮系统,将其替换为在研的"先进有效载荷模块"(APM)垂直冷发射系统,用于发射高超声速武器,预计 2025 年部署,2028 年还将实现在"弗吉尼亚"级核潜艇上的部署,形成舰/潜射综合高超声速打击能力。

时任美国国防部副部长迈克尔·格里芬 2018 年 12 月 13 日在会见媒体时称,美国将在 2020 年代中期拥有能发挥作用的高超声速武器防御能力。格里芬曾说,"美国虽然已经完成了所有高超声速武器的初步研究,但是美国不将其武器化的决定使得美国的高超声速武器研发与中俄相比有点落后。既然中国与俄罗斯已经将高超声速技术武器化,美国必须做出回应。我们在回应方面有点滞后了。不过,我们会很快赶上并超越他们。"可以预见,美军近年将会有更多的高超声速武器投入实战部署,并将在战略威慑与实战运用中出现新的突破。

2. 多样化

当前,各国研究高超声速技术主要是发展高超声速导弹,包括助推-滑翔型和吸气巡航型,但随着高超声速技术的发展以及军用民用需求的拉动,高超声速飞行器将呈现多样化发展,除了高超声速导弹外,可重复使用的高超声速飞机、空天飞机等高超声速飞行器将逐步实现实用化。

美国防部联合高超声速过渡办公室主任吉莉安·布西于 2021 年 11 月 15 日在美国航空航天学会发表演讲时表示,"从长远看,美国防部对高超声速太空发射系统非常感兴趣。就军事角度而言,目前速度最快、可重复使用的吸气式有人飞机是 SR-71 侦察飞机,因而美军当然希望拥有速度更快的高超声速侦察飞机。此外,高超声速运输飞机也是目标之一,它可以飞来飞去,卸下载荷后返回,或是携带另一种高超声速系统。对于太空发射系统,美国防部的总体思路是使用高超声速技术可实现低成本进入太空,更加灵活快速,并可在危机时刻随时发射。"

在具体实施上,2021 年,美官方启动多个高超声速飞机新项目,可重复使用高超声速飞行器发展势头渐强。2 月,NASA 在高超声速技术计划框架下,分别授予通用电气公司(GE)和 Aerion 超声速公司高速飞机设计和推进系统研究合同。通用电气公司飞机名为"Aether",研究重点是 TBCC 动力和耐高温陶瓷基复合材料。Aerion 公司则将聚焦于 $3 \sim 5 \ Ma$ 的亚高声速飞机的推进和热管理技术。8 月,美空军授予 Hermeus 初创公司"夸特马"(Quarter Horse)高超声速飞机研究合同,用于未来三年内开发、建造和试验三架其首款"夸特马"可重复使用概念机,计划于 2024 年进行验证试飞。

由此可见,美国高超声速飞机已由多年技术储备正式转向型号研制,可重复使用高超声速系统必将得到大力发展。

俄罗斯也从战斗机、轰炸机两方面推进,尝试开展高超声速飞机研究。在高超声速战斗机方面,早在 2012 年,时任俄罗斯副总理罗戈津就曾多次向俄媒体表示对有人高超声速飞行系统感兴趣,以取代现有的军机。2014 年 7 月,联合航空制造集团军机项目总负责人米哈伊洛夫在接受媒体采访时表示,俄罗斯联合航空制造集团旗下的三家子公司——苏霍伊公司、图波列夫公司和米亚西谢夫实验机械制造厂均有从苏联时期保留下来的高超声速飞行器领域的科研储备,具备研发高超声速飞行器的能力。2016 年 3 月,罗戈津曾表示,苏霍伊设计局已向其展示第六代歼击机设计方案。2016 年 6 月,米哈伊洛夫表示,联合航空制造集团已完成具备高超声速飞行能力的"第六代"战斗机概念方案设计,并希望能够在 2025 年前具备首飞能力,且该机将具备有人和无人可选驾驶能力。由此可推断联合航空制造集团旗下的苏霍伊公司将提出第六代高超声速歼击机概念。

在高超声速轰炸机方面,2016 年 7 月,俄罗斯战略导弹部队军事学院的研究人员阿列克谢·索洛多斯尼科夫中校表示,俄罗斯正在研发能从太空发起核打击的高超声速隐身战略轰炸机 PAK - DA,该飞机具备水平起降能力,起飞质量在 20~25 t,能在 1~2 h 内到达全球任何位置,该轰炸机的发动机将采用组合动力模式,并具备航空及航天两种飞行模态。时任战略导弹部队司令谢尔盖·卡拉卡耶夫证实,已建造了 PAK - DA 轰炸机的发动机模型并成功进行了测试。

3. 智能化

21 世纪初大数据、深度学习和先进计算等领域取得的技术突破推动了人工智能的迅猛发展,当前人工智能不仅广泛渗入社会生产生活中,还在军事领域表现出巨大的应用潜力,其对综合信息的处理能力之高、速度之快,足以使未来战争的紧凑程度提升至全新高度。作为绝对速度优势制胜的高超声速飞行器,人工智能的引入将使其优势得到更彻底的发挥。目前,高超声速飞行器与人工智能两种技术的结合已经引起了世界各国的兴趣。

美国桑迪亚国家实验室(SNL)是明确提出将人工智能运用在高超声速领域的国外机构。为将人工智能自主性引入高超声速领域,SNL 开展了名为"高超声速飞行任务竞赛"(Mission Campaign)的研究活动,2017 年启动,为期 7 年,总耗资 3 500 万美元,对得到认可的技术创新团队给予资金支持,促进相关新技术发展。"高超声速自主"(A4H)团队是首支获得 Mission Campaign 基金的团队,其旨在研究开发自主系统技术,利用人工智能来缩短高超声速飞行器任务规划时间并做出自适应的目标决策,从而显著增强高超声速飞行器的战斗效能。而这种能力将提升高超声速飞行器飞行过程中的灵活性,自适应遇到的多种问题,以应对目标变更、实时变化的终端作战情况、新的威胁、意料之外的飞行条件等情况。目前高超声速飞行的实现需要通过长周期的规划、脚本化的建模与仿真,从而形成为每次飞行量身定制的任务计划。A4H 团队希望通过人工智能的引入,使飞行过程具备良好的自主性与自适应性,能应对复杂与意外的飞行状况,完成飞行任务。

从高超声速作战指挥角度讲,高超声速条件下的战争作战时效性显著增强,战场态势瞬息万变、战机稍纵即逝,留给指挥决策人员的时间非常有限。如果仍采用传统的计算、分析、决策等指挥方式,容易遗失战机,这也为人工智能的引入提出了需求。

目前高超声速飞行器智能化尚处于萌芽阶段,相关技术的应用探索主要集中在高超声速攻防端武器本身。其中,能够支撑深度学习的高性能计算处理技术将是决定人工智能能否在高超声速领域应用的最关键因素,该技术突破后所能提供的支撑将是广泛性的。

美国防部已将人工智能与高超声速飞行器视为最优先关注的军事技术领域,这两种新质技术均足以对未来高技术战争产生革命性影响,未来战场中二者相辅相成、缺一不可,以高超声速飞行器为载体、人工智能为核心的技术将为未来战场决策者提供更多更灵活的选择,从而形成新的战略制高点。

4. 核武化

近年来,在国际战略格局发生深刻变化的背景下,美、俄、法等多个核大国正在启动新一轮战略核力量现代化建设。与此同时,随着高超声速武器技术发展成熟并逐渐进入部署阶段,多个核大国已经或正在考虑将高超声速武器纳入核武库。继俄罗斯宣称"先锋"和"匕首"高超声速导弹将携带核弹头以来,法国在 2019 年明确提出将发展高超声速核巡航导弹,美国也开始重新评估高超声速导弹核武化的必要性。随着大国战略竞争加剧以及核大国间核力量发展的不平衡、不对称特征,高超声速武器核武化正呈现出扩散的趋势。

俄罗斯在美国退出《限制反弹道导弹系统条约》以来一直坚持高超声速武器核常兼备的发展定位,并宣称在 2019 年部署第一批可搭载核弹头的高超声速导弹。

2001 年,美国退出《限制反弹道导弹系统条约》后开始大力构建全球反导体系,并在东欧部署导弹防御系统,极大地刺激了当时仅有核弹道导弹维持大国地位的俄罗斯。为了抵消美国反导体系对俄战略核打击能力(尤其是二次核反击能力)的削弱,俄罗斯秉承非对称思想,开始致力于构建核常兼备的高超声速打击武器,并明确提出将高超声速导弹作为其战略核力量现代化的一部分。俄罗斯近年来发展成熟的空射型"匕首"、陆射型"先锋"及多平台发射的"锆石"高超声速导弹均可携带核战斗部。据俄罗斯指出,俄在 2019 年部署第一批可搭载核弹头的高超声速导弹。2019 年 8 月,针对美国正式退出《中导条约》的行为,俄罗斯回应称,如果美国首先(在靠近俄罗斯的地方)部署(《中导条约》所禁止的)导弹,那么俄罗斯将被迫在美国领海附近的船只或潜艇上部署俄罗斯的高超声速核导弹。

美国在回归大国竞争战略以来开始重新评估高超声速武器核武化的必要性。

尽管在常规快速全球打击(CPGS)能力需求框架下,美国一直将高超声速武器定位为常规武器,主要用于对高价值时敏目标进行常规精确打击,但美国重回大国竞争战略以来,对之前相对低调的核战略和政策进行了大幅调整,大力推动三位一体核力量现代化建设。美国政府在 2018 年新版《核态势评估报告》中指出,全球核威胁状况从 2010 年《核态势评估》以来明显恶化,在美国持续减少核武器的数量和重要地位的同时,包括俄罗斯在内的其他国家却一直走着相反的道路,他们在武器库中增加了新类型的核能力,并在战略上加强了核武力的突出地位。美国空军战略威慑研究中心(CSDS)、战略与预算评估中心(CSBA)等军内外智库开始对大国核武库力量开展新一轮净评估,并开始重新评估是否要将高超声速武器纳入美国核武库。美军参联会、战略司令部的多位高层官员已在多种场合提到核力量结构上的不对称性,并正在呼吁将高超声速武器纳入美国的核武库。尽管目前美国国内对此尚未达成共识,但是需要警醒的是,美国是以与俄罗斯在陆基中程导弹力量结构上的不平衡为由退出《中导条约》的,因此在大国战略博弈加剧的趋势下,大国间核力量结构上这种不平衡性的加剧也很有可能促使美国寻求统一思想,谋求打破高超声速武器作为常规武器的定位。

法国明确提出将发展高超声速核导弹,英国学界也开始关注高超声速武器核武化问题。

法国作为当前高超声速导弹技术研发水平仅次于美、俄的第二梯队国家,也开始依托过去在高超声速领域的技术积淀,启动高超声速导弹研发,并明确提出要发展高超声速核导弹。2019 年 1 月,法国国防部部长弗洛朗斯·帕利发表声明称,将启动高超声速滑翔飞行器技术验证机项目 V - max,预计 2021 年底进行第一次飞行试验。2019 年 3 月,法国国防部官网报道,其第四代空地核巡航导弹(ASN4G)项目将发展采用超燃冲压发动机的高超声速巡航导弹。

英国皇家航空学会武器系统与技术分会在 2019 年 11 月召开关于高超声速武器军备竞赛的研讨会,其中议题之一为"高超声速运载工具——英国核威慑的十字路口",探讨在英俄关系恶化的背景下,为确保可信核威慑,英国研发一种用于核武器的高超声速运载工具的必要性与风险。

鉴于俄罗斯、法国已明确将高超声速武器列入核武库,一旦美国打破这一定位,必将引起其他有核国家效仿,从而导致高超声速武器核武化态势进一步扩散。

2.2.3　吸气式高超声速飞行器将得到重点研发

近年来,美国受中、俄高超声速武器快速发展的刺激,在先解决有无的目标导向下,鉴于超燃冲压发动机技术难度大,选择了侧重发展中程和中远程助推-滑翔高超声速武器,而在吸气式高超声速武器方面的投入较少。但从美国军方高层近两年来公开发表的观点可以看出,从 2019 年下半年开始,美国开始对当前导向下的发展现状进行反思和审视,尤其随着吸气式高超声速技术取得突破,美国对吸气式巡航和助推-滑翔两种方案的技术难度和战术定位有了进一步的认识。2019 年 7 月,美国空军负责采购、技术和后勤的助理部长威尔·罗伯表示,吸气式方案将不再被视为远期目标,而是需要尽快推动的近期能力。美国防部联合高超声速过渡办公室主任吉莉安·布西称,自 2019 年以来,美国防部越来越重视研发更轻型的超燃冲压发动机技术。

在实际动作上,美国也在调整高超声速导弹项目布局,重视高超声速巡航导弹发展。2021 年,美国启动多个高超声速巡航导弹新项目,推动高超声速巡航导弹技术开发与型号建设。2021 年 3 月,美海军研究办公室发布"啸箭"(Screaming Arrow)空射高超声速巡航导弹项目招标公告,旨在开发验证一型可由 F/A-18E/F"超级大黄蜂"舰载机挂载的高超声速巡航导弹,为航母舰载机提供高超声速打击能力;2021 年 5 月,美国防部发布的 2022 财年国防预算披露,将在 2022 财年正式启动空军"高超声速攻击巡航导弹"(HACM)和海军"进攻性反水面战武器增量 II"(OASuW II)项目,并分别正式编列 2 亿和 5 696 万美元经费,推进海空军高超声速巡航导弹发展;2021 年 8 月,波音公司正式公布 HyFly 2 新型舰载机高超声速巡航导弹概念,作为 HyFly 计划的后续项目,重启双燃烧室设计方案;2021 年 9 月,美空军向波音公司、洛·马公司和雷声公司授出"南十字星综合飞行研究试验"(SCIFiRE)研究合同,开发吸气式高超声速巡航导弹原型样机;2021 年 12 月,美空军发布"Mayhem"消耗性高超声速吸气式演示器最新征询公告,计划研发一型"更大有效载荷以及更远飞行距离"的吸气式高超声速飞行器。综上美国军方对高超声速导弹项目的调整和新动向可以看出,美国正逐步转入推动吸气式高超声速飞行器的研发。此外,俄罗斯也开始重视研发吸气式高超声速武器,如 2021 年 7 月俄军宣布将在 2022 年进行小型机载高超声速导弹"锐利"试验。

在吸气式高超声速飞行器所具有的优势的吸引下以及美、俄两大国的推动下,吸气式高超声速飞行器在未来将得到重点研发。

2.2.4　高超声速武器可能会被纳入国际军控体系

随着近年来大国间高超声速武器军备竞赛加剧及高超声速武器核武化趋势,有关国际性组织及智库已经开始呼吁对高超声速武器及技术加以限制。兰德公司在 2017 年发布《高超声速导弹防扩散》报告,建议在美、中、俄三国之间建立效仿导弹及其技术控制制度的多边出口管制制度,防止高超声速导弹及技术的进一步扩散;联合国裁军事务厅在 2019 年发布《高超声速武器——战略武器军控的挑战和机遇》报告,一方面呼吁有关国家就高超声速武器系统的风险、理论、战略、政策等问题开展对话,通过建立信息通报和交换制度增加透明度,另一方面提倡将高超声速武器纳入一个广泛的多边战略武器控制条约中,譬如扩大《新削减战略武器条约》限制的武器范畴。报告还指出,高超声速武器技术的相对初期状态提供了一个潜在的突破口,使各国在其实现部署前的这一关键窗口期有机会以合作的方式积极鉴定并寻求处理与之有关的风险。

当前形势下,由于不同国家对高超声速武器的军事用途、风险及影响持有不同看法,故现有国际军控和裁军机构尚未对高超声速武器的军控问题进行正式审议。但是,一旦高超声速武器核武化成为普遍趋势,再叠加核常纠缠的问题,必将给国际社会和战争风险管控带来巨大风险,严重影响国际战略格局稳定,必将加速高超声速武器被纳入国际军控体系的进程。

对美国来说,发展高超声速武器虽然可以加强自身的打击能力,但其他国家高超声速武器的发展也会使其自身感到危机,因此也具有将高超声速武器及技术加以限制的主观需求。而对于俄罗斯,加速发展高超声速武器本身就有将其作为与美国军控谈判的筹码、迫使美国就《新削减战略武器条约》延期和战略稳定性问题进行谈判的意图,如 2020 年 4 月 17 日,俄罗斯外长拉夫罗夫向时任美国国务卿蓬佩奥发出将高超声速等新型核武器纳入核裁军的提议。

从冷战时期以来的大国关系发展规律看,美国与苏/俄围绕核力量的发展与博弈走过了一个从军备竞赛开启,到军备竞赛加剧并引发战略格局失衡(高位风险的恐怖平衡),再到双方寻求建立军控机制,逐渐削减核武库,回归相对稳定的低风险平衡格局的历程。高超声速武器作为一种能够打破传统战略攻防体系平衡的新质武器,如果其核武化态势进一步扩散,其发展轨迹也极有可能遵循这一历史演变规律。但是要实现对当前炙手可热的高超声速武器进行管控,在“重回大国竞争”的时代背景下将是一个漫长和反复的过程。

2.2.5　高超声速武器防御体系呈现新变化

高超声速进攻武器的发展必将刺激防御武器的相应发展。美、俄在加快发展高超声速进攻武器的同时,同样也在开展高超声速武器的防御体系建设。在两国的推动下,高超声速武器防御体系必将呈现新变化。

1. 构建更加全面的高超声速防御体系

2021 年 6 月 16 日,美导弹防御局公布了最新高超声速防御作战构想,用动画形式展现了未来高超声速防御作战场景。在公布的视频中展示了防御高超声速滑翔武器的 4 种交战模式,从视频中可以看出,为应对高超声速助推-滑翔武器,美国导弹防御局未来将构建“滑翔段

＋末段"的分层防御体系。作战构想中涉及的关键装备如表 2.6 所列。

表 2.6　美导弹防御局高超声速防御作战构想中涉及的装备和主要功能

装备名称	主要功能
高超声速与弹道跟踪太空传感器(HBTSS)	实现对发射威胁的预警探测,并对来袭威胁进行全程跟踪;与 BOA 持续通信
弹道导弹防御系统过顶持续红外架构(BOA)	处理 HBTSS 的探测数据
指挥控制作战管理与通信系统(C^2BMC)	集成所有的传感器数据
通信卫星-太空通信层(SATCOM)	信息和数据传输中继
"宙斯盾"驱逐舰	提供跟踪与拦截支持
滑翔段拦截弹(GPI)	在滑翔段拦截高超声速滑翔武器
"标准"-6 导弹(SM-6)	在末段拦截高超声速滑翔武器
航空母舰(CVN)	需要被保护的高价值资产

美国构想的未来高超声速防御作战模式为:如果敌方接连发射四枚高超声速滑翔武器,HBTSS 将实现预警探测,全程对来袭目标进行跟踪,并将数据持续传输给 BOA;BOA 使用 HBTSS 的实时数据来创建来袭目标的飞行轨迹;"宙斯盾"驱逐舰依托太空卫星通信中继,从 BOA 和 C^2BMC 接收 HBTSS 跟踪到的目标轨迹数据,进行作战规划和实施拦截作战。具体作战模式包括以下四种:

① 滑翔段拦截远程交战模式。"宙斯盾"系统凭借 HBTSS 探测到的高超声速滑翔武器发射后的火控级精度数据,发射 GPI,并且"宙斯盾"系统进行通信中继,实时将 HBTSS 的跟踪数据传送至 GPI 上,对第一枚高超声速目标在滑翔段进行拦截,实现远程交战。交战点位于"宙斯盾"雷达探测范围之外,全部依靠 HBTSS 探测数据进行规划、发射、交战。

② 滑翔段拦截远程发射模式。面对敌第二枚高超声速滑翔武器,在负责发射的"宙斯盾"舰载雷达探测到威胁目标前,其具有两种跟踪数据的选择:一是采用上文滑翔段拦截远程交战模式,由"宙斯盾"舰发射的 GPI 全部依靠 HBTSS 探测数据进行规划、发射、交战,直至威胁目标进入舰载雷达探测范围;二是前出另一艘"宙斯盾"舰,利用舰载雷达对来袭的高超声速滑翔武器进行跟踪探测,并将数据传回后方负责发射的"宙斯盾"舰,负责发射的"宙斯盾"舰通过远程模式向 GPI 传输实时数据,直到自身雷达探测到威胁目标并引导 GPI,对第二枚高超声速滑翔武器在滑翔段实施拦截。

③ 滑翔段拦截协同交战模式。第三枚来袭高超声速滑翔武器避开"宙斯盾"舰载雷达主要探测区域,试图突破"宙斯盾"舰防御体系,HBTSS 全程对高超声速滑翔武器进行跟踪,并警示"宙斯盾"舰。威胁目标处于滑翔段时进入了"宙斯盾"舰载雷达探测范围,舰载雷达第一时间捕获威胁目标,然后遂行作战规划、发射 GPI、引导 GPI 在滑翔段实施拦截。

④ 末段拦截协同交战模式。第四枚来袭高超声速滑翔武器进行大范围机动,避开"宙斯盾"舰载雷达主要探测区域并迫近打击目标,HBTSS 全程对高超声速滑翔武器进行跟踪,并警示"宙斯盾"舰。威胁目标处于飞行末段时进入舰载雷达探测范围,"宙斯盾"舰载雷达第一时间捕获威胁目标,遂行作战规划、发射 GPI,并引导"标准"-6 导弹在末段实施拦截。

从美导弹防御局公布的最新高超声速防御作战构想可以看出,美未来将从体系作战角度出发,使预警探测、指挥控制、通信、拦截等方面齐头并进,全面构建高超声速防御体系。美国导弹防御局从 2017 年起就开始着手开发高超声速武器防御体系的顶层架构,未来将建设覆盖陆基、空基、天基的传感器网络,实现对高超声速武器的预警探测以及涵盖助推段、中段和末段的全程跟踪与监视能力,同时计划采用主动防御与被动防御相结合的思路,开发一系列广泛的拦截武器方案,包括发射前/发射后的动能打击和非动能打击手段,建成涵盖助推段/中段/末段拦截的多层次防御体系。

对于俄罗斯,根据俄军发展规划,未来俄反导系统将朝着空天防御系统逐步融合、防空反导防天"三位一体"的方向发展。这意味着未来俄罗斯在联合系统框架内战略和战役战术反导防御系统的界限将越来越模糊。从目前俄首都空天防御的梯次部署来看,已建立起了由"铠甲-S"系统、S-300 系统、S-400 系统和 A-135 系统构成的立体多梯次部署,未来,为提高空天防御能力,俄不仅计划装备一定数量的海基 S-400、S-500 反导系统,还计划整合 S-400、S-500 与 A-235 系统,并最大限度发挥相互之间的通用性,例如将 A-235 系统的 77N6 拦截弹配备到 S-500 中,而 S-500 系统的"马尔斯"雷达也可用于 A-235 系统,且不断对反导系统拦截距离的上下限进行升级,相邻系统间可任意组合使用彼此的拦截弹,且均具备向下兼容的功能,以形成梯次配套无缝隙相连的拦截体系,并搭配使用俄制的"沃罗涅日"早期预警雷达、"顿河"火控雷达预警系统,通过超级计算机整合,最终将形成战略与非战略反导系统"高低搭配、核常搭配"的空天一体多层反导系统。

2. 建立分布式、低成本、可扩展小卫星为主的下一代太空体系架构

天基探测系统是探测跟踪临近空间高超声速目标的最有效手段。当前各国的天基预警系统一直由少量、昂贵的重型卫星构成,卫星虽然功能强大,但系统弹性不足,一旦某一卫星发生故障或被敌破坏,将严重影响对目标的探测。因此,在弹性空间体系思路下,大规模采用分布式、低成本、可扩展的小型卫星星座,利用小卫星的成本优势和抗打击性优势,加强太空资产及卫星系统的弹性,成为各国未来部署太空资产的重要发展趋势之一。例如,美国空军正在考虑未来利用小卫星来补充"下一代过顶持续红外"(OPIR)的可行性。并且,在发展小型卫星星座时,考虑到小型卫星数量多,发射和维护成本高,因此美国充分利用商业航天公司的力量和资源,注重军民融合,探索有效利用商业卫星通信服务的新模式。

3. 重启天基拦截探索研究,实现天基反导能力

相比于陆/海基拦截方式,天基拦截具有全球部署、早期发现、助推段拦截等潜在优势,是对高超声速目标进行探测和拦截的理想方式,巨大的应用潜力推动着天基拦截的研究发展。天基拦截弹曾是美国里根政府战略国防倡议(SDI)中的重点开发项目,后因技术和成本问题被迫取消,但美国国会在《2018 财年国防授权法案》中考虑开展天基拦截弹的预先研究,以探索天基拦截弹技术可行性和成本可接受性。如果具备可行性,美国国会则期望进一步构建"天基预警—天基跟踪—天基拦截—天基评估"的天基反导作战链路,以实现具备全球拦截、前沿拦截能力。

4. 出现新一代导弹防御系统

技术决定战术,防御高超声速武器离不开先进的防御装备,而高超声速武器性能的逐步提高也倒逼防御装备的更新换代。2020 年 4 月 24 日,美国防部正式发布了"新一代导弹防御系统"(Next Generation Interceptor,NGI)的竞标书。NGI 发展的目标是具备一次发射摧毁多个来袭目标的能力。NGI 可能会在每个助推器上携带多个杀伤拦截器,而不是单一的杀伤拦截器。NGI 仍将使用现役"地基拦截弹"(GBI)的地下发射井,其研制和测试的计划周期大概为 10 年。NGI 将用于取代老化、陈旧的现役陆基反导拦截导弹(GBI),并将成为美国未来拦截洲际弹道导弹和高超声速导弹的第一道防线。NGI 项目是"重新设计杀伤器"(RKV)项目的替代方案。2020 年 6 月,美国防部阐述了美国未来新内涵多层反导战略构想:第一层由 GMD/GBI 拦截导弹和 NGI 系统组成;第二层由"宙斯盾"系统/"标准"- 3 Block IIA 拦截导弹和"萨德"反导系统组成。在 NGI 部署之前,可以最多提供 4 次拦截能力。2021 年 3 月 23 日,美国导弹防御局授予诺·格公司和洛·马公司总额达 76 亿美元的合同,用于开发 NGI 技术。另外,美国未来新内涵多层反导力量中,不但包括当代与下一代反导力量,还"嵌入"了"反高超声速武器"力量:助推段空空导弹反导/反高超、中段陆/海基导弹反导/反高超、末段陆/海基导弹反导/反高超。因此,美国导弹防御局停止了战略反导拦截器项目(RKV),其目的是发展同时具有反导与反高超作战能力的下一代拦截器。

俄罗斯在防御高超声速武器建设中,不但持续加强地面防御系统建设,而且也在研制新型空射反高超声速武器系统。据俄罗斯媒体报道,俄罗斯科研人员正在为战斗机研制一种能拦截高超声速武器的远程空空导弹而展开理论研究,同时也正在研制和试验利用光能等新物理原理武器防御高超声速打击。

随着技术的进步和各国研究的不断深入,防御高超声速武器的手段必然会逐步推陈出新。

5. 激光武器将成为防御高超声速武器的重要手段

美军现役陆基中段拦截系统(GMD)、"标准"- 3、"萨德"和"爱国者"- 3 等系统的拦截弹均采用动能拦截技术,该技术具备"一击即杀"和无核污染等优势,但也存在着拦截周期长、体系协同要求高、一枚拦截弹仅有一次拦截机会等缺点。激光等新概念定向能武器被认为是未来面对高超声速武器、大规模导弹齐射威胁的高效防御方式。

虽然当前激光武器距离实战应用还有一定距离,但其巨大的作战潜力吸引着各军事强国不断开展技术攻关和武器试验。

未来,美或将激光高能武器融入陆、海、空三军联合攻防体系,既能与 GBI、"萨德"系统、"爱国者"系统等美陆军防空武器系统协调配合,也能与美海军的导弹、火炮一起构成海基综合防空系统,还能与天基动能武器、跨大气层飞行器、卫星等组成外层空间作战系统,不仅能对高超声速目标进行拦截,还能支援其他战场作战。

俄罗斯历来非常重视激光武器的开发,因为它将在今后几十年,甚至整个 21 世纪相当大程度上决定俄军的战斗力。2012 年俄罗斯重新启动 A - 60 空中激光反导平台,拥有西比内等综合电子防御系统,并以此组建了激光反导部队。2018 年 7 月 20 日,俄军方发布了"佩列斯韦特"车载激光武器,由两辆大型拖车装载的一体化激光发射装置及多个指挥、支援车组成,一次可拦截 20 枚弹道导弹,并可对敌战斗机、无人机实施拦截,处于世界领先水平。

2021 年 6 月,以色列进行赛斯纳 208B"大篷车"飞机搭载激光系统的系列试验,成功实现从不同距离和飞行高度拦截无人机,不断推进其机载高能激光武器系统的发展。

综上,虽然激光武器受当前技术水平的限制,还存在许多不足,但随着科技的发展与经费的不断投入,激光武器凭借其巨大的作战潜力必将成为未来反高超声速目标的一种有效手段,与动能拦截方式构成高超声速飞行器的双重拦截方案。

第 3 章　高超声速飞行器关键技术

3.1　推进技术

高超声速飞行器具有较大的飞行马赫数,其运动过程具有强非线性、快时变、强耦合、不确定性等特点,这使其在发展过程中面临诸多技术难题,如推进技术、热防护技术、控制技术、"黑障"抑制技术等。因此,高超声速飞行器要形成有效战斗力或者进行正常的商业、民事活动必须要突破相关的关键技术。

3.1.1　不同推进系统的适用范围

高超声速飞行器与以往的各类航空飞行器不同,它需要跨越不同高度(从地面到空气稀薄的临近空间)、经历不同速度(亚声速、跨声速、超声速直到高超声速)完成预定任务,因此推进技术是实现高超声速飞行的关键技术。

目前,世界航空航天领域已经有了多种不同成熟程度的推进装置,如涡轮喷气发动机、涡轮风扇发动机、亚燃冲压发动机、超燃冲压发动机、火箭发动机等。这些不同的推进装置在不同的飞行速度、高度段内都有其最佳的适用范围。研究表明,从地面马赫数 $Ma=0$ 开始,在大气层内经历各种高度不断加速,直至达到入轨速度(约 $Ma=25$)这样大的工作范围内,不同推进系统的最佳工作范围大致如下:

$Ma=0\sim3$:是目前燃气涡轮发动机已经达到的飞行速度,如米格-25 和美国 SR-71 的飞行马赫数已超过 3;

$Ma=3\sim5$:是采用碳/氢燃料的亚燃冲压发动机的有利工作范围;

$Ma=4\sim10$:是使用氢燃料的超声速冲压发动机的有利工作范围,其中亚燃转换到超燃的马赫数可选为 $4\sim5$;

$Ma=10\sim15$:如以冲压发动机为动力则应选用超燃冲压发动机;

$Ma>25$:为入轨速度,只有火箭发动机才能将飞行器加速到这样高的飞行速度。图 3.1 所示为不同动力系统比冲随飞行马赫数的变化规律。

在大气层内,以火箭发动机为动力能够实现高超声速飞行,但是必须自身携带氧化剂与燃料,这将大幅增加动力系统和飞行器的质量,比冲等发动机性能随之降低。而吸气式发动机的氧化剂取自空气中的氧,不需要携带氧化剂,因此经济性比火箭发动机更高,成为在大气层内飞行的理想动力装置。然而,当飞行器速度达到超声速尤其是高超声速时,传统的涡轮发动机、亚燃冲压发动机等吸气式发动机的性能急剧下降,主要表现在:对于涡轮发动机,飞行器的速度越快,发动机的推力就必须越大,为了提供更多的氧气与燃料反应,空气的压缩率就必须足够大。这时涡轮发动机就需要更多更大的压气机,这导致发动机自身重量大幅增加。另外,高速飞行会带来很高的温度,涡轮喷气式发动机的涡轮叶片会被高温烧蚀。目前研究发现,涡轮发动机工作速度难以超过三倍声速。并且当飞行器飞行高度超过 30 km,到 $50\sim60$ km 的

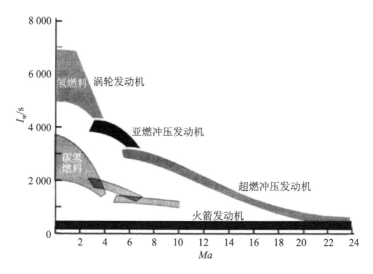

图 3.1　不同动力系统比冲随飞行马赫数的变化规律

临近空间时,空气稀薄,涡轮喷气式发动机没有足够的空气进入燃烧室,发动机难以工作。因此,当飞行器在高空稀薄空气中以 3 Ma 以上的速度飞行时,冲压发动机从技术角度讲要比涡轮发动机适应得多。冲压发动机的前端没有导向叶片和压气机等结构,不存在活动的和可被融化的部件,因此就成为了高超声速飞行器的选择。对于亚燃冲压发动机,它是通过在发动机进口处设置一个用于将来流速度降低到声速以下的扩散装置,使气流处于亚声速状态进入燃烧室与油气燃烧。而当飞行器达到高超声速时,如果使用扩散装置降低高超声速气流的流速,就会产生严重的滞止效应,会有非常大的高超声速激波损失,导致大量动能转化为热能,造成燃烧室温度急剧升高,为发动机结构设计和热防护等带来极大困难。而超燃冲压发动机是将高超声速气流滞止成超声速状态进入燃烧室,能够避免上述问题,显著降低来流静温和总压损失,从而获得较高的发动机性能,这也成为世界各国竞相研究超燃冲压发动机的重要原因。

3.1.2　超燃冲压发动机工作过程及原理

超燃冲压发动机的全称是“超声速燃烧冲压式发动机”,是指燃料在超声速气流中进行燃烧的冲压发动机,被称作是世界航空史上继螺旋桨和喷气推进之后的“第三次动力革命”。超燃冲压发动机能让来流直接以高超声速通过发动机,从而减少气流压缩和膨胀损失,降低气流温度和压力,减轻发动机结构负荷。在采用碳/氢燃料时,超燃冲压发动机的飞行马赫数在 8以下,当使用液氢燃料时,其飞行马赫数可达到 6~25。超燃冲压发动机是一种吸气式喷气发动机,由进气道、燃烧室和尾喷管组成,不需要涡轮等部件,其工作原理是利用超声速流不产生冲击波或形成弱激波,气流仍为超声速流,使燃烧室内的气流保持超声速燃烧,进而取得推力。一般来说,超燃冲压发动机可分为双模态超燃冲压发动机和双燃烧室超燃冲压发动机两类。其中,双模态超燃冲压发动机是指根据气流不同的速度,燃烧室的工作状态分别处于亚声速燃烧、超声速燃烧或亚声速/超声速燃烧等不同的燃烧状态。双燃烧室超燃冲压发动机是指发动机同时具有亚声速燃烧和超声速燃烧双循环。

图 3.2 所示为代表性的超燃冲压发动机的内部流动图,图 3.2(a)是 NASA 的模块式超燃冲压发动机,图 3.2(b)是美国海军和约翰·霍普金斯大学威廉斯应用物理实验室的双模态冲

压发动机。

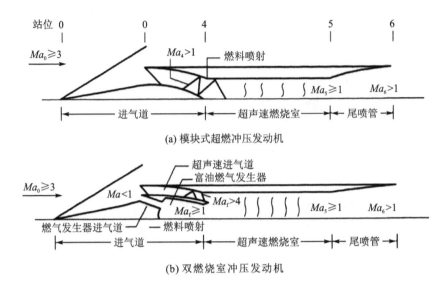

(a) 模块式超燃冲压发动机

(b) 双燃烧室冲压发动机

图 3.2　两种有代表性的超燃冲压发动机内部流动

在 NASA 的模块式超燃冲压发动机中,自由流通过进气道减速到 Ma_4,Ma_4 仍为超声速。燃料在第 4 站下游处喷射,燃烧过程在燃料喷射处附近产生一个激波系。此激波系强度依据 Ma_4、当量油气比和燃烧室的几何形状可在无激波和正激波之间变化。液体燃料在第 4 站和第 5 站之间喷射、蒸发、混合、点火和燃烧,$Ma_5 \geqslant 1$。此超声速在扩散的喷管中继续膨胀加速。

在双燃烧室冲压发动机中,与前面模块式超燃冲压发动机的主要区别是它有内、外两个环形进气道。大约占总进气量的 1/4 的空气通过内环进气道扩散到亚声速并进入小型的管式燃烧室,然后所有的燃料喷入管式燃烧室(或称燃气发生器),使它在很富油的状态下工作(典型的当量油气比大于 4)。燃油的分布要使得燃烧室的中心区保持在理想当量比附近,以获得一个稳定的预燃系统。这就使得未反应的燃料在进入超声速燃烧室前蒸发、破碎和预热。这种发动机的优点是可以使用碳氢燃料,甚至是掺金属粉末的浆状燃料。循环的其余部分与前面的模块式超燃冲压发动机相同。

图 3.3 所示为上述两种发动机超声速燃烧过程的详图,它说明了基本的流动结构和重点的区域。

图 3.3(a) 表示燃料通过角度为 θ 的离散孔或槽从面喷射到气流中去。为简化起见,图中只画出一个燃料喷射位置。由于燃料穿透、蒸发和放热的综合影响导致的堵塞又产生了激波系的干扰,这种干扰始于燃料喷嘴上游并延伸到燃烧室内。在中等燃烧室进口马赫数(如 $Ma_4 = 1.5 \sim 3.0$)和典型当量油气比(如 $0.5 \sim 1.0$)下,此激波系的压力升高有足够的强度使得在燃烧室出口前重新贴附的边界层分离。激波系的长度定义为相应的 S 形压力升的长度,并用 S_s 表示,激波系进入燃烧室的长度为 S_d。随着飞行速度的增加,Ma_4 相应地增大,激波系中压力升高减小。

在激波系中及其下游,蒸发、点火、混合和燃烧是剧烈的,在流动特性和化学成分上都有较大的径向、轴向,可能还有周身的梯度。这个区域称为二维或三维混合或燃烧区。再向下游,

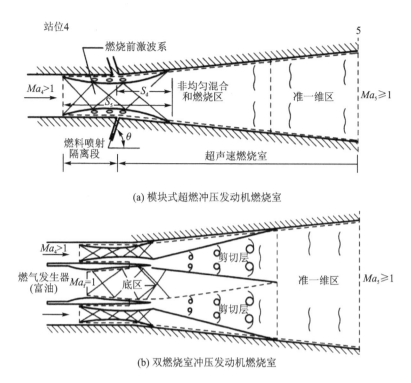

(a) 模块式超燃冲压发动机燃烧室

(b) 双燃烧室冲压发动机燃烧室

图 3.3　两种有代表性的超燃冲压发动机的燃烧过程

混合和燃烧剧烈程度减小,梯度大幅度减弱,这个区域称为一维区。

模块式超燃冲压发动机燃烧室以双工况工作。在低的 Ma_0(或 Ma_4)和当量比下,燃烧前有一个强度相当于斜激波系的压缩场,因而燃烧过程完全是超声速的。随着当量比的增加,燃烧前的压缩场强度增大,直到它达到相当于正激波的压升为止。从这一点起,燃烧过程开始在亚声速流中进行,但通过燃烧室中的热喉道后已加速,使得 $Ma_5 > 1$。在不改变燃烧前压缩场强度的条件下,加热可以直到热喉道,与第 5 站重合,即直到 $Ma_5 = 1$。在低的飞行速度下,如 $Ma_0 = 4$,这个极限常相当于当量比小于 1,并且是第 4 站流动特性和燃烧室几何形状的函数,也可超出这个极限加热,但 Ma_5 将小于 1,这就需要在出口喷管中设一个几何喉道。随着 Ma_0 或 Ma_4 的增加,当量比达到理想配比,这时 $Ma_5 = 1$。在当量比等于理想配比时,随着 Ma_0 继续增大,燃烧前压缩场的强度减弱到相当于一个斜激波,燃烧过程就完全是超声速的。流动的另一个重要特征是壁面摩擦,尽管在亚声速燃烧系统中壁面摩擦和其所引起的推力损失很小,但在超燃冲压发动机的燃烧室就会相当大,且它们依据第 4 站流动状态的放热量可在 2~3 倍的范围内变化。

图 3.3(b)所示为双燃烧室冲压发动机的燃烧室,燃料经过在管式燃烧室内的预燃后被蒸发、加热和破碎,轴向喷射到后面的超声速流中。事实上,“燃油”就是燃烧和富油产物,它在声速或超声速下被喷射出来。在这种情况下,主要特征包括燃烧诱发的激波系和沿壁面及燃气发生器出口处伴随而生成的分离区,壁面摩擦,非均匀混合和燃烧区,以及近似均匀的一维区。然而,与模块式超燃冲压发动机中燃料从壁面出来的穿透和蒸发是一个主要关心的问题不同,在双燃烧室冲压发动机中,混合和燃烧过程受到空气和“燃料”流交汇处生成的自由剪切层的控制,且在某种程度上由于燃料流和空气流相遇形成的流动区的存在,使得混合和燃烧过程变

得复杂。

超燃冲压发动机作为高超声速飞行器的动力,具有其他动力技术所不能比拟的优势:

① 超燃冲压发动机属于吸气式发动机,依靠吸入高速空气进行燃烧,不需要自身携带氧化剂,相较于火箭发动机增大了高超声速飞行器的有效载荷和机体空间。

② 超燃冲压发动机具有极高的热效率。由于没有涡轮喷气式发动机的旋转部件,因此超燃冲压发动机的功率损耗更小,可用功率比涡轮喷气式发动机高。

③ 超燃冲压发动机的进气来流本身就是高超声速,因此它非常适宜高超声速飞行,无须对空气进行减速。

虽然超燃冲压发动机优势明显,但其技术难度大。以超燃冲压发动机技术最为先进的美国为例,从 20 世纪 70 年代即开始研制超燃冲压发动机,历时四十余年,才初步进行工程验证,仍未能实用,说明超燃冲压发动机虽然在原理上被证明是可行的,但实际应用还存在巨大的技术挑战,主要表现在以下三个方面:

① 气流进入发动机是高超声速,飞行环境恶劣,对发动机结构和材料要求极高。同时,高超声速空气在燃烧室中的滞留时间通常只有 1.5 ms,要在这样短的时间内将其压缩、增压,并与燃料在超声速流动状态下高效率地混合和燃烧十分困难,这也被称为燃烧上的"音障",因此需要对发动机进气道、燃烧室、尾喷口一体化设计、发动机燃烧室内部的燃烧稳定性设计、发动机防热设计等进行全面考量和测试。

② 超燃冲压发动机内工作温度高,要求采用耐高温材料。例如,超燃冲压发动机燃烧室温度目前最高可达 2 760 ℃,甚至比目前性能最好的涡扇发动机 F119 的涡轮前温度还要高出700 多摄氏度,在这么高的温度下,一般的金属早已熔化,这就要求发动机材料能够承受住如此高温度的考验,并能在高温条件下保持其性能和较长工作寿命。

③ 由于超燃冲压发动机取消了风扇和压缩机,无法在低速气流下正常工作,因此高超声速飞行器难以仅通过超燃冲压发动机完成从零速度加速至高超声速的飞行任务。现有解决方案一般是采用火箭助推器将高超声速飞行器加速至超燃冲压发动机的工作区域,之后超燃冲压发动机开始工作并提供动力,而这就带来了一个如何实现助推火箭与超燃冲压发动机最佳组合及点火的难题。1998 年,美俄联合研制的 NASA - CIAM 计划进行飞行速度为 $6.5\ Ma$ 的飞行试验,但由于发动机未能正常启动导致飞行试验失败。

3.1.3 "佩刀"发动机

正当各空天大国投入巨资研发超燃冲压发动机而技术仍未成熟之际,英国反应发动机公司(Reaction Engines Limit,REL)的协同吸气式火箭发动机(Synergistic Air-Breathing Rocket Engine,SABRE,简称"佩刀")在地面试验台上完成了 100 多次试验,证明其能在百分之一秒内将气流从 1 000 ℃冷却到零下 150 ℃并且不会造成霜冻堵塞,从而为高超声速推进系统的发展开辟了一条全新的途径,改变了这个领域的"游戏规则"。"佩刀"发动机是目前进展速度较快、技术成熟度较高的高超声速发动机设计方案之一。

"佩刀"发动机是在液化空气循环发动机和 RB545 发动机方案基础上,通过增设氦气回路,并加装高效轻质冷却器而形成的一种新概念发动机,它解决了氢燃料利用率低、空气液化分离装置复杂且笨重、氢脆等问题,实质上是一种传统的涡轮发动机转子部件、冲压发动机和火箭发动机的组合。"佩刀"发动机包含外涵流道和内涵流道,如图 3.4 所示,外涵流道主要由进气道和外涵冲压燃烧室组成,内涵流道主要由换热器、空气压气机、空气压气机驱动涡轮、液氧泵、液氧泵驱动涡轮、液氢泵、液氢泵驱动涡轮、氦涡轮、预燃室、火箭燃烧室等部件组成。

图 3.4　"佩刀"发动机模型

"佩刀"发动机具有火箭模式和吸气模式两种工作模式。在大气层内以吸气模式工作(从起飞阶段到马赫数大于 5),有效利用空气中的氧气作为氧化剂,比冲较高;当高度升至 26 km 时以火箭模式工作,发动机以闭循环液氧/液氢高比冲火箭发动机工作,实现入轨飞行。

"佩刀"发动机的关键组成部分是预冷热交换系统,该系统能冷却进气口吸入的空气。预冷能为高超声速发动机带来诸多好处:首先,降低了发动机的进口气流温度,提高了飞行器的飞行马赫数,缓解了各工作部件的热环境;其次,降低进口气流的温度可以提高气体的密度而增加流量,从而增加推力。预冷技术的关键是设计紧凑高效的预冷器,在这方面英国的"佩刀"发动机方案取得了重大突破。

"佩刀"发动机的预冷器由一系列螺旋状排列的微管道模块组成,空气从模块间的微小空隙中流过,低温氦气在微管道中与管外来流空气进行热交换,微管道的矩阵式排列和管道外空气的横流方式都是为在控制预冷器质量的前提下尽可能增大换热面积,同时横向流动也可有效阻止边界层在管壁上的增长,提高传热系数,从而达到对来流快速降温的目的。因此在发动机研制过程中,提升预冷器性能主要有两种方式,一是通过增加散热片数量从而增大表面积,但同时会增加预冷器质量,二是在保证质量不增加的情况下使管道更小,管壁更薄,其关键技术是微管道的制造技术。为此反应发动机公司攻克技术难关,采用了铬镍铁 718 合金管,孔径为 0.98 mm,厚度为 40 μm,能确保良好的热交换性能而不降低物理强度。另一项预冷器关键技术是霜冻控制技术。当飞行高度在 12 km 以内时,在预冷器冷却来流过程中,温度降到 0 ℃以下,发动机吸入空气中的水蒸气将迅速液化、固化为霜,附着在微管道壁面,堵塞换热流道,从而大幅降低换热效率,因此需要控制空气中气态水的凝华,防止霜冻。风洞试验研究表明,通过改变冷却剂温度可实现霜冻控制,测试实验实现了来流温度为 -80 ℃,来流速度为 10 m/s,空气质量流量为 13.3 kg/($\text{m}^2 \cdot \text{s}$)时,预冷器微管道中维持 100% 相对湿度和恒定压降 8 min,证明预冷器能满足飞行器 4 min 入轨过程的霜冻控制的指标要求。

"佩刀"发动机的优势主要体现在:

① 飞行速度范围大,飞行马赫数可以从 0 直到 20 以上;

② 推重比和比冲具有优势,在整个飞行马赫数范围内比冲都高于组合发动机,推重比也最高,2 Ma 时推重比为 9～14,5 Ma 时推重比为 6,比涡轮基冲压组合发动机在所有的飞行马赫数范围内耗油率低 18%～23%;

③ 用单一发动机即可实现多种发动机(或组合循环发动机)才能完成的工作,从而大大降低起飞总重;

④ 与双模态冲压发动机相比,它避免了目前还不成熟的流动和燃烧控制,从而提高了可靠性。

3.2　热防护技术

当飞行器以高超声速飞行时,飞行器周围的空气受到压缩而产生激波,空气经激波压缩产生剧烈的摩擦,由于空气的黏性作用,气流的动能不可逆地转变为热能,使飞行器壁面周围的空气温度急剧升高。以飞行器驻点为例(在飞行器表面自由流流速为零的点),来流密度越大、飞行速度越快,高温气流向飞行器表面加热的程度就越严重,有可能导致飞行器表面外形改变,并改变飞行器的结构强度和刚度以及损坏飞行器内部的任务载荷,给飞行器的正常飞行带来严重的影响。因此,高超声速飞行器的热防护技术尤为关键。

高超声速飞行器热防护的基本目的是在上述严酷热环境下,确保高超声速飞行器的结构安全,并使飞行器内部保持在可允许的温度和压力范围内。热防护技术的发展一方面取决于对高超声速气动热环境的深刻认识,另一方面取决于热防护材料技术、设计制造技术的发展。

3.2.1　传统热防护机制

传统热防护机制是依靠热防护材料或结构自身的耗、散、阻、抗来实现热防护功能,主要分为主动热防护、半主动热防护以及被动热防护三大类。

1. 主动热防护

主动热防护主要是依靠冷却工质将绝大部分热流带走,并将一小部分热量反射,如图 3.5 所示。

主动热防护一般分为蒸发冷却、薄膜冷却和对流冷却三种方式。蒸发冷却和薄膜冷却相似,都是利用泵将冷却剂从机体表面喷出,区别在于蒸发冷却是通过多孔喷出,而薄膜冷却是从不连续的缝隙中喷出。这两种冷却方式可以很好地保持飞行器的气动外形,但是可靠性不高。对流冷却基本原理是在飞行器蒙皮结构下布置冷却管路,使燃料(或冷却剂)在其中循环

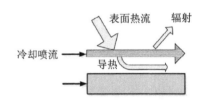

图 3.5　主动热防护原理示意图

流动,飞行器表面产生的气动热通过蒙皮直接或间接传给燃料,预热后的燃料进入发动机燃烧,提高了发动机的热效率,是一种防热系统和推进系统一体化的方式,很适宜以低温氢燃料为推进剂的飞行器采用。

2. 半主动热防护

半主动热防护主要采取热管结构和烧蚀结构两种结构形式。热管结构一般用于局部加热程度严重而其周围区域加热程度较轻的部位。热量在强加热区域被热管吸收,并将工质汽化为蒸汽流,然后流到较冷端冷凝并释放热量,最后冷凝了的工质又依靠毛细作用渗过管壁返回

严重受热区继续重复这一过程,从而达到循环冷却作用,如图 3.6 所示。

烧蚀结构适用于飞行器表面气动加热非常严重的部位。这种结构通过烧蚀作用引起自身材料质量的损失,进而吸收并带走大量的热,减少热量的传递,从而保护飞行器内部结构能够正常工作,如图 3.7 所示。由于防热材料在烧蚀过程中逐渐被消耗掉,只能一次性使用或重新修复后再使用,限制了该结构使用的连续性。高超声速飞行器小型化,使防热材料烧蚀外形不对称、烧蚀表面粗糙度等诱导的飞行器滚转力矩影响落点精度的问题突出,严重时甚至导致飞行器解体,因此相应的热防护技术要与气动力耦合研究。

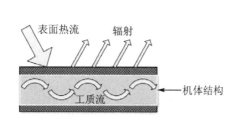 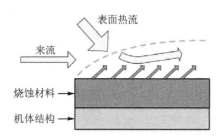

图 3.6　热管结构热防护原理示意图　　　图 3.7　烧蚀结构热防护原理示意图

3. 被动热防护

被动热防护主要是依靠防热结构和材料本身将热量吸收或辐射出去,不需要工质,这种方案简单可靠,目前被广泛采用。被动热防护系统分为热沉结构、热结构和隔热结构,热防护材料有刚性陶瓷防热瓦、柔性毯式防热、高导热碳复合材料防热、盖板式防热等。热沉结构主要靠自身吸热,一部分热量通过辐射排出,另一部分被结构吸收,防热时间较短,防护温度也较低,用于瞬时承受中等程度的热流密度,如图 3.8 所示;热结构主要靠辐射散热,热通过向外辐射和向内传导,允许结构达到稳定状态,用于承受中等程度的热流密度并持续较长时间,相对于热沉结构能较长时间防热和防护更高的温度,如图 3.9 所示;隔热结构主要靠隔热材料隔热,通过隔热层使传递到结构的热量最小化,并使结构保持在一定温度范围内,隔热结构用于承受中等程度的热流密度且相对较短的加热时间,如图 3.10 所示。

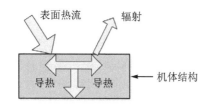 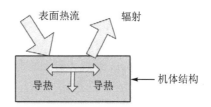

图 3.8　热沉结构被动热防护原理示意图　　　图 3.9　热结构被动热防护原理示意图

不同的热防护技术根据飞行轨迹和飞行任务的不同应用于不同的飞行器。图 3.11 所示为在温度与持续加热时间的关系中,不同类型的飞行器采用的热防护技术。一般来说,飞船在再入段气动加热最严重,其轨迹陡峭,热流密度极大,但加热时间短,热载很小,又多为一次使用,且不严格要求保持稳定的气动外形和表面平滑度,因此主要采用烧蚀热防护设计;X-15 试验飞行器承受气动加热时间短,因此采用热沉结构;SR-71 飞行速度为 $3\ Ma$,相对较低,可采用热结构;航天飞机再入轨迹较平稳,热流虽不如飞船大,但加热时间长、热载大,并要求重复使用,必须保持稳定的气动外形和表面光滑度,因此采用表面隔热和辐射防热设计;单级/两级入轨航天运载器在上升段气动加热最严重,在再入段气动加热也较严重,又必须在大气层中长时间飞行,并要求数百次重复使用,同时还要解决低温储箱等问题,因此采用辐射防热(或结合内部隔热)设计,应考虑主动冷却措施和结构-防热-储

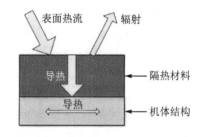

图 3.10　隔热结构被动热防护原理示意图

箱(-进气道)一体化设计。总之,根据不同的飞行轨迹和飞行任务,应分别采用不同的热防护方案、结构和材料。

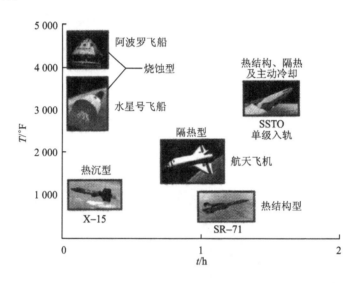

图 3.11　热防护技术用于不同飞行器

3.2.2　新型热防护机制

新型热防护机制主要从考虑环境与热防护材料的耦合作用出发,从被动的抵御气动热环境带来的热载荷向主动利用环境与材料间的耦合作用来实现热载荷的主动调控,尽可能减少环境带来的气动热,并增加材料的散热能力。基于这一思想,发展出多种新型热防护机制,主要通过材料的改进、结构的创新和新型物化效应的引入,实现对流热、化学热、辐射热的主动调控,降低环境对飞行器表面的加热或增加新的散热机制,进而显著提升热防护能力。

1. 对流热的控制

环境对材料表面的对流加热是经由边界层将能量传递到材料表面的,另外,边界层内气体的不稳定流动引起的转捩也会加剧局部位置的对流传热。因此,可以通过流场重构来减缓激波层向边界层的能量传递或利用流态控制来抑制高超声流动转捩引起的局部热流突增,实现对材料表面对流加热的调控。这里总结了三种典型的对流热热防护机制:逆向喷流、磁场控制和超声吸收涂层。

① 逆向喷流。逆向喷流的热防护机制是从飞行器头部逆向喷射高压气体,射流推动头部弓形激波远离壁面,同时射流与高超声速自由来流相互作用形成一个马赫盘结构,马赫盘前后射流压强和自由来流压强平衡,如图 3.12 所示。自由来流在射流阻挡下向外侧流动并形成二次压缩激波,自由来流不直接冲击壁面。射流回流附着在壁面,形成低压回流区。射流携带的工质可以在物面上通过传热降低表面温度,从而有效降低表面压力和气动加热。

② 磁流体动力学控制。磁流体动力学控制热防护机制于 20 世纪 60 年代初被提出,是电磁流动控制在热防护领域的应用,如图 3.13 所示。当磁场作用于飞行器前方激波层内等离子体区时,在激波层中会产生感应电流,感应电流和外加磁场之间的相互作用产生洛伦兹力,洛伦兹力使激波层中的等离子体流动减速,增加了激波脱体距离,从而减少了环境对飞行器表面的对流加热,与无磁场情况相比,该机制最高可降低超过 50％的热流和 40％的表面温度。

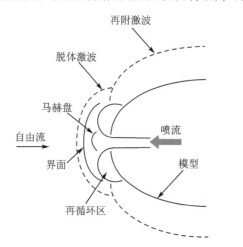 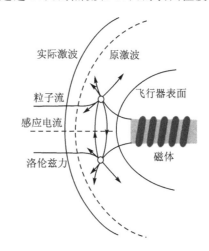

图 3.12　逆向喷流热防护原理示意图　　**图 3.13　磁流体动力学逆向喷流热防护原理示意图**

③ 超声吸收涂层。由于自由流涡流、表面粗糙元、声波辐射等多种因素的扰动,高超声速飞行器边界层易于经历层流向湍流的过渡,即层流/湍流转捩。转捩发生后产生的湍流引起的摩擦阻力和热流通常相当于层流状态的 3～5 倍,严重影响飞行器的局部或整体的气动力、热性能和热防护系统,因此开展高超声速边界层转捩研究,对其关键机制加以控制以抑制转捩的发生,对热防护系统的研制和飞行器的设计有十分重要的意义。转捩过程一般包括感受性、扰动演化和转捩触发三个阶段。对于超声速情况,边界层转捩的动力学过程主要由 Mack 模态控制。Mack 模态分为第一模态和第二模态,第一模态又被称为涡模态,类似不可压缩流动中的 TS 波,而 Mack 第二模态又称为声模态,声模共振频率一般在超声范围内,其增长率往往超过第一模态,在高超声速边界层转捩过程中尤为重要。为了对 Mack 第二模态加以控制,发展了超声吸收涂层,该涂层是一个薄的多孔涂层,通常由等间距或随机的微腔组成,如图 3.14所示,通过表面孔隙结构吸收并将声波困在微腔内,利用声波的热黏滞衰减来减弱声波共振模态,显著降低第二模态的增长率。

2. 材料化学反应热的控制

化学反应热的控制分为原子和电子两个层面。原子层面是指通过调控材料表面的催化系数来控制催化再结合反应,从而减少环境对材料表面的化学加热;电子层面是指利用材料表面

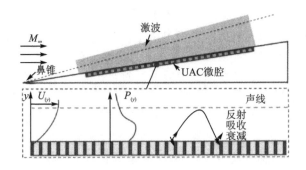

图 3.14　超声吸收涂层原理示意图

热电子发射过程的吸热特性来增加表面能量耗散,达到冷却材料表面的目的。

　　① 表面催化再结合反应控制。高焓离解环境下,扩散至热防护材料表面的离解气体会发生吸附再结合反应,这种再结合反应称为催化反应。材料表面催化反应分为扩散、吸附、再结合、解吸附、扩散五个与时间相关的独立过程,如图 3.15 所示。催化反应为放热反应,因此可以在认识材料表面催化的基础上,通过研制低催化材料,对材料表面催化再结合反应加以控制,减缓环境对材料表面的化学加热。

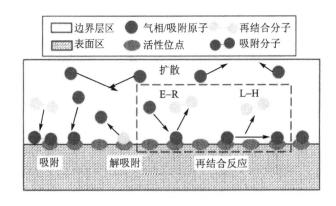

图 3.15　材料表面催化反应过程

　　② 电子蒸腾冷却。电子蒸腾冷却是通过热电材料的电子发射效应来增加飞行器表面的能量耗散,从而降低表面净热载荷,达到冷却材料表面的目的,其物理过程如图 3.16 所示。按照时间相关性,环境对热电材料表面的气动加热使得电子的动能增加,当电子的动能远超表面功函数时,高温表面会释放出一股电子电流,这股电流会进入流场之中,并随流场向后方迁移,最后在大面积冷壁面处收集,用于补充热电子发射损失的电子,这样的持续发射—迁移—收集循环过程会在表面热辐射散热的基础上,对前缘热表面产生显著的冷却效应。

3.　材料表面辐射热的控制

　　高温气体和材料的光辐射取决于光与物质中原子、分子或离子的相互作用,因此可以利用光子晶体或高发射率涂层材料的光辐射操控特性来减少材料对高温气体光辐射能量的吸收或增加材料表面对外光辐射的能量耗散,从而降低材料表面的气动热载荷。

　　① 光子晶体。对于月球探测与深空探测飞行器,在大气再入过程中除对流加热外,飞行

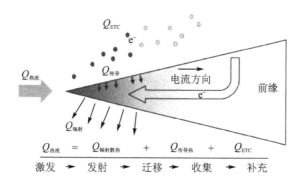

图 3.16　电子蒸腾冷却热防护机制物理过程

器会受到高温气体的辐射加热,并且随着飞行速度的增加,辐射加热效应会更加显著,因此需要控制飞行器表面对气体辐射加热的吸收来减轻环境对飞行器的气动加热。光子晶体的提出与发展使高温气体电磁辐射的有效控制成为可能。光子晶体是一种介电常数在光学长度尺度上随空间周期性变化的光学微结构材料,如图 3.17 所示,由于微结构界面处介质对电磁波的布拉格散射,电磁波将受到调制,从而产生光子能带结构,使得特定波段电磁波在某些方向或全方向的传播被禁止,形成光子带隙。当电磁辐射落在光子晶体上时,会在光子带隙对应的频段产生强烈辐射反射,使得光子不能在光子晶体中传播。因此可以通过合理的结构设计,实现在指定波段内的高反射率,减小高温气体的辐射加热。

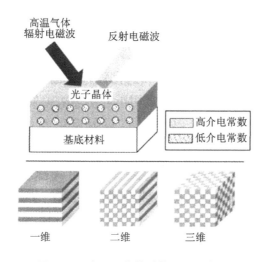

图 3.17　光子晶体热防护原理示意图

　　② 高发射率涂层。高发射率涂层主要是通过热辐射来耗散热量,如图 3.18 所示。由于高超声速飞行器表面普遍处于高温状态,辐射主要靠可见光和近、中红外波长电磁波传播,因此提高此波长范围发射率能够使从表面辐射出的热量最大化,从而有效降低飞行器表面的净加热量,降低表面温度。材料表面的发射率主要取决于材料的性质和表面参数,因此,可以通过材料成分的设计与结构的调控,实现可见光至中红外波长范围的宽波段高发射率涂层的制备。

　　上述几类新型热防护机制在基础理论、数值建模、材料制备及优化设计方面已经取得了初

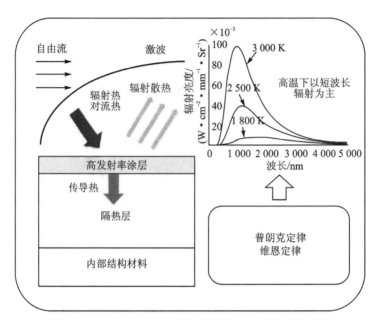

图 3.18　高发射率涂层原理示意图

步的进展,但新机制的研究整体上尚停留在概念或原理性实验/试验阶段,仍存在模型精度不足、缺乏有效的测试与评价方法及装置等问题,因此未来还需继续攻关研究。

3.3　控制技术

3.3.1　控制问题的难点

高超声速飞行器具有较大的飞行马赫数,其运动过程具有强非线性、快时变、强耦合和不确定性的特点,这给高超声速飞行器控制系统的设计带来了诸多困难和挑战。总体来说,高超声速飞行器控制问题主要面临以下难点:

① 强非线性。一般来说,飞行器的气动特性取决于它的构型和在大气层中的飞行状态。同时,飞行器的速度、高度和轨迹等飞行状态又取决于飞行器的气动构型、所采用的推力系统及其气动特性。在复杂的临近空间环境和较大的飞行包线下,高超声速飞行器的气动特性将发生剧烈的非线性变化,主要表现在气动力系数和气动力矩系数随飞行状态和马赫数的非线性变化、飞行器的飞行状态随气动力和气动力矩的非线性变换以及气动力和气动力矩随大气密度等外界环境因素的非线性变化。

② 快时变。高超声速飞行器实现大范围高超声速机动飞行时,不同飞行高度下大气密度的复杂变化以及飞行器操纵特性随高度和速度的不同而产生的急剧变化使得气动参数存在剧烈快时变现象,并使气动力和气动力矩产生复杂变化,进而影响飞行运动状态的稳定性,增加飞行控制的难度。

③ 强耦合。由于高超声速飞行器飞行运动的复杂性以及对性能的高要求,纵向运动和横侧向运动之间、各个通道的姿态运动之间、姿态运动与质心运动之间都存在着高度耦合。此

外,为了达到良好的整体性能,吸气式高超声速飞行器的设计一般采用机体/超燃冲压发动机一体化设计思想,从而也使气动力与推进系统之间存在着强烈的耦合作用,而且超燃冲压发动机的推进性能对气流角非常敏感。这些因素都决定了高超声速飞行器具有强烈的耦合特性。

④ 不确定性。高超声速飞行器的不确定性主要表现为飞行环境的不确定和运动建模的不确定。临近空间环境的大气运动复杂多变,受到如风切变、风紊流、阵风等现象的干扰作用,具有很大的不确定性。在运动建模方面,高超声速飞行器在飞行过程中,气动加热、薄激波层、真实气体效应等高超声速流动特性将会对飞行器的气动力和稳定性产生很大影响,这些因素使飞行器的运动建模存在一定的误差。此外,由于技术资料和试验手段的限制,通过计算流体力学方法和风洞试验而获取的气动参数也难免存在偏差,这也是运动建模不确定的诱因之一。

时任美国国防部负责采购、技术和后勤的副部长办公室的武器系统主管斯普鲁·利科迪斯曾指出:"在 30~50 km 高度飞行的高超声速飞行器要经历非连续流动、层流、转换、湍流流动,迎风面和背风面的压力有数量级的差别,压力中心移动很大,因此,其控制面临多重挑战。"综上可知,高超声速飞行器的控制技术是高超声速飞行器研究的又一大重点和难点问题,属于尖端科技领域,是现代航空和航天高新技术的结合,涉及多学科多领域,是多项前沿技术的综合运用。

3.3.2　高超声速飞行器操控

由于高速飞行的特点和复杂的飞行环境,高超声速飞行器在动力学、控制与制导特性方面与传统的飞行器有较大的差别,为了减少大气飞行阶段的气动阻力,高超声速飞行器普遍采用新型的气动布局方案。高超声速飞行器的动力学特性和控制特性与传统飞行器相比有很大的差别,有必要从物理机理和理论方法上进行深入仔细的研究。

1. 气动舵控制

气动舵在低空(30 km 以下)效率高,有明显优势,因此常规的飞行器一般采用气动舵,在中低空依靠气动舵进行俯仰、偏航和滚动控制,可以在飞行器飞行全程进行控制。但对于高超声速飞行器,由于其飞行高度高(通常 30 km 以上)、空气密度低,气动舵效率下降很快,无法满足飞行器操纵需求。另外,由于飞行器高速飞行,动压大,考虑到舵面的结构强度和转动力矩,舵面不可能像亚声速飞行器那样做得很大,这在客观上限制了飞行器的动态特性和机动能力。除此之外,由于飞行器速度很高,单靠气动舵不能为其提供足够的力来进行转弯,转弯半径可能很大,不能满足其机动性的要求,因此必须寻求新的途径,研究新的方案。

2. 侧向喷流控制

侧向喷流控制以前主要用于轨道飞行器的姿态控制,其简单的流动物理模型如图 3.19 所示,具有反应快速等诸多优点,在高空可以解决气动舵面效率不足的问题,但是侧向喷流控制也有许多气动问题有待解决。

侧向喷流与外流的干扰及其影响是必须研究并解决的问题。一般来说,$K = F \mid F_f$,其中 K 为喷流干扰系数;F 为侧喷推力;F_f 为侧喷干扰力。应研究以下 4 个问题:

① 干扰系数 K 随高度 h 的变化规律及数值。一般来说,到 30 km,$K \rightarrow 1$。

② 飞行 Ma 对干扰系数 K 的影响。

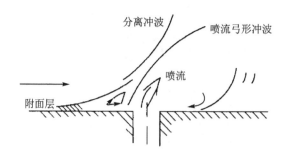

图 3.19　侧向喷流控制简单的流动物理模型

③ 喷口位置的影响。

④ 喷口大小、喷流参数以及飞行器飞行姿态等参数的影响,均是需要研究的内容。

3. 复合控制

气动舵和侧向喷流复合控制具有很多优点,最主要的是可以大大改善飞行器的响应时间,增加其机动能力。

3.3.3　主要的控制技术

对于高超声速飞行器,传统的线性控制方法已经不能满足对系统控制性能的要求,因此大量的非线性控制方法被应用于高超声速飞行器控制设计。下面主要对几种经典的非线性控制方法及其在高超声速飞行器控制设计中的应用进行介绍。

① 反馈线性化。反馈线性化是一种被广泛应用的解决非线性系统控制的方法,它的基本思想是先用代数变换将一个非线性系统转化为线性系统形式,从而将复杂的非线性系统问题转化为线性系统问题,然后利用成熟的线性系统理论设计控制系统,最后将所得到的线性控制器再通过逆变换转化为原非线性系统的控制器。不同于传统的基于泰勒展开式的局部线性化,反馈线性化是将非线性系统进行精确线性化,包括了泰勒展开式的高阶项,因此是一种精确的、完备的线性化方法,由此得到了广泛的研究和应用。反馈线性化方法的不足之处在于它过分依赖于被控对象的精确模型,对建模误差敏感,且不能处理动态系统的未知变化,因此鲁棒性不强。微分几何方法和动态逆方法是实现反馈线性化的两条有效途径。由于反馈线性化方法适合应用于多变量、强耦合、非线性系统,因此较早应用于高超声速飞行器控制系统设计,同时为了提高该方法的鲁棒性,常常与其他方法结合使用。

② 反演法。反演法又称逆推法、后推法、回推法,它在实现不确定非线性系统的鲁棒控制方面有着明显的优越性。反演法的基本思想是将非线性系统分解成不超过系统阶数的子系统,然后为每一个子系统设计一个 Lyapunov 函数以及相应的虚拟控制器,直至完成整个控制器的设计。该方法利用系统的结构特性递推构造整个系统的 Lyapunov 函数,使得控制器的设计结构化、系统化。基于反演法的各种控制算法为一大类非线性系统提供了系统的跟踪、镇定控制策略设计框架,尤其是当干扰或不确定性与控制作用不处在同一个通道中时,反演设计方法已经显示出它的优越性,但是反演法在利用递归算法对虚拟控制进行求导的过程中,可能会引起方程项数的膨胀,使控制器变得非常复杂,并且有的情况下非线性不确定函数不容易求导,特别是应用于高阶系统时这一缺点尤为明显。

③ 智能控制。智能控制是控制理论、人工智能和计算机科学等多学科的高度综合与集成,是自动控制技术的最新发展阶段。智能控制尤其适用于多变量、不确定、非线性以及难于用数学模型进行描述的复杂系统,并且其具有自学习、自适应能力,能通过不断优化参数来获得最优的控制性能,实现预期的控制目标。智能控制方法中应用较多的有模糊逻辑、神经网络、遗传算法等。由于智能控制方法在处理复杂多变的不确定非线性系统方面的优异能力,基于智能控制的非线性控制技术,如模糊变结构控制、模糊反步控制、神经网络滑模控制、模糊神经网络控制等技术得到了广泛的应用。近年来,国内外研究者对这些智能控制方法在高超声速飞行器控制器设计中的应用进行了大量的研究。

④ 滑模控制。滑动模态控制简称滑模控制,本质上是一类特殊的非线性控制。滑模控制的非线性表现为控制的不连续性。与其他控制方法相比,这种控制策略的不同之处是系统的"结构"并不固定,它可以在动态过程中根据当前系统的状态(如各阶导数及偏差等)有目的地不断变化,迫使系统依照预先设定的"滑动模态"的状态轨迹运动。由于滑动模态是可以进行设计的,并且与扰动和对象参数均无关,这就使得滑模控制具有对参数变化及扰动不灵敏、快速响应、物理实现、无须系统在线辨识等优点,但是该方法也存在一些缺点,当状态轨迹到达滑模面后,并不是严格地沿着滑模面向着平衡点滑动,而是在滑模面两侧来回穿越,从而产生颤动。滑模控制技术为建模不确定性存在的情况下保持系统稳定性和一致性提供了系统的方法。迄今为止,滑模控制技术已经历了 50 余年的发展过程,已形成了一个相对独立的研究分支,适用于连续与离散系统、线性与非线性系统、集中参数与分布参数系统、集中控制与分散控制、确定性与不确定性系统等。由于滑模控制的鲁棒性、易于实现等优点,滑模控制在高超声速飞行器控制中已经得到了广泛的应用。

由于目前单一的控制方法在高超声速飞行器控制应用中各有优缺点,无法满足飞行控制任务复杂化的要求,因此,将不同控制方法相结合,发挥各自优点,实现高度组合的智能飞行控制成为当前普遍关注的焦点和发展趋势。

3.4　"黑障"缓解技术

3.4.1　"黑障"现象产生机理

1. 等离子体鞘套形成机理和基本特征

高超声速飞行器在大气层内高速飞行时与空气相互作用,使飞行器周围的空气被高速飞行的飞行器头部产生的超声速激波加热,当速度接近或超过 $10\ Ma$ 时,由于黏性流和激波的作用,强烈的气体加热将导致飞行器表面附近的空气分子和原子被电离,激发含有等离子体的高温激波层,即所谓的包裹飞行器的等离子鞘套。

图 3.20 描述了典型航天飞行器在不同速度和高度区间下的空气热力学特性。从图中可以看出,在高空高马赫数条件下,等离子体流场为典型热化学非平衡流动,此时分子和原子的能量模式不能采用单一温度来描述,气体内能模式由平动温度、转动温度、双原子组分的振动温度和电子温度这四种不同的温度来描述,不同模式的能量之间还将产生能量交换过程,即能量松弛过程。另外,气体组分模型需要选用 7 组分或 11 组分模型,若考虑防热材料烧蚀,需要

采用更多的组分模型。等离子体鞘套分布特征与气动外形和飞行工况密切相关,它呈现不均匀的空间分布。

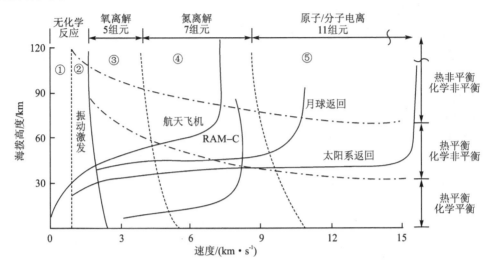

图 3.20　不同飞行速度和高度条件下空气热力学特性

2. 等离子体中电磁波传播机理

等离子体由自由电子、离子等带电粒子以及中性粒子(原子、分子等)组成,宏观上呈现准中性。电磁波在等离子体中传播宏观上表现为电磁波的吸收、散射、反射等现象,传播特性与等离子体的电子密度、特征频率和碰撞频率相关,主要表现为:①电磁波衰减与等离子体电子密度成正相关;②当电磁波频率低于等离子体频率时,电磁波会迅速衰减或产生全反射,引发"黑障"现象。当电磁波频率高于等离子体频率时,电磁波可低损耗地在等离子体中传播;③电磁波频率、等离子体频率和碰撞频率接近时,电子振荡共振和碰撞共振共同作用,等离子体对电磁波表现为吸收特性;④当等离子体层厚度与电磁波波长可比拟时,电波衰减符合薄层修正模型,但目前对薄层现象的机理说法不一。

综上,电磁波穿过等离子体鞘套时能量会被吸收、散射和反射,造成信号幅值衰减、相位畸变,严重时将导致信号传输中断,即"黑障"现象。"黑障"现象几乎伴随着各种类型的高超声速飞行器,例如航天飞机再入返回时,存在约 16 min 左右的"黑障"时间,洲际弹道导弹再入时"黑障"持续 4~10 min,神舟五号飞船再入过程中"黑障"持续 4 min 左右。临近空间高超声速飞行器全程在大气层内滑翔或跳跃飞行,面临更加严苛的装填空间和重量限制以及防热方面的约束,使临近空间高超声速飞行器面临的"黑障"问题影响越发严重。"黑障"现象将导致飞行器卫星定位中断、通信数据链失锁、测控信号丢失、人在回路的任务规划以及控制指令传输中断等严重问题,因此解决"黑障"问题是实现高超声速飞行器正常运用的一个关键问题。

3.4.2　传统"黑障"缓解技术

在缓解"黑障"问题方面,从 20 世纪 70 年代起研究者们提出了十余种不同的缓解方法和技术,但方法都具有不同的优缺点,距离彻底解决"黑障"问题还有较大差距。传统缓解"黑障"的方法总体上可以分为被动方法和主动方法两类。被动方法包括改善飞行器的气动外形、改进飞行器的防热材料、选择合适的频率(高频或低频)、增大天线的发射功率等;主动方法包括向等离子体鞘套中喷射亲电子物质、施加强磁场、施加交叉电/磁场等。

1. 被动方法

① 改善飞行器的气动外形。该方法是将飞行器设计为大细长比的尖锥外形,与钝头形的飞行器相比,由于头部的曲率半径较小,因此头部产生的等离子体经过飞行器身部时,形成的等离子体鞘套厚度也较小,"黑障"的持续时间也相应减小。据公开文献报道,美国在进行缩比子弹头试验时,再入过程中的电磁波信号以大约 5 dB/s 的速率下降,这种现象共持续了 8 s,最大衰减超过 35 dB 的时间仅为 2~4 s,除了干扰外,实际未收到遥测数据的时间只有 2~4 s。由此可见,改善气动外形是一种十分有效的方式,美国的 HTV 等飞行器也都采用了尖锥外形,但尖锐的头部使飞行器容积率降低,影响有效载荷装填空间,并带来严重的气动加热效应,增加了防热设计难度。

② 改进飞行器的防热材料。当飞行器表面的温度达到防热层的热解温度时,防热材料将会产生烧蚀,烧蚀产物进入到流场中,当防热材料中含有较多电离电势低的碱金属或碱土金属成分时,其烧蚀产物的电离会使等离子体鞘套内电子密度急剧增加 1~2 个数量级。由此可见,降低防热材料的碱金属含量是一个有效减缓"黑障"问题的途径。另外,在飞行器防热材料中增加一定的金属氧化物,当防热材料烧蚀时,金属氧化物进入等离子体中与部分电子进行中和从而达到降低电子密度的效果。该技术的主要缺点是难以对防热材料烧蚀速率进行精确控制,工程实现难度大。

③ 选择合适的频率。该方法包括两个方向,一个是提高通信频率,另一个是降低通信频率。当通信系统的工作频率高于实际飞行中的最大等离子体频率时,电磁波穿过等离子体鞘套时的衰减将显著减小;而当通信频率同时满足远低于等离子体频率和远低于碰撞频率两个条件时,电磁波的衰减也会显著减小。但频率的选择还受到天线、设备、大气通信窗口等限制,如提高频率后波束宽度变窄、噪声变大、大气吸收增强、地面站设备需要更新等,降低频率则会出现发射天线尺寸增大的问题,无法适应高超声速飞行器有限空间的约束。

④ 增大天线的发射功率。增大天线发射功率是最直观的一种方法。一般情况下由等离子体引起的衰减是固定的,发射功率越大,则地面站接收到的信号强度就越大。但考虑器件的击穿电压,发射功率不能无限制增大,另外,在目前的通信频段,功率提高无法弥补等离子体鞘套带来的衰减,同时功率和重量的增加会给飞行器总体设计带来挑战。

2. 主动方法

① 喷射亲电子物质。该方法是在天线的上游处开一个小孔,然后将飞行器携带的亲电子物质通过小孔向等离子体鞘套中喷射,通过对高温气体进行降温,同时利用亲电子物质吸附自由电子,从而降低等离子体鞘套中电子密度,有效改善"黑障"问题。但由于高超声速飞行器"黑障"持续时间可能达数十分钟,亲电子物质注入将会带来大量的设备和载荷重量,并增加系统复杂度,因此该方法的研究仍集中在寻找更加有效的亲电子物质方面。

② 施加强电/磁场。当有磁场存在时,电子将被磁场约束,围绕磁力线进行回旋运动。对于右旋极化电磁波,当电磁波频率和磁回旋频率接近时,将产生共振效应,电磁波能量有效地传递给电子,从而造成电磁波严重衰减,但当电磁波的频率远离磁回旋频率时,电子对外来电

磁场的响应则会降低,从而减小电磁波的衰减,形成一个通信频率窗口。因此通过合理设计施加的磁场强度可以使得原来不能穿透等离子体的电磁波衰减大大降低。施加强磁场最大的问题是产生磁场的设备笨重,但随着超导材料的发展,未来仍有可能成为一个有效减缓"黑障"问题的方法。

近年来,研究者还提出了施加正交电磁场的方法,该方法通过外加正交电场和磁场,使电子和离子发生霍尔漂移效应,同时利用外加电场的充电效应加速电子和离子复合,使阴极区域电子密度降低,以达到在较低磁场强度条件下降低传播损耗的目的。该方法由于所需的磁场相对磁窗的方法较低,一经提出便受到很多人的青睐,研究人员进行了很多理论分析,但是受计算机水平和实验设备的局限,相关的研究进展比较缓慢。

③ 三波作用法。理论研究表明,基于等离子体的固有特性,在热等离子体条件下,利用作为激励源的强电磁波、通信电磁波信号和等离子体振荡波三种波之间的相互作用,可产生另一频率的斯托克斯波穿过等离子体。该方法的优点是能缓解"黑障"问题,但存在高功耗和高复杂度问题,同时大幅增加了设备重量。

3.4.3　"黑障"缓解新技术及趋势

近几年,随着信息技术的发展及对电磁问题的深入研究,在缓解"黑障"问题方面,除了传统改进气动外形和烧蚀材料、选择合适的频率和发射功率等被动适应性方法之外,在通信技术、电磁干预等方面还出现了一些新的技术途径和思路,可能成为今后的发展趋势。

1. 发展等离子体鞘套环境的通信理论

传统的"黑障"缓解技术主要关注等离子体的衰减特性对信息传输系统的影响,主要从发射频率和功率的角度来考虑缓解等离子体鞘套的影响,以上研究均是在物理层内,只关注介质特性对载波传输特性的影响,并未从通信体制的角度考虑如何适应等离子体鞘套的电磁传输环境。实际上,物理层向数据链路层提供信息比特流,这就需要考虑信息传输所采用的基本信道调制方法与信道中的传输特性相匹配,特别是考虑如何实时获取动态等离子体鞘套下信道的容量和传输特性,并根据等离子体鞘套的电磁环境实时调整通信体制,从而有效提高"黑障"下的通信能力。例如,近年来提出的一种基于驻波比检测的等离子体鞘套下自适应通信技术,该技术通过检测天线驻波比的变化,感知等离子体鞘套产生并反演电子密度,遥测系统利用检测信号可在"黑障"区自适应调整传输速率,达到确保关键遥测数据得以顺利传输的目的。该技术虽然牺牲了通信速率,但给出了一种主动感知电波传播特性控制数据传输速率的"黑障"规避措施,且可以与现有遥测系统兼容,因此可以预见等离子体鞘套下的自适应通信技术将会是今后重要的发展方向。

2. 发展等离子体电磁干预技术

早在 20 世纪 60 年代,研究者就提出利用磁场缓解"黑障"的问题,因为磁力线可以约束带电粒子的运动,一方面可以改变等离子体的空间分布,另一方面可以改善电磁波的传播特性。早期的研究主要关注强磁场,国内外都曾经在地面激波管上尝试过用永磁体、电磁体甚至超导强磁体改善电波传播特性,并取得了一定的效果,然而受限于磁体重量、体积、耗电、干扰等问题,其工程化和实际飞行应用仍然进展缓慢。近年来,许多新颖的方法被提出,有望减小磁场强度的需求,使电磁调控技术更加接近工程应用。在传统磁窗的基础上,发展出了"电磁二维窗"概念,通过电场对带电粒子进行加速的同时,再利用磁场使其发生偏转。由于电场对离子的加速作用,使得磁偏转力增大,因此磁场对离子的作用更强,与单独施加磁场相比,所需的磁场强度下降了近一个数量级。瞬态脉冲磁场也是近年来被关注的方式,时变的磁场在等离子体鞘套中将产生阻止磁场变化的电流,组成该电流的运动粒子将受到洛伦兹力的排斥,使得局部电子密度降低形成通信窗口,但持续时间很短。另外,利用行波磁场也是近年来磁窗技术的重要发展方向,行波磁场是一种特殊的时空变化规律的磁场,可以对各类导电介质施加单方向力,有望对等离子体鞘套的流场产生持续的排斥作用力,将会是等离子体电磁调控技术的发展方向之一。

第4章　高超声速飞行器运用

4.1　高超声速飞行器运用特点

4.1.1　优　势

1. 飞行速度快

高超声速飞行器最突出的特点就是"快"。高超声速飞行器具有 5 Ma 以上的飞行速度，实际应用时能够带来巨大的优势和效益。

高超声速飞行器若用于运输平台，可在短时间内将有效载荷运送至全球各地。若用于打击平台，可在 1～2 h 内攻击全球任何地点的目标，极高的速度使得高超声速导弹基本具备发现即摧毁的实时攻击能力，能够实施瞬时空天打击，有效打击全球范围内现有武器难以对付的时间敏感目标，具备发现即摧毁、打击在一瞬的能力，把战争带到"秒杀"时代。

"快"的价值还不止于此，它还使机动要素与信息要素以及决策要素更加耦合，推动 OODA（Observe-Orient-Decide-Act，观察-判断-决策-行动）环全程加速，把信息和决策优势效能充分释放，从而形成"以快制慢"的降维打击效果，大幅缩短"发射平台到目标"（shooter-to-target）的时间，最大限度压缩对手的 OODA 环响应时间，实现对指挥中枢、雷达、导弹发射平台、基地等高价值目标的瞬时打击毁伤，致瘫对手的空天防御体系。例如，现阶段亚声速巡航导弹，打击距离 1 000 km 的目标需要约 1 h，而使用高超声速武器打击则不到 10 min。

"9·11"事件后，美国在 2002 年出台"常规快速全球打击"（CPGS）计划，寻求一种能够在一小时内打击世界任何地方任何时敏目标的能力。这种技术使打击实施前不必进行战区内兵力集结，从而提高了突然性，而这种突然性又可成为一种强大的威慑。虽然洲际弹道导弹弹头在再入大气层后也能达到高超声速，但在常规战争中动用洲际弹道导弹很可能引起其他国家的核误判，导致无法控制的严重后果。因此，美军认为高超声速技术是解决美军现存"一小时全球打击"难题的最佳手段。目前，美军现役装备中能实施全球打击的武器并不少，包括洲际弹道导弹、战略轰炸机（B-52H、B-2A、B-1B 等）、航空母舰、携带巡航导弹的水面舰艇和核潜艇等。在这些武器中，战略轰炸机从接收攻击指令到实施攻击往往需要十几个小时，核潜艇、水面舰艇和航母要抵达作战区域更是需要数天至数十天，因此均无法有效满足美军对攻击时效性的要求。

战场上时间和空间是对立统一的，距离远消耗的时间就会长，对于时敏性目标而言，脱离时效性的精确打击毫无意义，传统远程精确打击武器往往由于飞行时间过长而极大限制其实战价值，因此通常只能攻击固定目标并作为战术级武器使用。高超声速飞行器凭借其速度优势既可以作为战术武器也可以作为战略武器使用，对作战进程产生重要的影响。

2. 突防能力强

当前世界上在役的巡航飞行器在执行突防突击任务时,大都采用亚声速超低空飞行,借助地球曲率隐蔽接近目标,采用突然攻击方式完成作战任务。但随着军事防御技术的提高以及电子侦察技术的全面发展,这种亚声速超低空飞行的巡航飞行器逐渐暴露出许多不足,如飞行时间长,易被对方侦察机或预警机发现,战场生存力受限等,在科索沃战争中美军就有数十枚战斧亚声速巡航导弹被拦截。而高超声速飞行器凭借其高速度、变轨迹、低弹道和雷达目标特征小的特点,可以显著提高突防能力。

(1)高速度

速度是克敌制胜的法宝。在其他条件相同的情况下,由于具有速度优势,高超声速飞行器能极大地压缩对方拦截导弹的攻击包线和引导拦截系统的有效作用范围,使对方拦截系统反应-拦截窗口变短,拦截成功率大幅下降。同时,高速度也为对方拦截系统的稳定跟踪带来了挑战。高超声速飞行器具备 $5\ Ma$ 以上的飞行速度,而多数防空制导雷达只能稳定跟踪 $5\ Ma$ 以下的目标,如俄罗斯的 S-300 导弹系统限定的目标速度为 $3\ Ma$。另外,高速度会造成对方决策的时间非常有限。美军认为,从伊朗攻击美国的洲际弹道导弹的飞行时间大约只有 $40\ \mathrm{min}$,而其他导弹(如中远程弹道导弹或高超声速导弹)的飞行时间则更短。从发现到刻画出威胁导弹的发射所需的时间约为 $1\ \mathrm{min}$,而武器发射后实施中段拦截需要的时间数量级为 $15\sim17\ \mathrm{min}$,再扣除与控制拦截器系统的人员进行通信的时间,最后留给决策的时间仅有几分钟,这为防御方做出科学有效的拦截决策带来了难度。

高速度带来复杂的气动光学现象,使防御方拦截精度要求陡增。对目标高精度拦截的首要条件是实现高精度的末制导探测。反导拦截弹较多使用的末制导探测技术是可见光和红外制导探测,其他诸如激光、毫米波等主动探测技术由于存在探测威力、探测精度以及成本问题,在对抗高速飞行器时并不常见。要达到一定的对高超声速飞行器的拦截能力,拦截武器的飞行速度应该能够与高超声速目标飞行速度相当甚至更高,而高速飞行时伴随的气动热现象对光学成像探测系统造成的气动热辐射和图像传输干扰会引发目标图像的偏移、抖动或者模糊,因此气动光学效应大大增加了高超声速飞行器对抗敌方拦截系统探测的优势。另外,无论是进攻武器还是防御武器在地球大气中高速飞行都会与气体分子产生摩擦并在驻点周围产生高温。飞行器形成的激波与弹体冷却层、气流与外部气流之间形成强湍流附面层,当诸如红外光线穿过这一湍流流场时,由于混合气体层气体密度梯度的变化,导引头光学系统将接收到畸变的目标图像,这就是气动光学效应对高超声速目标探测拦截的主要影响。气动光学效应的存在将直接影响拦截弹导引头对高超声速飞行器的探测、识别和跟踪能力,降低探测精度。

未来应对高超声速飞行器时,战场态势更加变幻莫测,快速反应和指挥决策的时间更短,整个防空系统的抗击将更加困难。高超声速飞行器过快的速度将给导弹拦截过程增加许多限制条件,比如对导弹拦截最佳角度、末制导方式、传感器精度和响应速度、引信引爆距离等都有较高的要求,大大提高了高超声速飞行器的突防能力。美国空军前首席科学家马克·路易斯曾说:"21世纪的美国军事强点将不再体现为隐身技术,而是高超声速技术,前者是建立在'敌人不知道你在哪里,就无法阻止你'的简单逻辑上,而后者则是非常直白的'速度威慑',让对手即便发现,也因追不上而无从防御。"

（2）变轨迹

可变轨技术是高超声速飞行器的标志性技术特征之一。高超声速助推-滑翔飞行器可实施大范围机动,既可在纵向完成拉起-下降的动作,也可在横向数百甚至上千千米范围灵活机动,侧向迂回,飞行轨迹复杂多变,落点难以判断。吸气式高超声速巡航飞行器和高超声速飞机在超燃冲压发动机的推进下,飞行轨迹同样能够进行变化。以助推-滑翔飞行器为例,它与传统弹道导弹最大的区别是:在再入阶段,弹道导弹是"落",即弹头依靠惯性再入大气层,再入段基本不做机动或进行有限的弹道修正,变轨能力有限,只能够进行小幅度或是不变射面的有限机动,飞行轨迹总体上仍是一个抛物线弹道。而助推-滑翔飞行器是"飞",即高升阻比弹头再入大气层后,能够依靠空气动力在稀薄大气层内做远距离非弹道机动飞行。弹道导弹可根据关机点后的参数对其进行轨迹预测和落点预报,而高超声速飞行器在纵向采用变射面非惯性弹道、横向可大范围机动的情况下,很难通过测量弹道参数进行精确的弹道预测和落点预报。比如,美军在测试时将 HTV-2 高超声速飞行器的指标设定为能够侧向机动 5 000 km,这样就使得拦截系统难以预测目标轨迹,从而进行预先拦截准备,所以应对传统弹道导弹那种"守株待兔"式的拦截方式对于拦截高超声速飞行器无法奏效。同时大范围机动也给对方拦截弹的拦截带来了难度。另外,机动变轨能在一定程度上绕开对方拦截系统的射击包线,从对方防御薄弱区打击目标,这种机动飞行路线选择具有很大的自由性,难以组织针对性防御部署。例如"先锋"高超声速导弹可以进行数千千米侧向深度机动和大幅高度机动,绕过导弹防御系统并躲避拦截弹,俄罗斯宣称"现役的一切导弹拦截系统将在'先锋'面前形同虚设"。

（3）低弹道

低弹道对于高超声速飞行器突防具有难发现、难拦截的作用。

① 难发现。当前防空反导系统主要依靠雷达进行目标探测跟踪。雷达是一种直射电磁波,不能越过地平线探测目标,这就造成陆基和海基雷达对飞行高度较低的目标探测距离有限,如图 4.1 所示。对于洲际弹道导弹来说,从点火到命中目标的飞行轨迹大致可以分为三段:助推段、中段和末段。其中,助推段,导弹点火升空,导弹冲出大气层,在这一阶段导弹速度慢,高度也较低;中段,导弹主要在大气层外的椭圆轨道飞行,在此期间导弹会释放干扰弹、诱饵弹等欺骗装置,而且在最高点时弹头的速度最低;末段,弹头完成修正后再入大气层,以高达十几甚至是二十几马赫的速度突防。在整个飞行过程中,弹头的高度最高约 1 200 km。由此可见,弹道导弹飞行高度高,陆/海基雷达系统易于对其进行探测跟踪。而高超声速导弹则与传统的弹道导弹不同,其主要在高度 20～40 km 的临近空间飞行,在这一高度上受地球曲率的影响,陆/海基雷达很难在远距离进行预警和探测,在缺乏天基和空基探测系统支援的条件下,即使陆/海基雷达具有足够的威力,单独的雷达监测也难以远距离发现临近空间高超声速目标。因此,弹道导弹飞行速度快但飞行高度高,导致防御方预警时间较长,而亚声速巡航导弹或战机虽飞行高度低但飞行速度慢,防御方预警时间也不短,只有高超声速导弹兼具飞行速度快和飞行高度低两个特点,留给对方防空反导体系的预警时间将被大大压缩。

② 难拦截。当前,现役多类防空反导武器都具备一定的射高限制,在临近空间的性能表现普遍不佳,这为高超声速飞行器突防创造了条件。高超声速飞行器在临近空间飞行,其高度高于大部分传统防空系统射高上界,又低于中远程反导系统的拦截下界,如图 4.2 所示。现有以"爱国者"-2,C-300 为代表的第三代防空导弹,以气动控制为主,主要拦截高度在 25 km 以下的空气动力目标,不能有效拦截临近空间飞行的高超声速目标;而以"爱国者"-3 为代表

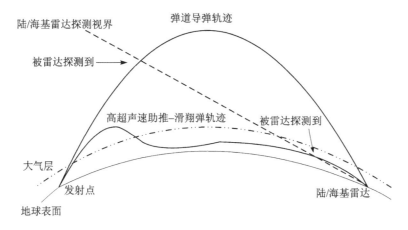

图 4.1　陆/海基雷达对高超声速助推-滑翔飞行器和弹道飞行器探测能力的比较

的末段低层反导导弹仍主要利用空气动力提供过载,最优作战高度在 15 km 左右;以"萨德"为代表的末段高层反导动能拦截器射高下限在 40 km;对于"标准"-3、中段反导拦截弹(GBI)等中段拦截系统主要是在大气层外实施拦截。综上可见,高超声速飞行器的主要突防通道在 30～40 km 的临近空间,恰好位于现有防空与反导系统的杀伤盲区。

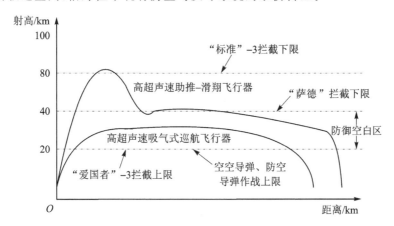

图 4.2　现役典型防空反导武器射高

正如美国智库兰德公司高级工程师乔治·纳库齐在接受美国《国家利益》双月刊网站采访时称:"最显而易见的挑战是高超声速滑翔弹头的机动性,以我们目前的能力而言,跟踪并规划拦截路线是非常困难的。飞行高度对现有系统也是一个挑战。对很多大气层内拦截器来说,高超声速滑翔弹头的飞行高度太高了,而对于远程反导监视雷达来说,它的飞行高度又太低,无法早期发现并跟踪。"

(4) 雷达目标特征小

高超声速飞行器雷达散射面积(RCS)相对较小,如高超声速巡航导弹的 RCS 通常在 0.1 m² 左右,另外在极高的飞行速度下,高超声速飞行器不断对大气分子进行强激波压缩和高速摩擦,产生"黑障"现象,致使雷达难以探测。另外,高超声速飞行器通常采用高升阻比的气动外形,飞行速度之快甚至超出了雷达数据处理波门,导致雷达难以连续捕获,更难以实现连续稳定跟踪,这不仅会大大压缩单部预警探测装备的作用距离,而且极易使预警探测网出现"破网"现象,导致整个预警探测系统的效能降低。

高超声速飞行器的高速度、变轨迹、低弹道和雷达目标特征小的特点可以大大提高对方拦截高超声速飞行器的难度,并且上述四个特点还会耦合增效,进一步增强了高超声速飞行器的突防能力。美国洛·马公司工程和先进系统副总裁阿尔·罗米格指出,"速度是新的隐形。"

3. 命中精度高

高超声速飞行器在向目标飞行过程中可以根据目标位置进行机动变轨,并且可以使用常规巡航导弹使用的成熟的精确制导技术,如卫星制导、惯性制导或复合制导等先进制导方式来提高打击精度。俄罗斯宣称"先锋"高超声速导弹其表面温度可达 1 600～2 000 ℃,但即便如此,导弹仍能可靠制导。

4. 毁伤威力大

传统弹药毁伤通常以火药化学能转化释放方式为主,实战中毁伤能力受到火药性能、质量及运载工具等多种因素制约,对坚固或地下目标毁伤能力有限。根据动能定理可知,一个物体的动能与质量成正比,与速度的平方也成正比。当飞行器达到高超声速时,带来的一个显著结果就是飞行器的动能将成指数级倍增,从而极大提高飞行器的毁伤效能。因此,当高超声速飞行器携带动能弹实施打击时,通过巨大的动能释放,在打击点形成的强烈破坏效应远大于同质量的声速或亚声速武器。试验数据表明,在马赫数为 6 的末段攻击速度下,弹丸可以贯穿 50 m 厚的土层或 15 m 厚的混凝土,一枚 1.5 kg 的高超声速导弹动能战斗部撞击动能就足以使一座桥梁坍塌。美国军方对高超声速巡航导弹的要求是:对钢筋混凝土的侵彻能力为 6～11 m,对一般地表土层则要达到 40 m。因此携带侵彻弹头的高超声速飞行器适于打击深埋于地下的指挥中心等坚固目标。显然,这种超高速动能毁伤效能充分释放,能够形成指数级毁伤的打击效果。

除此之外,高超声速飞行器若用作导弹,还有战斗部比重大、攻击附带损伤小的优势。与现有空气动力飞行器采用的涡轮(涡扇)等喷气发动机相比,高超声速飞行器没有高转速的涡轮(涡扇)机构,大大减轻了飞行器重量,增大了飞行器有效载荷空间,从而可以装载更多战斗部件,提高打击毁伤能力;同时,高超声速飞行器可以在小重量的情况下,单纯依靠高速度来积聚毁伤目标所必需的动能。以上两种因素使得在相同的毁伤性能要求下,高超声速导弹或炸弹的重量和体积可以比一般武器小,因此运输机、战斗机和轰炸机可更多装载,作战威力显著增强。海湾战争中,美军重型贯穿炸弹 GBU-28 激光制导炸弹曾被用来攻击 30 m 深处的伊拉克坚固地下指挥中心,该弹攻击深埋、坚固目标的能力是依靠自身的大重量(重 2 100 kg,弹径 0.368 m,长 5.72 m)在飞行过程中积聚较大的动能来实现的,其不足之处是由于尺寸大、重量重,受飞机载弹量的限制,载机平台能携带的数量有限,而高超声速炸弹可以有效解决这一问题。

5. 附带杀伤小

高超声速飞行器既可以配载常规战斗部通过热和爆炸产生的冲击波来实现对目标的破坏,也可以凭借强大的动能单纯依靠直接撞击来破坏目标的内部结构,因此在采用动能杀伤方式时,高超声速飞行器既能保证破坏目标所需的穿透杀伤力,又能使其杀伤破坏半径减小到最低程度,精确打击时附带的损伤比常规精确制导武器的破片杀伤要小,这对于当下人们越来越关注战争所带来的创伤性和破坏性,减小己方打击对普通民众生命财产造成的误伤,减少对己方不利的战争舆论,避免陷入政治被动等都非常有用。高超声速飞行器附带杀伤小的优势使其适宜攻击敏感地区的重要目标,如在海湾战争中,美军使用的攻击武器虽具有较高的命中精度,但为了减小由于武器爆炸产生的冲击波对目标周围地区的附带杀伤破坏效果,避免引起战争升级,规定如果攻击目标周围 9.6 km 范围内的地区有学校、医院和清真寺的话,对其突击要极其慎重,这就为对手带来了可乘之机。

6. 威慑效果好

高超声速飞行器可形成新型战略威慑力。首先,高超声速飞行器可以强化战略核威慑手段。高超声速武器既可以配载常规战斗部,也可以配载核战斗部,若配载核战斗部,将极大增强打击速度和突防能力,提升核威慑力。其次,高超声速飞行器可以发展成为新型常规战略威慑手段。相较于传统常规武器,高超声速武器极快的打击速度、强大的突防能力和毁伤效果会给对手带来巨大的心理压力。高超声速武器的高速度和大纵深打击能力,使对方国土战略纵深优势被极大抵消,作战反应时间被极大压缩,国家重要战略目标受到极大威胁,被动一方的战场胜算被极大削减,这将给对方造成生理、心理不可估量的影响。基于上述威慑效果,高超声速飞行器可以从宏观上影响战略力量对比,进而影响对方战略意图和决心,从微观上能够影响对方的力量布局,进而迫使对方调整作战力量部署,因此具有现役核常武器无法比拟的实战威慑能力。

另外,作为常规快速打击系统,相较于现役的战略核武器,由于不会导致巨大的附带杀伤,不用背负太多的舆论和道德压力,还可避免使用核武器的政治风险和高门槛,因此高超声速武器的战斗使用门槛更低,再加上打击精度大幅提升,使用灵活性更高,效果可控性更强,从而具备更真实的战略威慑能力。

7. 研制效益高

高超声速飞行器的成本优势既体现在高性价比上,也体现在对作战对手的非对称抵消上。高超声速飞行器作为一型技术密集型装备,从预研到成体系构建固然耗资不菲,但相比于复杂的导弹防御系统的研制和构建,其成本支出不在一个量级上。并且高超声速飞行器突防能力强,对当前导弹防御系统提出了严峻的挑战,迫使对方为有效应对高超声速武器的威胁而不得不继续投入巨资研发新的防御系统,这种非对称抵消使高超声速飞行器拥有了巨大的成本优势。

8. 法律限制少

从武器使用条件上看,高超声速飞行器用于武器,具有国际公约及法律限制少、政治优势明显的特点。

高超声速武器的主要活动空间在临近空间,当前临近空间尚未明确国际法地位,关于主权国家领空高度的划界在相关国际公约及法律上仍处于"模糊地带",还未达成统一共识,通常认为 35 km 以下为领空。因此,临近空间的高度范围大部分超出了领空的限定,可利用这种"模糊性"执行相关军事任务,尤其在区域拒止的作战环境下,执行情报、侦察、监视(ISR)任务,减少了相关约束限制,提高其使用的灵活性。此外,高超声速武器的飞行高度通常低于太空卫星轨道,避开了太空军事化敏感问题和相关国际法规的约束,在政治上避免了"授人以柄"。

4.1.2　不　足

高超声速飞行器虽然具有诸多优势,但它也存在一些不可避讳的弱点,导致其颠覆现代防空作战体系可能并不那么容易。

1. 红外信号特征明显

高超声速飞行器以高超声速在大气层内飞行时,由于周围空气强烈的压缩和摩擦作用,会在机体周围形成高温绕流场,此时高温绕流场内的多组分空气流会产生极强的热辐射,同时由于助推火箭或超燃冲压发动机的工作,使得飞行器成为一个强大的红外辐射源,这种强烈的红外信号会给反导预警卫星预警监视带来极大的便利。以美国弹道导弹防御体系中的重要组成部分天基红外卫星为例,其可以准确探测弹道导弹发射时助推器喷出的尾焰红外信号,提供弹道导弹发射早期预警,同样也可以对高超声速飞行器的红外信号实施监测。2022 年 1 月,美国《空军杂志》发表《高超声速防御》文章,文章认为"天基红外系统理论上可以通过观察高超声速目标在飞行中产生的红外信号来对其进行跟踪,假如武器以 10 Ma 的速度在 50 km 高度的大气层中飞行,在飞行中产生的热量会发出红光,卫星能够探测到,即使来袭的武器是隐形的,也逃不过卫星的"眼睛",可以被早期预警卫星探测到"。近年来美军正在推进"下一代过顶持续红外"(Overhead Persistent Infrared,OPIR)及"高超声速与弹道导弹跟踪传感器"(Hypersonic and Ballistic Tracking Space Sensor,HBTSS)两大项目,将具备高性能红外传感器载荷的卫星部署于地球低轨和极地轨道,可以直接从太空预警监视高超声速目标,并为反导武器提供火控精度级别的数据。

国内学者计算了 X - 51A 在临近空间以 5 Ma 的速度飞行时,中波(3～5 μm)和长波(8～14 μm)波段的红外段辐射强度最大可达 25 595.9 W·sr^{-1} 和 3 935.3 W·sr^{-1},而在传统弹道导弹弹道中段目标动态红外辐射特性仿真计算中,弹头目标的红外辐射强度中波一般为几十瓦,长波一般为几百瓦,前者长波红外辐射强度是后者的十几倍,而中波辐射强度更是达到了近千倍之多。如果飞行速度继续增加,温度将继续升高,各波段辐射强度也将随之进一步上涨,辐射峰值波长将移到短波(1～3 μm)甚至可见光、紫外波段。

2. 小范围机动能力差

前面提到高超声速飞行器具备机动打击能力,能绕开对方导弹防御系统,从防御薄弱的方向对敌要害目标实施打击,但这种机动性只是一种大范围的变轨机动,而非小范围机动性。高超声速飞行器的小范围机动性很有限,这是因为飞行器飞行速度快,气动布局并不规则,周边高速气流分布不均匀,对飞行姿态十分敏感,而飞行器飞行时整体也处于高温高压状态,机体会产生热胀冷缩,发生一定的形变,改变气动特性和温度分布,一旦高超声速飞行器飞行姿态超过额定角度,飞行器就可能会失控甚至被烧蚀解体。此外,飞行器飞行速度越快,控制系统作动装置(如空气舵)的操控误差放大效应就越明显,飞行过程中存在的空气动压改变更会引起飞行器颤振,越靠近低空(空气稠密)越明显。美俄两国经过多次试验均认识到暂时无法突破 6 Ma 以上高超声速飞行器低空有效控制难题,即便对 6 Ma 左右的高超声速飞行器,也必须在飞行全过程中保持额定的迎角、角速度、飞行姿态,不能在短时间内发生剧烈变化,这就意味着高超声速飞行器的弹道在小范围内必须十分平滑。面对防御武器的打击,高超声速飞行器很难像航空飞机那样采取大幅机动来躲避拦截,末端突防难度较大。

另外,高超声速飞行器高速飞行时机动过载大。由于飞行器机动转弯半径与飞行马赫数的平方成正比,因此当高超声速飞行器以机动飞行避开敌方的迎头拦截时,其法向过载将大幅增高,在机动过载大的情况下阻力也会急剧增加,不仅会影响射程,而且对弹体强度提出了很高要求。

3. 通信导航保障难度大

高超声速飞行器工作于大气层内,高速飞行时飞行器与空气剧烈摩擦而产生"黑障"现象。"黑障"现象将不同程度地导致飞行器卫星定位中断、通信数据链失锁、测控信号丢失、人在回路的任务规划以及控制指令传输中断等问题。由于高超声速飞行器长时间飞行于高度20～100 km 的临近空间,"黑障"现象持续时间长,这就造成对飞行器的控制难以持续进行,进而导致性能不稳定。相对于助推-滑翔飞行器,吸气式高超声速飞行器对通信质量要求更高,因为该类飞行器体积更小,射程更近,载荷更小,更偏重于战术使用打击时敏目标,如水面舰艇等,这就需要情报系统和指控系统不断地将目标信息和指控信息输送到控制系统,此时"黑障"现象的负面影响就会更加显著。

4. 对情报、信息等保障要求高

与其他飞行器相比,高超声速飞行器必须要求做到不间断的低时延、高可靠的超视距测控。在航天测控方面,卫星按轨道动力学在空间开普勒椭圆轨道上无动力飞行,因此卫星测控只需测量一段轨道就能实现动力学定轨;在弹道导弹方面,由于弹道导弹在末级关机点后基本上是在空间惯性轨道上无动力飞行,因此末级关机点的运动状态基本决定了后续弹道和打击精度,因此测控的最重要任务是测量关机点的状态。和以上飞行器不同,高超声速飞行器飞行全程依靠自主动力或空气动力飞行,要想实现变轨迹精确打击,需进行全过程连续跟踪测量和实时定轨,其测控覆盖范围包括射场覆盖、飞行轨道覆盖、过顶覆盖等。高超声速武器比卫星飞行高度低,比飞机飞行距离远、飞行速度快,其飞行轨迹往往会飞越人口稠密地区上空,需采用陆基多站接力及天基测控系统实现低时延、高可靠的超视距覆盖,完成实时、精确的"飞行遥控"。综合以上分析,高超声速飞行器对实时测量和精确遥控具有高度的依赖性,因此要做到全球快速精确打击,即使是区域快速打击,也必须有海陆空天全域的测控系统进行保障。所以在高超声速飞行器的研发方面,具备全球先进测控能力的国家会占得先机,后来者仅仅依靠飞行器自身的技术难以获得战略战役打击优势。

5. 携带有效任务载荷能力弱

为了追求远距离滑翔及变轨能力,高超声速飞行器普遍采用乘波体构型。使用乘波体构型的高超声速飞行器具有较高升阻比,再入大气层后的远距离高速滑翔可以增加飞行器射程和变轨能力,但此时高超声速滑翔飞行器相对于传统圆锥形再入飞行器的空间利用率要低得多,携带的战斗部等任务载荷也相应减少。例如,美国正在研发的 AGM-183A 高超声速导弹,整弹长5.9 m,直径0.66 m,重量2.5 t,整流罩内部的楔形滑翔弹头翼展只有约0.75 m,

长度约 1.5 m,高度小于 0.2 m,结合其扁平式楔形布局特征,简化推算该弹头的理论空间容量大致介于 40 L 与 60 L 之间。鉴于这种布局存在大量无法利用的狭小空间,实际使用空间会显著削减,在这么小的空间里扣除必要的热防护、控制、电源等子系统外,很难有效布置战斗部、雷达导引头等作战所需的载荷部件,导致其直接毁伤效能较低。

6. 气动加热严重

高超声速飞行器在飞行时,其表面与空气高速摩擦产生大量热量,气动加热非常严重。过高的温度可能会损害它的有效载荷,或者导致飞行器变形,这将大大影响其气动特性和飞行的稳定性,严重时甚至会直接烧蚀飞行器的舵面、舵轴等关键部位,导致其解体。

不同类型高超声速飞行器飞行环境各异,导致设计存在差别。卫星是在接近真空的环境中运行,因此卫星不会与大气摩擦产生巨大升温速率和压力负荷;弹道导弹以高速和潜在大倾角进入大气层,其将受到极高的气动加热速率和压力,瞬时加热速率峰位要比高超声速助推-滑翔飞行器和吸气式巡航飞行器高出几倍。然而,弹道导弹被加热时间只有数十秒,而高超声速助推-滑翔飞行器和吸气式巡航飞行器被加热时间长达几分钟。因此,通常弹道导弹全程飞行过程吸收的总热量要小于高超声速助推-滑翔飞行器和吸气式巡航飞行器的总吸收热量;航天飞机等有人驾驶再入飞行器也会面临巨大的升温速率,但由于其空气动力学特性(再入速度慢、前缘半径大)及表面积大的特点,其升温速率低于高超声速助推-滑翔飞行器的升温速率。由于高超声速助推-滑翔飞行器和吸气式巡航飞行器尺寸更为紧凑且具有更高的气动升温速率,故维持表面及内部部件的温度在温度上限以下将变得更加困难,另外飞行器薄表面的热梯度将导致其发生弯曲变形。以 X-43A 飞行器为例,它在 7 Ma 速度下机头的鼻缘温度可达 1 600 ℃ 以上,而 10 Ma 时温度更是高达约 2 200 ℃。X-43A 的前缘部件使用碳-碳复合材料还不够,还增加了碳化硅耐热涂层,才能应对 7 Ma 以下的气动加热。为了应对 10 Ma 高速飞行的考验,它还要进一步优化碳化硅涂层,利用非均衡编织技术疏导热流,降低热应力带来的变形和气动加热。HTV-2 以 20 余马赫速度再入大气层并飞行上千秒,其热防护难度更大。HTV 系列飞行器同样使用碳-碳复合材料作为基底,HTV-1 飞行器由于前缘曲率太高,造成过于严重的气动加热,加上制造工艺问题出现应力空穴,最终没能进行试验。美国 DARPA 提到,HTV-2 的研究重点之一就是先进和轻质量的热防护材料和结构,实际飞行的 HTV-2 飞行器改用低曲率的多片式设计方案,主要就是为了缓解气动加热问题。

4.2　高超声速飞行器对军事领域的影响

人类几千年的战争史一再证明,武器装备的飞跃式发展,往往带来军事领域的革命性变化。高超声速飞行器融合"高高空、高超速、高机动"特点于一体,具有发射模式灵活、载荷多样以及"速度即隐身"带来的突防能力强、打击距离远、毁伤威力大等优势,必将深刻地改变战争规则。尽管高超声速武器在应用方面尚处于初级阶段,但随着高超声速技术的不断成熟与完善,作为一种颠覆性技术,它不仅会对未来战争产生重大影响,而且也会对世界战略格局带来巨大的冲击。

4.2.1　对世界战略格局产生重要影响

俄罗斯发展高超声速武器的主要目标是制衡西方国家的战略围堵和安全威胁,而美国的目标则是在面对中俄这样的大国、"核武器扩散国"和其他非国家行为体等不同类型目标时拥有绝对优势。尽管在美俄两大国之间以导弹防御和突防为核心的抵消与反抵消战略博弈中,高超声速武器的独特性能有助于恢复战略平衡,但高超声速武器列装部署所推动的军事技术迭代和军备竞赛,以及俄美对高超声速武器作为战略还是战术手段的定位差异,将对全球战略稳定、安全和国际格局产生广泛而深远的影响。

1. 重塑国际力量格局

高超声速武器可能成为重塑国际力量格局的关键因素。在"全面禁止核试验""全面削减核武器"和"无核世界"等国际规则与主流理念的推动与影响下,发展核武器不再是一国谋求国际地位的理性选项,而能够提供常规战略威慑能力的高超声速武器将可能被国际社会视为奠定国家地位基础和维护国家安全利益的"大国重器"。并且,目前国际社会也没有就高超声速武器控裁展开有效的讨论。因此,拥有高超声速武器将可能成为参与世界或地区力量格局重塑的准入资质。

高超声速武器对构建新的战略稳定态势起到关键作用。从现实层面看,未来作为战略稳定的基础,包括高超声速武器在内的新军备控裁体系必然朝着多元化方向发展。一方面,多元化意味着军备控裁客体的多样化。传统军备控裁客体以核武器为主,未来将可能囊括具备拒止威慑能力的导弹防御系统、具备常规战略威慑能力的高超声速武器以及新概念武器甚至是太空武器等。另一方面,多元化还意味着控裁主体多边化。未来,在以高超声速武器为代表的新战略武器控裁条约体系中,控裁主体多边化的趋势也是无法回避的现实问题。

2. 冲击全球安全态势

2018 年,联合国秘书长安东尼奥·古特雷斯公开发表《保护我们共同的未来:裁军议程》,指出国际安全环境正在恶化,冷战时期的紧张局势再度出现,全球军费开支达到了柏林墙倒塌以来的最高水平,提出我们应该合作谋求共同安全,并特别指出每个国家单独谋求安全从而造成全球不安全这一矛盾是无可避免的事实。

作为一种潜在的新型战略进攻武器,高超声速武器正逐渐成为大国间的竞争焦点。美俄将其视为现代化高端军事能力建设的重要核心,在经费投入和项目实施上大幅倾斜,隐隐形成军备竞赛的态势,给国际战略平衡带来极大的不稳定性。高超声速武器提供了一种新兴军事能力,可能改变核国家的威慑评估,增强危机阈值的模糊性,导致危机或冲突急剧升级,对安全、军控和裁军努力产生负面影响。

首先,高超声速武器的高速度和强突防使其具有先发制人的优势。在危机状态下,决策时间被极大压缩,可能导致一方选择"先发制人"的策略,即当一个国家已经面临确定的攻击或被剥夺某种关键能力的威胁时,将选择先于对方的攻击效果产生前做出反击行为(即"预警即发射"),甚至在威胁发生之前剥夺对方某种能力以阻止威胁产生。

其次,高超声速武器极易导致战略误判或意外升级。2019 年 2 月,联合国裁军事务厅和裁军研究所联合发布了一份名为《高超声速武器——战略武器军控的挑战与机遇》的报告。报告指出,高超声速助推-滑翔武器的使用极可能产生战略影响,尽管不一定出于战略目的,该武器的攻击目标模糊性和核常兼备特性意味着造成战略误判或意外升级的可能性相当大,特别是结合速度快、决策反应时间短这些特性。一方面,高超声速武器的突防能力造成了实际攻击目标的不确定性。与弹道导弹相比,高超声速助推-滑翔飞行器的飞行弹道高度较低,且具备实时路径规划和高突防能力,可能无法被预警卫星或地面雷达有效监测。这种不确定的攻击目标可能是某常规力量及设施,也可能是某个国家的核心目标,特别是考虑到高超声速助推-滑翔导弹具备对陆基核力量在内的目标的潜在打击能力,意味着任何使用它的行为都可能被解读为即将对核设施发动攻击的信号,并且这种含糊不清和不断升级的属性还会因高超声速武器压缩 OODA 环而加剧。另一方面,高超声速武器可能出现核常弹头纠缠问题,当一方探测到高超声速武器发射后,很难在极短的时间内准确判断来袭导弹是核弹头还是常规弹头,这进一步增加了核误判导致危机升级的风险。美国在 21 世纪初期提出"常规快速全球打击"(CPGS)能力需求以来,海军曾提出将部分"三叉戟"潜射导弹核弹头替换成常规弹头的 CPGS 方案,遭到了国会的否决,其主要原因就是为避免核误判的风险。另外,当高超声速导弹来袭时,即使有可靠情报显示来袭导弹为常规弹头,但由于高超声速武器可能造成战略武器的毁伤效果,因此防御方有可能忽视其常规弹头的事实,而采取升级或报复措施。例如,美国在 2018 年发布的《核态势评估》报告中提出"非核战略攻击"概念,表示将考虑使用核武器来应对此类攻击。《俄罗斯联邦国家核遏制政策原则》申明,俄将高超声速武器威胁视为核遏制的对象,这表明一旦受到高超声速武器的打击,俄罗斯将可能采取先发制人的报复性核打击。其他国家也可能考虑改变其核战略,采取诸如提升核力量警戒水平之类措施来应对高超声速武器的部署。

高超声速武器的双向扩散破坏军备控制稳定态势,多国研发高超声速武器及相关技术导致横向扩散趋势加剧。当前,俄美还在根据各自的作战需求加快高超声速武器的研制和列装进度,并不断扩展类型和提升性能,日本、印度、法国、英国、澳大利亚等国也在加快研发高超声速武器。此外,出于地缘博弈和地区冲突等现实因素考量,某些不具备研发实力的国家或地区也在谋求获取高超声速武器及相关技术,或者允许盟国在本国境内部署高超声速武器。如果国际社会不尽快出台防止高超声速武器扩散的国际公约,必将破坏军备控制稳定态势。

3. 改变战略威慑模式

战略威慑是指为达成一定的战略目的,通过显示战略力量和使用战略力量的决心,以期迫使对方屈服的行为,主要分为战略核威慑和战略常规威慑两种,目前主要以战略核威慑为主。而高超声速武器的出现或将改变这种传统的战略威慑模式。

传统的战略威慑主要是基于核武器的大规模杀伤效果,即核战略威慑,常规武器无论是杀伤力还是其造成的心理震慑效果都远不及核武器。但是随着冷战时期世界核武器数量的暴增和后冷战时代"禁核""反核""无核"思潮的盛行,人们越来越意识到核武器在实战中无法使用。核武器成为无法使用的实力,这在政策层面造成了战略威慑手段的缺失,也在理论层面导致"使用实力的意志"这一原则的缺失,进而使得威慑的可信度降低。而面对防侵略、反介入和打击时间敏感性目标等现实军事需求时,常规战术武器又往往无法达成军事目的,或者打击效果有限。高超声速武器弥补了这种缺失。在飞行速度、机动突防和毁伤效果等方面的优异性能,使高超声速武器成为能够在实战中使用且具备战略威慑效果的常规武器。搭载常规弹头的高超声速武器可作为"战略选项",也使得"使用实力的意志"的原则得以重新彰显,丰富了实施常规战略威慑的军事手段。

俄罗斯联邦委员会国防与安全委员会主席维克托·邦达列夫曾表示,最新高超声速武器列装俄罗斯军队,这将确保战略威慑不仅依靠核武器。美国最新版《核态势报告》认为,高超声速武器一旦服役,核武器的战略地位将有所下降,世界将进入"后核武时代"。

4. 极有可能引发新一轮军备竞赛

相比传统武器,高超声速武器在速度、突防以及毁伤性能等方面具有绝对优势,所以高超声速武器已经成为多国竞相发展的武器装备,可以预见未来将会有更多国家加入到高超声速武器研发队伍中来。因此高超声速武器技术逐步呈现扩散势头,而国际军控领域目前还没有对其研发部署进行禁止、限制和防扩散的机制,从而极有可能引发新一轮军备竞赛。

"安全困境"造成高超声速进攻性武器和防御性武器之间在博弈中螺旋式发展。在敌对双方的军备竞赛中,历来存在一种作用和反作用的关系:允许一方感到安全的行动,几乎可能会使另一方感到不安全,从而产生"安全困境"。高超声速武器不仅飞行速度快,且相比传统弹道导弹还具有机动灵活、飞行轨迹不可预测的优势,现有导弹防御体系无法对其实施有效的全程跟踪和拦截。基于以上优势,对于仅部署了传统导弹防御体系的国家,一旦对方采用高超声速武器对己方核力量及相关重心目标实施打击,那么己方的战斗力将被极大削弱,这就迫使防御方不断升级发展导弹防御体系,而这又刺激进攻方研发更先进的攻击武器,从而突破防御方的防御体系。这就造成进攻性武器和防御性武器之间在博弈中螺旋式发展。例如,美国大力发展的全球反导体系是俄罗斯积极发展高超声速导弹这种非对称性武器的重要动因,而俄罗斯"匕首""先锋"等高超声速打击武器的成功进展,又反过来进一步推动了美国加紧导弹防御系统建设,并成为加快高超声速武器拦截器研发和倡导部署天基传感器层的迫切需求。因此,只要有一方谋求绝对的军事优势,攻防对抗体系的失衡将会进一步加剧军备竞赛的势头。

在联合国裁军事务厅和裁军研究所联合发布的《高超声速武器——战略武器军控的挑战与机遇》报告中指出,技术推动促进了高超声速武器的发展,并继而引发大国间的相互刺激与竞争,美国在其"常规快速全球打击"(CPGS)框架需求下发展高超声速助推-滑翔飞行器方案,是俄罗斯重新燃起对助推-滑翔相关技术兴趣的一个重要动因,后者由此重启了苏联时期的一项研发计划,即现在的"4202"项目,而俄罗斯在高超声速武器研发领域的快速进展反过来又成为美国加大高超声速科研投入的主要催化剂,同时,这些研发计划的保密特质使高超声速武器威胁观念被夸大,促进了军备竞赛的活力。

伴随着矛与盾的较量,战略攻防体系的平衡态势不断被打破,并将在这种抵消与反抵消的博弈中不断得到演进与发展。因此,在新的战略稳定框架形成之前,大国在高超声速武器研发和列装方面的博弈将不会停止。从技术角度看,高超声速技术随着更多国家的加入将会得到新的发展动力,有利于该项技术朝着更深层次的研究领域不断深入发展,但从安全稳定角度来看,高超声速武器军备竞赛将越发激烈。随着高超声速飞行器技术的逐渐普及和蔓延,更多国家将拥有高超声速武器,各地区乃至整个世界安全局势也将变得更加复杂。

4.2.2　对现代作战产生重要影响

第二次世界大战中,平面防线因飞机的大量使用基本被淘汰,而隐身技术的发展与运用又使得传统雷达防空体系面临极大的风险和挑战。对于高超声速武器而言,弹道导弹和航空类飞行器技术优势的充分融合使其既具有传统弹道导弹高飞行速度和远射程的优势,同时又具有航空类飞行器高机动性和轨迹不可预测的优势,实质上消除了传统作战飞机远程奔袭的过程,可以实现对预定远程作战区域的快速和高可信度到达。因此,高超声速技术的发展必将对现代作战方式产生重要影响。

1."制时间权"成为未来作战争夺的焦点

高超声速武器一旦投入战场,战争将呈现出快打快收、攻易守难、发现即摧毁、终于一瞬等显著特点,战争进入"读秒"时代,"制时间权"将成为作战争夺的焦点,这意味着作战不仅要争取信息优势,还要争取速度优势。

第一,战争节奏加快。高超声速武器飞行速度快,从发射到命中目标只需分钟级,能够实现"发现即摧毁",极大压缩对手的反应时间,缩短作战进程,打乱对手的作战节奏,从根本上改变传统战争中准备、部署、升级等时间观念。空天飞机可在数十分钟内到达地球任何一个角落,高超声速导弹可跨越巨大时空,准确打击敌方国土纵深战略战术目标。战争节奏显著加快,未来战场时间将会由"天、月"计算转变为以"分、秒"计算,时间因素将成为决定作战胜负的重要因素。速度赢得时间,时间决定胜负,失去时间将贻误战机,必将"失之毫厘,差之千里"。

第二,高超声速武器将使战争无须在战前进行大规模的兵力集结以及物资储备,加剧了战争的突发性和激烈程度。美军认为,在科索沃战争、阿富汗战争以及伊拉克战争中,美军不得不就使用他国基地与领空事宜同所属国家进行漫长、代价高昂和曲折的谈判,而高超声速飞行器的出现可使美军无须借助海外基地,从美国普通军用机场起飞在约两个小时之内飞往全球任何地方投放常规非核武器,实施有效的、时间关键的全球打击任务,对敌对国家和恐怖组织发起的破坏和威胁行动做出迅速和果断的回应。

高超声速武器是对"天下武功,唯快不破"制胜机理的最好诠释,速度与信息将成为未来信息化战争取胜的决定性因素。信息优势可以加快 OODA 环(观察—调整—决策—行动)各环节的响应速度,而高超声速武器则压缩了 OODA 环中"行动"这一环节的响应时间,突出了战争中先发快击的优势。响应速度较慢的一方,在采取行动前就可能被解除了反击能力,"秒杀"将成为优势方常用且善用的作战手段。同时,打击速度提高的同时,也为作战指挥决策的速度提出了更高的要求。战机稍纵即逝,指挥机构若效率低下必然会影响己方高超声速武器的作战效能或者遭到敌方高超声速武器的先发打击。

2. 拓展战场空间

高超声速武器的高速度扩大了战争的地理空间,模糊了战争的前方和后方,而且高超声速武器将高度扩展到 20~100 km 的临近空间,从而将战场从稠密大气层一直连接到太空。高超声速武器的运用促使作战空间不断拓展,逐步形成空天一体甚至是全球性的战场空间。

首先,战场前后方界限将变得模糊。高超声速武器射程远,可以从陆、海、空、天等多个平台对全球目标实施快速精确打击,形成覆盖全球、高度立体的作战空间,彻底消除空、天界限,缩小地域间的距离,模糊前沿部署、纵深配置的战场空间,真正实现"远在天边、近在眼前",战场距离不再是敌我双方可以借助的屏障和缓冲,以空间换取时间将难以实现。美军 SR - 72 高超声速飞机能够自由穿梭于战场前后方上空,对重要目标实施一体化侦察和打击。届时,战略后方可能变为战略前沿,战略前沿可能成了战略后方,距离或地理因素对作战的影响将越来越小。无论是幅员辽阔的大国,还是有着天然地理间隔(比如海洋)的国家,均不能再凭借"距离"享受安全感,高超声速武器可对目标实施远距离高速打击,目标国每一寸国土都可能受到威胁。

其次,空天将成为战场。高超声速飞行技术的突破将使临近空间不再是航空航天飞行器的禁区,远距离飞行和跨大气层攻击成为现实,并且空天战场将逐步融合。随着高超声速武器的发展,作战空间进一步向太空拓展,加速空天一体化步伐。如美国 X-37B 无人可重复使用运载器具有航空与航天的双重功能和在两个空间层次作战的能力,有可能转化为空天一体作战的高超声速武器平台,平时在外层空间进行长期部署和机动飞行,一旦需要,可作为天基情报、侦察、监视和通信系统平台支援作战,还可作为反卫星武器平台直接参与作战,迅速击毁敌方卫星或航天器,或者利用携载的高速动能武器从外层空间轨道或临近空间高端对地面或海上目标实施快速打击。

3. 现有空防规则面临颠覆

高超声速飞行器以其突防能力强的优势,使现有防空反导系统对高超声速武器的预警时间和拦截窗口十分有限,已形成对现有防御体系的跨代优势,将从根本上颠覆现有空防规则。

空中进攻和防空在战术和技术优势方面的相互竞争,使二者在力量的发展上经历了一个此消彼长的过程。20 世纪 50 年代,为对付空中力量的饱和攻击和采取的被动式电子防护措施,防空力量中出现了机动性高和突防能力强的防空导弹,通过集中指挥空中和地面作战手段,在空中和地域纵深交错配置构成多层严密对空火网,在中层和高层空域形成有效的区域掩护。20 世纪 60 年代末,为对抗空中力量的低空大速度突防、突击和采取的主动式电子战,防空部队借助计算机大大缩短抗击过程,采用能发现低空飞行的飞行器等专用传感器以及改进战斗机的下视下射能力等。20 世纪 80 年代末期,战术弹道导弹、隐身飞行器和巡航导弹的发展使空中进攻作战力量的作战能力有了新的巨大飞跃,对防空体系构成越来越大的威胁,攻防力量失去平衡,防空力量的发展已逐步落后于空中进攻力量的发展。高超声速武器的出现将弹道导弹和飞机的技术优势结合在一起,更是使现代防空力量在攻防斗争中捉襟见肘,雪上加霜。高超声速飞行器的高速度、变轨迹、低弹道将使得防空系统的拦截概率因预警时间太短而大幅度下降,并可有效地制约地面防空武器系统整体功能的发挥。另外,以往通过构筑坚固的防护工事将关键设施构筑在数十米深的地下等防护手段,在面对高超声速武器强大的动能侵彻打击能力时也将面临失效。因此,高超声速武器与精确制导技术相结合,将可能使传统防空作战体系瘫痪,失去抗击能力。

高超声速正成为新的隐身方式,使现有防空反导防天作战在装备技术、作战理论、作战运用上都面临空前挑战,从根本上颠覆了现有空防规则,迫使未来防空体系向更高预警维度、更快反应速度、更大打击力度的陆、海、空、天联合防御方向发展。

4. 改变攻防对抗模式

(1)改变进攻模式

由于地面进攻作战速度慢、隐蔽性差,并且易受地形环境的影响以及造成己方人员的伤亡,而航空兵具有远程机动、高速灵活、以空制地等优势,因此在未来战争中,空袭仍然是战争双方主要采取的进攻方式。但随着高超声速武器的成熟,空袭也将呈现新的变化。空袭一般要满足三项要求:一是避免兵力损失;二是高效完成最为重要的任务;三是压制敌防空系统获得制空权。对于以上空袭要求,随着反隐身技术的不断发展以及 F-117 隐身飞机在科索沃战场上被击落,单纯依靠隐身技术已经不足以确保空中优势,而高超声速武器凭借其飞行速度快、突防能力强、人员伤亡小等优势,必将成为空袭首波突击的最佳武器,或者是集隐身和高超声速技术于一身的武器。美军在"多域战"框架下,提出了"一体化密集空袭作战"构想,而要成功实施一体化密集空袭作战,在空袭实施阶段,美军将首先使用高超声速系统突击梯队,以实现由美军领导层提出的"使用高精度武器实施非接触战争"构想。

2017 年 11 月 16 日,美空军技术网站刊文指出,"速度"将取代"隐身"成为未来空战的关键因素。由此可见,伴随着高超声速技术的逐渐成熟,高超声速武器将对隐身技术和隐身战法产生冲击,进而改变传统的进攻模式。

(2) 改变防御模式

高超声速武器颠覆了现有空防规则,这将倒逼世界军事大国发展对抗高超声速武器的防御手段。若想有效提升防御效能,首先应从预警探测方面着手,全面发展陆基、海基、空基,甚至天基等多形式预警探测手段,如美国当前正在大力发展"过顶持续红外系统"(OPIR)、开发"高超声速与弹道导弹跟踪传感器"(HBTSS)项目、改进和新研陆基雷达等,形成覆盖全空间的预警探测网系,从高超声速武器发射直至到达,尽量全时全域掌握。其次,研发能够有效拦截高超声速武器的新型拦截系统,如美国研发增程型"萨德"系统、研发"滑翔破坏者"拦截弹(Glide Breaker)、研发激光等定向能武器,俄罗斯构建"多层防空反导防御",加速列装 A-235 战略反导系统和 S-500 战术反导系统等。从预警探测到拦截进行全面能力升级,使预警探测和火力拦截能够有效覆盖临近空间这一区域,并在现有防空反导思想指导下,在联合一体化指挥控制网的指挥控制下,开拓"扰、抗、打"相结合的新思路,才能对高超声速武器做到"先期发现、迅即出击、精准拦截"。

(3) 在攻防对抗中强调信息和速度的双重重要性

高超声速武器的高速度预示着未来攻防作战将出现新变化,重点不仅仅集中在赢得信息优势保证精确打击,还在于利用速度优势。高超声速武器的出现显示出仅在战争中取得信息优势并不足以确保胜利,例如在战争中亚声速超低空飞行的巡航飞行器逐渐暴露出许多缺点,如飞行时间长,易被对方侦察机或预警机发现等,在科索沃战争中美军就有数十枚"战斧"被击落。美军认为,战争双方谁能更快更好地完成 OODA 环,谁就能获得作战的胜利。信息的一个重要作用就是能够加速 OODA 环中各环节的速度,从而使己方取得更快的 OODA 环,而高超声速武器的高速度则提高了 OODA 环中"行动"这一环节的响应时间,同样提高了 OODA 环的速度,突出了在战争中的速度制胜、瘫痪要害的优势,"秒杀"也将成为攻防对抗中优势方常用且善用的作战手段。美军认为,在未来与主要大国之间的战争中,保持美军信息优势的同时发展速度优势将是保证军事胜利的必要条件。

5. 推进信息化战争形态向更高阶段演变

随着高超声速武器推进系统、飞行控制、热防护、电子、信息等一系列高新技术的快速发展与广泛应用,必将催生出与传统弹道导弹、航空飞行器技术体制完全不同的全新作战手段,开辟临近空间这一崭新的作战领域,产生新的作战体系和作战样式,成倍数、成级数地提升武器装备火力、机动、突防等作战能力指标,展现出空前的变革性与颠覆性,使信息化战争形态呈现出全新面貌。

在战争发展史上,每一次军事变革的出现都集中表现为新型核心技术兵器的出现并在军事领域广泛应用,最终导致战争形态和作战方式的演变。在前三次军事变革中,金属兵器、火器和机械化武器装备的出现是以不断提高装备的杀伤能力和作战平台的机动能力为发展目标的,但在机械化战争条件下,武器的杀伤能量、各类作战平台及兵器的机动速度已经达到瓶颈。当前,方兴未艾的信息化军事变革主要追求对装备功率和能量的精确控制,力求将机械化武器装备的作战能力充分地发挥出来,并没有解决装备本身在杀伤能量和机动能力方面遇到的瓶颈。而高超声速技术的发展和应用,将有效解决这一问题,推动武器装备的作战性能实现跨越式发展,促进作战方式的转变。

在战争发起上,在高超声速时代,攻击与防御的技术平衡被打破,战争中被动防御的一方很难有取胜的可能。在高超声速攻强守弱的背景下,可能爆发战争的国家之间将受到“黑暗森林”理论的影响,更倾向于主动打响战争第一枪。在各国均缺乏有效反制技术的情况下,热点国家的军备竞赛将全面转向进攻型武器的研制与装备。战争将更加依赖详细完备的战前预案,单纯依靠指挥员战中临机决断取胜的难度较大。

在作战形式上,空天对抗将成为未来战争的主要表现形式。高超声速技术将消除空天界限,缩短地域间的距离,从时空层面显著促进天、空、地、海四维战场的融合,推动天地一体攻防作战发展。围绕夺取空天优势,将发展形成全球快速打击、全球快速机动、空间对抗等多种作战模式。美军充分利用高超声速武器优势,广泛探索极速点穴战、远域毁瘫战、空天控制战等新型作战样式,逐步推动网络中心战、体系破袭战、空海一体战等战争样式高度融合并向全域作战方向发展。

在具体战术运用上,高超声速武器将取代有人隐身战机成为第一波打击力量,实施“踹门”行动,并且首波打击的对象除了以往的军政首脑、指挥机构、雷达站、防空导弹阵地、机场、通信枢纽外,还将优先考虑敌方的高超声速力量,削弱敌高超声速武器的反击能力,取得“制时间权”和“制信息权”等综合制权。

在装备体系上,高超声速武器突防能力强,对现有隐身技术和战法的价值和意义产生冲击,同时,大型高价值低速武器如航空母舰的处境将变得危险,例如俄罗斯装备的“锆石”高超声速反舰导弹将给对方航母编队造成极大的威胁。另外,重型固定翼轰炸机的常规打击灵活性未来将可能被弹性更大的亚轨道轰炸机或者高超声速巡航导弹所取代。

4.2.3　助推军事理论进一步发展

任何一种颠覆性技术的诞生,都会对军事理论产生革命性的影响。高超声速技术的出现,将使得经过二战、海湾战争、阿富汗战争、伊拉克战争中锤炼过的作战理论出现局限性,强制性地迫使人们重新审视、研究能够适应、驾驭这种技术的新理论。

新的空天一体理论。尽管空天领域早已成为作战的焦点,但当前空与天的界限还比较明显,各有各的武器平台,关联性有限。而高超声速武器通常需要空天领域为其提供侦察情报、导航、通信等信息,并且投入战场后,将会频繁地进出大气层、临近空间与太空,进一步强化了空天的重要性。防御一方如果没有坚强可靠的空天防御,国门将会洞开。因此,高超声速飞行器的出现和应用将使空天方向的对抗成为战争的决胜方向,围绕空天制权的争夺将更加激烈,太空作为战略制高点的地位将更加突出,以夺取制天权为目的、以外层空间为主战场、以高超声速武器为主战兵器的太空战或空间战将逐渐走向舞台,空天一体作战理论将进一步深化。

　　新的信息作战理论。经过几场信息化战争的洗礼,人们普遍认识到信息优势是夺取战争胜利的钥匙。而信息优势的一个重要体现就是更快的 OODA 环,高超声速武器的出现将使OODA 环中"行动"这个环节得到强力的加持,突出了在战争中速度制胜的优势,进而使其在制胜因素中占比更大。美军认为,在未来与主要大国之间的战争中,保持美军信息优势的同时发展速度优势将是保证军事胜利的必要条件。如何将信息优势与速度优势完美结合,打造更有效的杀伤链,是作战理论将要解决的问题。

　　新的对抗理论。攻与防的理论总是互为矛盾,互为促进。高超声速武器的进攻优势对传统的防御理论形成了较大的冲击,如何有效对其实施防御必将成为军事理论重点关注的问题,这也是客观实际所需。以美军为例,为对抗"反介入/区域拒止"理论,提出了"分布式杀伤"概念,有效地干扰了对方。但是高超声速武器的发展可具备同时快速攻击多个目标,又不过多增加成本的能力,在某种程度上将稀释"分布式杀伤"概念的能力,必将引发新一轮攻防理论博弈。

4.3　高超声速飞行器军事运用

　　高超声速武器和现有常规武器相比具有明显的时间、空间和能量优势,将可能彻底颠覆现有打击方式和传统防御体系。因此,科学研判未来战争需求,深度挖掘高超声速武器的优势,探索高超声速武器的运用模式和运用方法,充分发挥战略前沿技术对军事领域的倍增器作用,对于推动高超声速技术应用转化、合理运用高超声速武器以及提高部队战斗力等都具有重要作用。

4.3.1　运用模式

1. 踹门破网

　　高超声速武器以其突防能力强、打击距离远、命中精度高、毁伤威力大、人员伤亡小等优势,在战时可以作为首轮攻击武器,对敌指挥中心、通信枢纽、雷达站、防空反导阵地等目标实施打击,起到"踹门一脚""一根针破一张网"的效果。

　　现代战争,往往以空袭拉开战争序幕,如海湾战争、科索沃战争等,这是由于空袭具有隐蔽突然、高速机动、精确打击、人员伤亡小等优势。而随着空袭与反空袭装备及战法的相互演进,现代防空作战体系较以往的单点防空武器组成的防空体系已经大大进步,早已不是所谓的"十防九空",而是基于现代光纤、数据链网络建立起来的一体化防空系统,即使空袭方运用现代隐身技术,也并不能确保全身而退,如 F-117 隐形战机在科索沃战场中被南联盟击落的事实。因此面对敌方严阵以待的一体化防空系统,传统的空袭行动存在一定的风险性。而高超声速武器在战时作为首轮攻击武器具有极大的优势,可对敌实施"踹门破网",打破敌方的防御体系,为后续其他作战行动创造条件。

　　所谓的"踹门破网"主要指针对敌方的防空体系关键节点实施进攻性瘫痪性作战,实现摧点毁面的效果。现代防空体系按照功能一般可分为预警情报网、武器作战网、指挥控制网、后勤保障网四种分网络,这些分网络由遍布防空区域的地上、地下的通信线路和路由器节点组成,具备很强的冗余性、抗毁性和隐蔽性。防空分网的后台是一个成体系的数据处理中心,数据处理中心将四张网连接起来后将所有的作战和非作战数据进行处理并提供给指挥员,指挥员进行分析处理后形成作战指令,经过网络下发给相应的作战单元,实现大区域、动态化、一体化防空。"踹门破网"的"门"和"网"主要指的就是现代防空体系中的分网络。其中,预警情报网是指各型预警机、预警侦测雷达、无源侦测地面站等预警设施;武器作战网指抗击敌来袭兵器的各类武器系统的集合,含防空截击机、远中近程防空导弹、末端防御系统等;指挥控制网主要指各级别的指挥中心、通信路由节点、数据链地面站、关键通信线路等;后勤保障网主要指各类后勤保障设施。

上述四种分网络功能相互衔接,缺一不可,任何一类分网络被破坏,都将影响到整个防空体系的作战能力,即"踹门一脚""一根针破一张网"。根据这四种分网络,可以总结出打击的关键节点目标主要包括以下 7 类:防空截击机;防空导弹、末端防御系统;地面雷达、无源探测地面站;通信链路;地面指挥所;数据链地面站;预警机。因此,要想成功实现"踹门破网",就要具备以下能力:一是具有极强的隐蔽性,在不被敌人发现的情况下打击关键目标,如果被敌人发现,则无法达到预期的突然性;二是必须有足够大的航程,能够深入敌境,对纵深部署的关键目标实施打击;三是毁伤效能高,能对上述 7 类关键节点目标确保摧毁。高超声速武器可以较好地满足上述能力,成为"踹门破网"的首选武器。

2. 斩首行动

斩首行动一般指通过使用精确制导武器对敌方进行精确打击,首先消灭对方的首脑和首脑机关,使敌失去"大脑",从而使敌方陷入"一盘散沙"的境地。斩首行动可以战术行动实现战略效果,加速战争进程,作战效益巨大,但同时难度也最大,对己方情报信息、指挥控制、火力打击等各环节要求较高。

对于斩首行动采用的末端打击武器,应具备隐蔽、快速、精确、突防能力强等特点。传统弹道导弹普遍适用于战略打击任务,且弹道相对固定,打击时敏目标能力弱,灵活性较差,所以以往一般采用巡航导弹执行斩首任务,如伊拉克战争中美军采用海基"战斧"巡航导弹对伊军实施斩首行动。但传统巡航导弹 40~150 m 的巡航高度易被电磁干扰,需要避开人口密集地区突防,易被拦截。另外,传统巡航导弹速度慢,影响了作战效果,因此传统巡航导弹用于斩首行动具有一定的局限性。另外,如果敌方首脑和指挥机构位于坚固的地下掩体内,巡航导弹的侵彻能力可能不足以摧毁目标。

高超声速武器相较于传统弹道导弹与巡航导弹具有响应速度快、突防能力强、打击方式灵活、侵彻威力大、附带杀伤小等优势,特别适用于斩首行动。高超声速武器实施斩首行动时,可由隐身战机、水面舰艇、潜艇、陆基平台等多种平台发射,根据作战环境灵活选择,增强了斩首行动的成功率。此外,高超声速导弹在临近空间几乎没有大规模电磁杂波,同时可在短时间内迅速达成作战目的,不会出现因持久作战而导致的大规模全面战争情况。

3. 远程常规快速打击

随着世界经济的发展,国际之间的交往越来越频繁和紧密,一个国家的利益自然也随着国家间的交往而走出国门,这也意味着军事力量的使命不仅要保护本国领土范围内的主权和安全,而且有越来越多的海外利益也同样需要保护。例如 2015 年 5 月 26 日,我国政府发表了《中国的军事战略》白皮书,明确提出了中国军队要担负"维护海外利益安全"这一战略任务,指明了远离国土执行防卫任务的可能性和必要性。美军的"全球作战"战略早就将远程精确打击作为其重要的组成部分,强调以本土快速投送兵力为基础实施全球快速精确打击。2003 年,美国国防部推出了"常规快速全球打击"(CPGS)构想,目标是使美国能够在 1～2 h 内使用常规武器打击地球上任何一个地方的目标,且无须依赖前方部队。美空军也认为,在未来全球作战中,由于战场空间广阔,全球任何地点都有可能成为作战区,在战区内可用军事基地不足的情况下,必须确立以本土基地为依托,以前沿基地为辅助进行超远距快速打击的全球作战理念。这些都对远程常规快速打击能力提出了需求。

目前,远程快速打击任务一般由战略核力量承担,主要包括:陆上固定发射井内的洲际弹道导弹、陆基机动型弹道导弹、核动力潜艇搭载的潜射弹道导弹、战略轰炸机搭载的空射巡航导弹等。其中,弹道导弹的种类型号和数量多、威力大、性能先进、战备水平高,但仅搭载核弹头,主要用于实施战略核威慑,无法执行常规打击任务;战略轰炸机虽然可搭载和发射多种武器,且其空射巡航导弹可搭载核与非核战斗部,也可以搭载高超声速武器,但战略轰炸机在隐身性能、突防能力、战备水平、飞行速度等方面不能满足远程快速打击要求,并且执行远程打击任务时可能需要面对飞跃他国领空问题,因此当前的作战使用主要是战役和战术层面上的火力打击和战场支援;航母战斗群作战距离远,能够对远距离目标形成威胁,但从部署地赶到危机地区可能需要数天时间,在时间上无法保证快速打击的要求,并且航母上的舰载机实际作战航程也很有限,还存在自身生存力的问题;核潜艇发射巡航导弹扫击目标的时间虽短,但需要在作战区域先期部署,所花费的时间更长。

高超声速飞行器飞行速度一般在 5～20 Ma,可实现全球范围的 2 h 内到达,迅速打击数千或上万千米外的各类军事目标,彻底消除距离和时间维度对部队作战能力的限制,使己方作战力量的反应能力和突防能力实现质的飞跃,同时高超声速飞行器还可以缓解对海外军事基地的依赖,有效克服常规兵力投送在距离、时间和突防等方面存在的障碍,适合执行远程常规快速打击任务。

4. 打击地下深埋或坚固目标

将指挥中心、重要武器装备等隐蔽在地下并修筑防御工事是当前世界各国防止重要目标被打击的重要手段。将己方重要目标和设施隐蔽在地下,这样既不易被敌方发现,提高目标和设施的隐蔽性,同时在地下构筑坚固防御工事也可以最大程度增强抗击敌方火力打击的能力。例如指挥中心作为部队行动的大脑,对战争的胜负起到决定性的影响,因此指挥中心往往是对方首波打击的重点,指挥中心的隐蔽和防护自然也是防御方必要要重点考虑的问题,各国也纷纷研究有效隐蔽和保护指挥中心的方法,在地下修建指挥中心最为常见。

20 世纪 90 年代后的几场战争充分验证了地下防护工程的重要性和有效性。在 1991 年的海湾战争中,美国的导弹迅速摧毁了伊拉克几乎所有的地面军事设施,但伊拉克深入地下的国家战争指挥中心始终完好无损,不但一直有效指挥着伊拉克地面军队,还保存下了伊拉克大部分的飞机、坦克和装甲车,因此伊拉克虽然落败,但依然留存可观的军事实力。同样在 1999 年的科索沃战争中,南联盟也依靠地下工事保存了自己的指挥中心和大量的军事物资。如今,各国都开始修建深埋地下百米深而且坚固的地下基地,周围由一层又一层的军事工事保护,深藏在钢筋混凝土深处能够有效抵御常规武器的进攻。

因此,从进攻角度看,能够洞穿敌方坚固的地下防御工事,摧毁深埋的敌方指挥中心等关键目标,对于打赢战争至关重要,且能实现作战效益的最大化。

高超声速飞行器凭借其动能优势具有强大的毁伤威力,如果携带侵彻弹头,特别适合打击深埋于地下的指挥中心、导弹发射井等坚固目标,实现精准高能毁瘫。在 2022 年的俄乌冲突中,3 月 18 日,俄罗斯使用"匕首"高超声速导弹成功摧毁了乌军位于伊万诺-弗兰科夫斯克州的一个大型地下导弹和航空弹药库,证明了高超声速武器打击地下深埋或坚固目标的能力。

随着高超声速武器从战略层面向战役战术层面拓展,未来攻防作战甚至是战术规模的交战运用高超声速武器可以从意想不到的时间和方向瞬时精确毁伤敌方地下指挥所、导弹发射井等高价值要害目标,令防御方措手不及,迅速失去战场主导权。

5. 打击航母战斗群

航空母舰战斗群以其强大的攻击力、防护力和自持力一直都是军事强国维持军事威慑以及实战打击的重要力量。由于航母战斗群具有外围舰载机、护航舰艇舰载导弹防御系统以及近程防空系统等多层防空反导拦截系统的保护,因此航母战斗群具有极强的防空反导能力,传统的进攻武器很难穿透其防护圈对其进行纵深打击。而高超声速武器凭借超快速响应、高速、高机动、难以发现跟踪和拦截等优势,对航母战斗群的防空反导能力提出了挑战。

俄罗斯在 2020 年 12 月披露,"锆石"高超声速反舰导弹的飞行速度超过 $8\ Ma$。而英国"伊丽莎白女王"号航母装备的"海上拦截者"防空导弹只能拦截速度在 $3\ Ma$ 以内的目标,"密集阵"近防炮则只能对付速度在 $2\ Ma$ 以内的目标,美国海基"宙斯盾"系统搭载的"标准"-6 和"标准"-2 等中远程防空导弹的最大飞行速度为 $3\ Ma$,较难对 $8\ Ma$ 的"锆石"产生威胁,"标准"-3 拦截弹从速度上讲可以追上"锆石",但它是拦截弹道相对固定的弹道导弹目标,且反导导弹的典型作战高度在大气层外,飞行高度存在一定差距,对在大气层内、弹道低平、具备末段机动能力的"锆石"导弹,其拦截有效性可能会较低,并且"锆石"导弹可以从水面舰艇、潜艇、岸基多平台发射,打击灵活性和隐蔽性强,并具备雷达导引头和光电传感器,即便在高超声速情况下也能跟踪和探测目标,将比传统弹道导弹更加精确。

综上可知,随着高超声速反舰导弹的逐步成熟,高超声速反舰导弹将凭借其速度和突防优势大幅压缩航母战斗群防空系统的反应时间,实施高速突防和精确打击,显著弥补现役亚声速和超声速反舰导弹打击航母战斗群时存在的能力短板。

6. 火力支援

高超声速武器凭借其飞行速度快、命中精度高、人员伤亡小、发射平台灵活等特点,在作战中可以与其他己方作战力量相互配合,依据战场情况和作战需要对制约己方作战力量的敌目标实施精确打击,提供火力支援。火力支援任务可包括两大类,即开辟通路和近距离火力支援。

开辟通路通常运用于部队行动前,首先使用高超声速武器采用远程火力打击的形式,远程、非接触地对敌重要目标实施摧毁,为己方的作战行动开辟通路,起到"开路先锋""撕网破阵"的作用。例如,要夺取敌占岛屿,如果己方部队直接抢滩登陆,势必遭到岛上守军的顽强反击,造成己方部队严重伤亡,而且可能导致抢滩登陆任务严重受阻。因此,部队在抢滩登陆前,应尽量多用"火"少用"兵",使用远程火力,避免与敌方进行兵力的短兵相接,从而减小己方人员伤亡,加快战争进程。此时可以首先运用高超声速武器,协同其他军兵种远程火力打击力量,如远程地对地导弹、航空兵防区外打击力量、舰艇远程导弹、远程火箭炮等,对敌军的指挥中心、雷达站、防空反导阵地、通信枢纽等重心目标实施打击,重创敌防空反导力量,大幅削弱敌作战潜力,使敌在实体和心理上均遭到重创,基本丧失战略反击能力,夺取制信息权和制空权,从而为后续己方其他作战力量实施作战行动开辟通路。

近距离火力支援通常运用在部队作战过程中,对己方部队当面之敌实施打击,为己方部队提供火力支援。高超声速武器机动灵活,并且反应和飞行速度快,可在短时间内完成对预定目标的火力突击任务。因此,运用高超声速武器可以对中远射程范围内的作战行动实施近距离火力支援。当前近距离火力支援主要采用近距离空中支援的方式,主要借助空中力量远程机动,具有高速突击、以空制地、不受地形障碍影响等优势,但随着作战形式的逐步演化以及战术级防空武器的发展,空中支援出现了一定的局限性,需要与其他作战力量相互配合,从而有效满足地面或海面受援部队的需求。当前空中支援存在以下特点:

第一,空中支援需要在己方取得制空权的条件下才能实施。近距空中支援的飞机多为轰炸机、攻击机等对地攻击飞机或直升机,其空战及防空能力较弱。因此,在实施近距空中支援时,只有获得可靠的制空权,才能确保支援飞机安全飞行和对己方作战力量实施火力支援。例如在伊拉克战争中,美军虽然做到了对伊军飞机的有效拒止,但对伊军轻型防空火力却难以有效压制,这给近距空中支援飞机造成了严重威胁。据《美国国防》报道,在 2003 年 3 月 24 日美军与伊军麦地那师的战斗中,第 11 航空团出动 34 架"阿帕奇"攻击直升机进行近距空中支援,其中 27 架因被伊军地面轻型防空火力严重毁伤而丧失作战能力。由此可见,在缺乏可靠制空权的情况下,近距空中支援将困难重重,甚至连自身安全也难以保证。

第二,受战场环境制约,支援作战条件受限。美军为缩短支援作战反应时间,通常将近距空中支援作战力量以"空中待战"或在前线机场"听召唤出动"等方式遂行任务。然而,实施"空中待战"的前提是美军已经夺取了制空权或拥有作战区域的局部空中优势,否则支援力量就易遭到对方战斗机或远程火力的综合打击。而"听召唤出动"的前提是能够有效地压制对方远程火力,否则就没有安全的前线机场供近距空中支援作战力量起降使用。另外,有利的气象等因素也是有效实施近距空中支援作战的重要条件。例如空中云量多、云层厚将直接导致近距空中支援作战力量搜索定位目标、火力打击和战损评估等能力下降。由此可见,近距空中支援作战受战场环境因素的影响很大。

综上可知,空中支援存在一定的局限性,需要与其他作战力量相互配合,在空域无法进入或飞机供应严重受限的情况下,补充、加强甚至替代近距离空中支援,这样才能有效满足地面或海面受援部队的需求,这就为高超声速武器完成火力支援任务提出了需求。2020 年 6 月,在北约联合空权职能中心主导下,该中心三位资深盟军军官(美国海军丹尼尔·科克伦中校、德国陆军安德烈·海德尔中校和希腊空军帕纳约蒂斯·斯塔索普洛斯中校)起草了关于实施近距离支援作战的深度报告《重塑近距离支援:从近距离空中支援过渡到近距离联合支援》,报告指出近距离支援模式从传统的"近距离空中支援"过渡到"近距离联合支援"的必要性和紧迫性,支援将在所有领域展开,重视来自所有可用军种(和领域)的武器。报告还指出"在全世界范围内,军事系统的快速技术进步使得现在和不久的将来,一种突然扩能的武器应能在实现高度集成以满足近距离支援的及时性和附带损害要求的基础上发挥作用。这些联合武器包括各种各样的武器,从蓝水中的舰船发射的远程、网络化导弹,到头顶上可由地面部队直接控制的长续航能力的无人机装载的武器等"。高超声速武器飞行速度快、命中精度高等优势,具备用于火力支援的条件,未来作战中,可以对地面和海面己方需要火力支援的部队提供及时、有效的火力支援。当然,高超声速武器应用于火力支援,还需要进一步改进,如提高打击的精确性、进一步减小附带损伤、武器的战术化(小型化、低成本化)等。

精确性。在近距支援作战行动中,交战双方犬牙交错。为提高打击效果,避免误伤己方部队,对火力支援的打击精度提出了很高的要求。如果不能实施精确打击,轻则无法完成预定的支援任务,重则造成误伤己方部队。

附带杀伤小。为了防止误伤,可以选用非爆炸性弹头,单纯依靠动能冲击来摧毁目标。

武器的战术化(小型化、低成本化)。当前的高超声速武器都是战略级,杀伤威力大,成本高,不适用于战术级行动。因此,应研发小型化的战术级高超声速武器,小直径、小尺寸,可以由战斗机等多平台发射,且成本低,能够在常规战场中使用。

7. 空天一体的信息支援、控制和打击

空间机动式高超声速飞行器具备快速往返空天、长时间驻留空天、有效控制空天的能力,能对空中、临近空间、太空中的作战飞机、卫星、空间站等目标实施快速精确打击,通过先发快击和高位优势掌控全维度、高立体的制空制天权,为真正实现空天一体攻防作战提供手段支撑。平时可在太空巡逻待战,临战阶段机动变轨占据有利位置,作战能力可覆盖全球,并可辐射至临近空间。从空间对陆、海、空目标实施实时监视或精确打击,可对卫星、宇宙飞船甚至太空站实施跟踪、破坏、捕获和摧毁,使用得当,可以成为悬在敌方头上的"达摩克利斯之剑",达到很好的威慑效果和实战效果。例如美国可重复使用运载器 X-37B 可作为通用的武器平台,最高速度可达 $25\ Ma$,可在地球卫星轨道上飞行,能进入大气层,可以反复使用。X-37B升空后可迅速到达全球任何区域"上空",利用自身搭载的武器和设备对敌国卫星及其他航天器采取控制、捕猎和摧毁等攻击,甚至向敌国地面目标发起攻击,并可搭载电磁、激光发射器等先进武器实施远程精确打击,具有极大的战争潜力。

8. 高空侦察监视

高超声速飞行器除了能携载杀伤载荷进行火力打击外,也可携载无人机、传感器等载荷。在搭载相应功能载荷后,就能成为临近空间中一个侦察监视和信息中继平台,利用飞行高度优势和突防优势,对敌进行全天候、全天时高空侦察监视,与预警飞机和侦察卫星构成全维一体侦察体系,发挥战场情报搜集整体优势,实现对目标区域的完全覆盖和全维监视。

高超声速飞行器能在 2 h 内快速抵达全球任何地区执行各项军事任务,在实施实时侦察方面有独特的优越性。目前,各国主要依靠卫星和有(无)人侦察机执行侦察任务,这两种侦察手段均有局限性,特别是在对一些重大突发事件的实时侦察方面存在明显不足。卫星更多地用于战略层次的任务,分辨率和对特定地区的覆盖率较低。航空平台的分辨率较高,但是其覆盖范围有限,不能长时间驻留,并且容易遭到敌方打击,生存力较弱。因此现有卫星系统和航空平台还不能很好地满足战场大范围实时侦察和长时间连续监视的需求,而高超声速飞行器可有效弥补这一局限。临近空间的高超声速飞行器突防能力强,被拦截概率小,能深入敌纵深进行侦察,并可按任务专门派出,在很短的时间内到达全球任何热点地区实施实时侦察,迅速

提供信息保障。另外,相比于航空侦察手段,临近空间飞行器的视场比一般侦察机要大很多,例如一架在 24 km 高度巡航的临近空间飞行器的视场要比一架在 12 km 高度巡航的侦察机的视场大 4 倍,而与离地高度为 400 km 的侦察卫星相比,临近空间飞行器上搭载相同的设备,其光学设备分辨率将提高一个数量级,雷达设备的信号强度可以提高一万多倍,电子侦察设备可以检测到更微弱的电子信号。因此临近空间高超声速飞行器可以对多目标、移动目标进行连续侦察、标识、特征描述和定位,可以实时获取打击前后的目标图像,快速完成打击效果评估,可以实时引导己方武器弹药对敌目标实施精确打击,大大提高战场情报获取的实时性和有效性。

9. 应对非传统安全威胁

未来,各种形式的局部战争、地区性武装冲突和恐怖主义活动将是各国更现实、更直接的威胁,传统远程打击装备在应对这些威胁时,将面临威胁起源的不确定性、威胁地点的不可预知性、威胁形式的多样性以及处理威胁时间的紧迫性等一系列问题,越来越力不从心,其中以应对恐怖主义活动最为突出。

随着现代恐怖主义活动的日益猖獗和对社会危害性的不断加剧,反恐已成为各国军队的主要职能之一,反恐作战也逐渐成为现代战争的一种重要形式。随着我国参与全球化进程不断深入,我国与中亚、南亚、欧洲、中东、非洲等国家和地区的政治经济关系更加密切,贸易和能源合作日益加强,我国海外利益不断扩大,使我国面临的恐怖威胁也骤然上升,将给我国国家利益和边疆安全构成重大挑战。因此,反恐作战已由一个战术性问题上升为一个战略性问题,单纯依靠地面作战很难实现作战效益的最大化,未来反恐作战必将是军兵种联合、军警民配合、空天地一体的有限规模打击的联合作战行动。

反恐作战具有以下特点:

① 时效性要求高。恐怖活动诱因复杂、事发突然、难以预测,并且恐怖活动手段残暴,短时间会给国家和社会公共安全以及人民群众的生命财产安全造成极大的危害,引起社会恐慌。因此恐怖活动的隐蔽性、突发性、暴烈性和多变性,要求反恐作战要快速反应,果断应对,将危害在短时间内降到最低。

② 传统作战力量打击难度大。反恐作战中,恐怖组织平民化特征明显,且可能藏匿于平民区,因此大规模空袭或地面炮火打击行动容易造成大量附带损伤。

③ 战场环境复杂,快速机动难。恐怖组织往往依托山地环境秘密组织恐怖活动。任务地域多为高山,山地地势陡峭险峻,道路崎岖狭窄,重型装备难以展开,车辆运载能力下降,严重阻碍和迟滞部队快速到位及开展作战行动。加之恐怖分子熟悉所在环境,袭击手段和方法日趋高技术化,给部队机动、打击、协同和保障带来严峻挑战。战场环境的复杂性迫切需要精确打击力量为一线作战人员提供火力支援,减少人员完成危险性高的任务,为反恐作战行动提供强有力的支撑。

综上特点,高超声速武器凭借其打击速度快、命中精度高、附带杀伤小(携带非爆破弹头)等优势,可以作为未来反恐作战的一种手段。它既可以在防区外突施冷箭,对恐怖组织领导集团实施"斩首行动",使其措手不及,又可以远程打击重点目标,为一线作战力量提供火力支援,还可以凭借高动能带来的强侵彻能力,使得目标不管是藏在地下、躲在洞里,都难逃打击,这将对恐怖组织产生强大的心理震慑,达到慑战兼备的作战效果。

10. 战略威慑

高超声速武器具有隐蔽突然发起攻击和精确的全纵深打击能力,以及强大的毁伤效能,可对敌方产生巨大的心理震慑效应。同时,相对于核武器,其使用门槛更低,因而可信度更高。另外,高超声速武器的大射程优势对于缺少海外军事基地的国家来说,可以在领土内对海外的威胁目标保持威慑,有助于维护海外利益,保护国家的合法权益。由于性能优越、杀伤力强,高超声速武器的威慑作用可在一定程度上改变战略力量对比,牵制对手作战部署,影响其战略意图和决心。因此,搭载常规弹头的高超声速武器虽属于常规武器,但某种意义上可以实现战略威慑的效果。高超声速武器也可以配备核弹头,使之成为一种新型核威慑系统,与传统战略核威慑系统一起构成相辅相成的战略威慑体系。

俄罗斯是充分运用高超声速武器实施战略威慑的国家。俄罗斯军事战略是以核遏制为核心和基础的战略遏制,战略遏制的目的是防止侵略,其中,核遏制被置于最高优先权,这是俄罗斯基于自身实力和国际力量对比的现实选择。但俄罗斯也认识到,在防止国家外部爆发武装冲突上,核遏制不总是有效,而在防止由分裂主义、恐怖主义、极端主义等引发的国内武装冲突中,核遏制更是完全无效。基于这种考虑,在俄新版《军事学说》中提高了非核遏制在战略遏制中的地位和作用。所谓非核遏制,是指国家为实施非核遏制活动,在外交政策、科学研究、军事科技等领域采取研发、制造、展示等多种措施的总和,其中包括通过研发、测试、演习中使用"非核遏制"的武器和技术装备,展示"非核遏制"能力,而研发高超声速武器是俄"非核遏制"军事战略指导思想的重要体现和主要手段。

4.3.2　运用方法

高超声速技术作为颠覆性前沿技术,已成为各国发展的重点,将会极大地改变作战对抗方式。由于高超声速武器出现时间较短,相关作战运用方法研究还处于初级探索阶段,因此随着高超声速武器逐步列装投入使用,迫切需要开展相关作战运用方法研究,以实现高超声速武器运用效益的最大化,为提高高超声速武器作战能力提供理论指导。

美国和俄罗斯对高超声速飞行器的研制最早,对其武器化的发展和运用研究也相对最为领先,因此分析学习美俄对于高超声速武器的运用方法是开展高超声速飞行器运用方法研究的必要途径。当前,高超声速打击平台尚处于研制开发阶段,美俄对其作战运用方法的资料介绍还比较少,通过对有限公开的信息进行剖析,结合美俄在以往战争中体现的作战思想和特点,可以对美俄高超声速武器作战运用方法进行初步分析。

1. 美军高超声速武器作战运用方法浅析

在过去美国经常强调饱和式攻击和齐射攻击等概念,但是近年来美国意识到这种试图通过简单地增加进攻武器数量和打击次数来饱和敌方防空和导弹防御系统的方法代价非常高,并且美国通过研究发现,俄罗斯等国的各种主动和被动防御有效降低了进攻方武器的命中精度,因此通过简单地增加进攻武器数量来弥补命中精度的降低,可能会大大增加进攻方的资源需求。因此美国如今也逐渐向开发和部署具有更高生存率达到其指定目标的新一代武器转变。

美国空军在 2015 年 9 月发表《美国空军 2035 年核心使命:空军未来作战概念》报告,其中构想了 2035 年利用高超声速武器打击敌方一体化防空系统中的激光武器系统的作战场景,主要针对在敌方具备"反介入/区域拒止"能力的高对抗环境下,对重点区域、重点目标进行远程清除,夺取区域制空权,为后续的空海一体式大规模打击扫清障碍。该作战构想集中体现了美军对未来高超声速武器作战运用方法的思考。

美军体系化高超声速打击样式可归纳为如下流程:

① 无人蜂群协同感知:首先,四艘母舰投放 200 架飞行速度约为 0.9 Ma 的小型亚声速无人机蜂群,这些分布式无人机通过快速编队组合,形成不停变换的诱饵和干扰机阵列,同时无人机载传感器通过网络化协同,构建对敌方综合防空系统的态势感知。

② 干扰敌方防空系统:虽然敌方防空系统很快探测到大量来袭目标,但无人机蜂群通过不断变换编队形态和电子干扰,使敌方雷达无法识别真实目标与诱饵。敌方防空导弹和远程定向能武器最终击落一些无人机,但剩余的无人机再次编队重组。

③ 发射高超声速导弹:在距离攻击目标几百千米处,己方发射平台开始发射高超声速导弹。由于敌方综合防空系统的探测通道、火控制导通道被大量无人机诱饵、无人干扰机饱和,未能及时发现高超声速导弹。

④ 优选攻击目标:首先,高超声速导弹将摧毁对低轨卫星造成威胁的高能激光武器;随后,以饱和式高超声速导弹攻击方式打击敌方导弹阵地等目标;最后,开展大规模"强制进入"作战。

⑤ 干打一体:有 30 架诱饵型无人机成功突防敌方综合防空系统,其中 20 架发现与预先编程标准相匹配的目标,通过自身携带的小型弹头摧毁敌方雷达天线和通信塔,剩余 10 架无人机燃料耗尽后执行自毁程序。

从上述美军构想中可以看出,美国依然没有完全放弃其饱和式攻击的作战理念,具体战法呈现出以下特点:

① 体系破击。美军未来的高超声速作战融入了无人协同组网探测、蜂群作战、无人电子战、干扰-打击一体等多种新概念,发挥体系化作战优势,通过高速、高机动、蜂群、干扰等手段,破坏敌方 OODA 环,压缩对手的指挥决策时间,对高能激光武器、导弹阵地、雷达通信设备等高价值目标实施远程精确打击,真正实现"破网断链",致瘫对手的作战能力体系,从而达到既定战术目的。

② 充分利用高超声速武器突防能力强、毁伤威力大等优势,实施"踹门破网"。从美军作战构想中可以看出,首波执行"踹门破网"任务的作战力量并不是传统的隐身战机、巡航导弹等,而是高超声速导弹。这样既能减少己方伤亡,同时又能实现瘫痪敌作战体系的目的,为后续的空海一体式大规模打击扫清障碍。

③ 提高高超声速武器的突防概率。在使用高超声速武器进行打击时,美军并没有单纯依靠高超声速武器自身突防能力强的优势直接进行突防打击,而是先由无人蜂群干扰、堵塞敌防空系统,使敌防空系统不能及时发现高超声速导弹,从而进一步提高了高超声速武器的突防概率。

④ 重视战场态势感知能力。美军高超声速导弹首选的打击目标并不是敌方的指挥机构、通信枢纽、雷达站、防空反导阵地等目标,而是对己方低轨卫星造成威胁的高能激光武器,另外,美军还利用无人机载传感器通过网络化协同,构建对敌方综合防空系统的态势感知,这些做法都是为了限制对方同时确保己方对战场的态势感知能力,夺取制信息权。

⑤ 充分利用无人蜂群优势。该作战构想对无人机的性能以及无人机编队技术的要求极高,并且在遇到敌方的强大防御火力时要连续补充大量的无人机进行持续作战,因此也需要充足的装备数量来进行支持。美国对于这种通过蜂群式无人机作战来干扰及毁伤敌方防御系统的概念如今已经进行了大量的理论研究和技术储备,未来极有可能在实战中投入应用。

⑥ 重视作战效益。与高超声速导弹相比,无人蜂群所使用的无人机一般都是低成本无人机,成本低廉、可消耗,可迅速大量列装,因此从作战效益的角度出发,美军选择牺牲无人机的方式来最大化地确保高超声速导弹的突防成功率。

⑦ 减少人员伤亡。整个作战过程没有有人作战平台直接参与前线作战,与对手短兵相接,即使采用高超声速武器打击,也是将高超声速武器布置在几百千米外,最危险的抵近侦察、干扰、欺骗均由无人机完成,从而最大限度减少人员伤亡。

根据上述美军高超声速进攻作战构想,结合美军以往作战特点可以对美军高超声速武器作战运用方法进行初步分析。

在战略导向上,谋求对主要潜在对手的新型战略威慑。美国为维护和巩固其世界霸主地位,在第二次世界大战后的不同时期已发起并实施了针对主要竞争对手的三次"抵消战略",谋求在大国竞争加剧的背景下保持和加强美国军事优势。2014 年以来,为抵消对手跟随"第二次抵消战略"发展起来的"反介入/区域拒止"能力,美国防部从作战和技术等方面持续推动"第三次抵消战略",确保美国压倒性军事优势和全球力量投送不受挑战。高超声速武器作为一种远程快速打击武器,可从对手"区域拒止"能力范围以外发射,对对方的重要目标实施远程快速精确打击,具有使用门槛低、打击灵活性高、打击效果可控等优势,能弥补核打击"威慑能力有余而实战运用受限"的不足,在核均势条件下产生更加现实的威慑作用。

在作用发挥上,为获取联合作战优势提供有力支持。美国不会打一场势均力敌的"对等"战争,而是依靠技术优势建立起绝对非对称军事优势,掌握战场主导权和作战主动权,低耗高效地打败对手。在"空海一体战"概念中,美国在其前沿军事部署受到对方导弹威胁而后撤、收缩的情况下,将使用可从本土或海外领土发射的高超声速武器对对方的重要目标实施"闪速"打击,在战争初期达成"先发优势"甚至"先发先胜",在战争中后期迅速扭转战局,重新建立优势,特别是在强大而可靠的分布式、网络化 C^4ISR 系统的支撑下,高超声速武器能够通过远程、快速、精确地打击对方要害目标,大幅提升作战的突然性和灵活性,并将作战节奏加快到对方难以适应的程度,从而为获取联合作战整体优势提供强有力的支撑。同时,高超声速武器的实战运用将使战场连接到太空,促进"空天一体战""空海一体战""多域战"等作战样式的融合,进而催生新的作战概念、作战构想和作战理论,并在其中发挥重要作用。

在具体的作战方法上,美国国防大学发布的 2022 年第一期《联合部队季报》上发表了一篇名为《分析高超声速导弹对战略与联合作战的潜在颠覆性影响》的文章,文章分析了高超声速导弹的潜在作战运用和防御高超声速导弹的主要策略。文章根据美国、俄罗斯、中国的大规模作战理论,提出了高超声速导弹在未来美俄冲突冲中可能的五种运用方式。

① 开路先锋,遂行攻坚拔点任务,摧毁特定导弹防御系统,为后续攻击扫清道路。未来美军与战略对手对抗,必然运用多种手段首先突破对手一体化防空体系,这是其获得战场控制权的关键。高超声速武器以其独特优势,必然成为美军首轮"踹门式"突防武器的首选。具体可以有三种运用方式:一是高速突防,直接攻击。利用高超声速武器 5 Ma 以上的速度优势,直接突破对方现有防空体系,利用其高能优势,摧毁对手高价值目标。二是侧向迂回,纵深突击。

采取大范围变轨式飞行,在交战过程中绕过对方主要拦截集群,开辟战场安全走廊或侧向突防通道,以迂回侧击的方式打击对方战略纵深高价值目标。三是混合编组,联合打击。采取高超声速巡航导弹、弹道导弹、亚声速巡航导弹相结合,导弹与有人机、无人机相配合的方式对对手实施多样化打击。高超声速巡航导弹利用其突防优势重点打击对方防空体系,紧随其后到达的弹道导弹和亚声速巡航导弹在战场威胁降低的情况下对对方高价值目标实施摧毁。此外,美军也可能将高超声速巡航导弹作为反舰手段,打击对方海面慢速移动目标,取得或部分取得战区制海权。

② 强对抗环境集火攻击关键目标,无须使用饱和战术就能打击防御严密的关键目标。美国一直采用先发制人的战略思维,其高超声速武器作为新型战略打击力量,充分利用其突防能力强、打击距离远、命中精度高等优势,在与对方对抗激烈,常规武器如攻击机、巡航导弹等无法有效进入战场时,将高超声速武器投入战场,无须使用饱和战术就能打击防御严密的关键目标,如敌方的指挥中心、防空导弹阵地、通信枢纽、预警探测设施等,破坏对方的信息获取、指挥控制、防空反导能力,从而实现摧点毁面的效果。此时一般选用远程高超声速导弹,尽量远离战区发射,从而提高高超声速导弹发射平台的安全性,并且在突防设计上,注重运用多种方法和手段提高突防能力,最大限度保证高超声速武器打击的成功率,如采用隐身技术、选择有利航路、采取电子干扰措施等。

③ 打击时敏目标,提高作战的突然性。对于战场上的一些时敏目标,如导弹发射架、航空母舰、机动雷达等,其攻击窗口有限,打击时效性要求高,同时这些目标对己方的威胁较大,如不及时清除,将增大己方的伤亡,而常规的远程巡航导弹速度慢、飞行时间长,打击这些时敏目标效果差。此时充分发挥高超声速武器速度快的优势,将时间、空间与能量完美结合,在有限攻击窗口内发现、定位、识别、瞄准和攻击时敏目标,最大化地降低对方的抗击和反击能力。

④ 斩首行动。"擒贼先擒王",在与敌方进行冲突时,美军会利用高超声速武器命中精度高、速度快、毁伤威力大等优势,对敌方的首脑和指挥机构进行斩首行动。充分利用美军天基侦察系统的优势,确定目标的位置、结构及防护措施等,在战中利用无人机等航空侦察手段进一步精确获取目标的信息,为高超声速武器实施斩首行动提供情报信息。争取摧毁对方的指挥系统,使敌方整个作战系统处于割裂、无组织的状态,从而瘫痪敌方的整个作战系统,快速结束作战。

⑤ 大量使用高超声速武器进行深度常规打击,摧毁敌方后勤、交通、太空发射、反太空、指挥控制系统、情报收集装备设施、战争支持工业等重点目标。如果高超声速武器数量充足或战场需要,在战中可以大量使用高超声速武器进行深度常规打击,打击目标主要为敌方战争潜力类目标,如敌方后勤、交通、太空发射、反太空、情报收集装备设施、战争支持工业单位等,逐步瓦解敌方的抵抗意志,降低敌方的作战潜力,破坏其持久作战能力。深度常规打击需要充分发挥高超声速武器打击的灵活性。一是发射形式灵活多变。高超声速武器可由陆基、海基、空基、临基等多种平台发射,各种平台在部署和使用上各具优势。如空基平台机动性强,接受任务后可快速从部署位置机动到武器投射位置,并在机动过程中同步完成武器准备,保证在进入阵位后即可发射,最大限度满足快速打击任务需求。在 C^4ISR 系统支撑下,高度分散于立体空间的各类平台可形成分布组网式高超声速武器打击体系,从而快速高效地响应各种目标打击任务。在战场综合态势图的支撑下,可根据目标属性、打击平台所处位置与任务状态,以及高超声速武器的类型、数量和性能等情况,从打击效果、任务效率和安全性等方面综合分析,选

择最合适的打击平台(武器)执行目标打击任务,提高打击的灵活性。二是打击力量的灵活性。可以将不同类型的高超声速武器与不同的打击兵器联合使用,如与常规巡航导弹、地对地导弹、无人机等力量进行混合编组,增强打击力量的多元性,提高打击效果。三是打击目标的多样性。高超声速导弹可以很好地将时空与能量融合一体,既可利用本身极高的动能摧毁坚固的固定目标,也可打击机动中的大型高价值目标。

2. 俄军高超声速武器作战运用方法浅析

俄罗斯 KATEHON 智库在 2016 年 6 月曾设想俄罗斯高超声速武器对美国远洋舰队的打击思路,认为美国海军远征舰队是俄罗斯最大的安全威胁,同时美国为远征舰队和登陆部队构建了"宙斯盾"弹道导弹防御系统、"萨德"系统和"爱国者"系统等多层次反导系统。因此,俄罗斯可在三个部署区域分三个波次对美海军远征舰队实施打击,阻止其跨越大西洋,抵达濒临俄罗斯国境的波罗的海。KATEHON 智库设想的高超声速作战样式充分体现了俄式多梯队高超声速打击的特点。

实施三波次高超声速打击的武器类型包括 YU-71、YU-74 战术型助推-滑翔导弹和"锆石"战术型高超声速巡航导弹。

① 第一波打击:美舰队刚离港时。

第一波打击采用助推-滑翔高超声速武器,从潜藏在大西洋中部海底的核动力潜艇发射,当美海军远征舰队开始横渡大西洋前往欧洲时,便开始向其发起攻击。也可采用机载型助推-滑翔高超声速武器实施打击任务,伊尔-76MD-90A 飞机最大飞行距离达 6 300 km,且可空中加油,可在数小时内到达大西洋中部(美海军舰队需要 7~8 天的时间才能穿越大西洋)。

② 第二波打击:美舰队接近欧洲时。

如果第一波高超声速打击武器未能摧毁目标,在美国海军舰队航行至距大西洋东岸1 000 km 时,第二波高超声速武器将从位于巴伦支海的核潜艇或靠近北极圈白海的普列茨克战略导弹基地发射,再次对美海军舰队发起攻击。

③ 第三波打击:美舰队进入欧洲时。

第三波次打击采用射程较近的"锆石"高超声速巡航导弹。设想北约从波罗的海对俄罗斯发起攻击,美海军舰队穿越北海向波罗的海航行,当海军舰队行至斯卡格拉克海峡时,俄军采用"锆石"导弹对其发起第三波高超声速打击。如果美海军舰队企图前往黑海,俄军将从博斯普鲁斯海峡和达达尼尔海峡对美舰队发起第三波高超声速打击。

从俄罗斯高超声速打击样式来看,俄罗斯更注重对敌方目标的多点、多型、多梯次打击,利用助推-滑翔导弹的较远射程实施第一波次的本土外远程打击,在本土附近海域利用中程高超声速导弹实施第二波次打击,而在本土利用高超声速巡航导弹实施近距离打击。其中,高超声速巡航导弹采取空中发射方式,射程较短,主要遂行近距离战术打击,而助推-滑翔弹则采用潜射、陆射方式,充分利用潜艇的隐蔽特点,对敌实施突然、远程、快速打击。

当然,为实现高超声速打击效果,需要整合空间、空中、海上等侦察监视资源,以网络化协同作战方式,通过高速宽带数据链,实现网络资源共享,充分利用第三方平台目标数据,完成目标预警、跟踪、指示、导弹制导及打击效果评估,从而为高超声速打击提供信息支援保障。

3. 北约高超声速武器作战运用方法浅析

在北约联合空权职能中心的《重塑近距离支援：从近距离空中支援过渡到近距离联合支援》报告中，提出了近距离联合支援的未来愿景，在愿景中充分设想了高超声速武器的运用方法。

近距离火力支援通常运用在部队作战过程中，对己方部队当面之敌实施打击，为己方部队提供火力支援。此时高超声速武器主要是在中远射程范围内对作战行动实施"近距离"火力支援。

一个由 F-35 战机前进空中控制员（空军，混编机队的指挥员）、多功能 F-16 战机（负责对敌防空系统进行压制和攻击）、F/A-18E 战机（负责对敌防空系统进行压制和攻击）和 EA-18G 电子战飞机组成的混编机队担负火力支援任务。

此时，该战队对一个摩托化的敌人火力队进行协同攻击。F-35 和 EA-18G 以及无人机提供空中护航，阻塞敌人的雷达和通信，并清除了空中敌机。F-16 和 F/A-18E 使用它们的多种能力来发射网络化的打击武器，随后由联合火力控制员对发射的武器进行制导，打击目标。上述飞机在几分钟内进入和离开最致命的威胁区域，在此过程中联合火力控制员或联合火力观察员将确认敌人的火力单元已经被压制。

但作战还未结束，敌方在战场上投入了一个大口径武器系统，并开始攻击，对己方一线部队产生了毁灭性的效果。尽管拥有上述空中火力支援，但一线的己方部队仍处于被撕裂的危险之中。此时，联合火力控制员接受一线己方部队的火力支援请求，并指挥远方高超声速武器进行火力支援。正在附近待战的海军一艘新的大型水面战舰装备最新的高超声速武器系统，并自动与多域指挥控制系统数据链接，可用武器的清单被送到联合火力支援协调员处，联合火力支援协调员与联合空中作战中心、海军海上作战中心进行动态、实时协调，以消除高超声速武器与己方空中战机的空域冲突，协调近距离支援火力。联合火力控制员提供精确坐标，大型水面战舰根据命令发射高超声速武器。高超声速武器以秒为单位飞抵目标，并凭借强大的动能摧毁敌方的大口径武器系统。此时敌方看到他们的火力被摧毁而被迫撤退。

从上述报告中提出的近距离联合支援的未来愿景中，可以总结出北约将高超声速武器用于未来联合支援作战所采用的方法：

① 将高超声速武器视为"尖刀"，用于"攻坚"。高超声速武器技术复杂，相对于一般的精确制导武器存在价格较高、数量有限等特点，因此考虑到作战效益的问题，并不是所有的目标都由高超声速武器来打击，而是主要用于己方其他作战力量（如愿景中提到的提供近距空中支援的 F-16、F/A-18E 等战机）难以打击或是打击后自身伤亡会比较大的目标，这类目标交给高超声速武器来打击，从而减小己方作战力量的伤亡，提高作战效益。

② 非接触。高超声速武器主要采用中远程火力打击的方式，避免与敌方作战力量"短兵相接"，如报告愿景中提到的装备最新高超声速武器系统的大型水面战舰在战区附近待战，这样既可以充分发挥高超声速武器快速、远程、精确打击的优势，同时也能避免敌方对高超声速武器发射平台的破坏。

③ 网络化指挥控制模式。在报告愿景中提到，高超声速武器自动与多域指挥控制系统数据链接，可用武器的清单被送到联合火力支援协调员处，联合火力控制员提供精确坐标，大型水面战舰根据命令发射高超声速武器。由此可见，高超声速武器在作战运用时要采取网络化

指挥控制模式。高超声速武器功能虽强,但在当前体系化作战中也只是整个作战体系的一个节点,需要整个体系为其提供必要的预警情报信息、指挥控制信息、打击目标信息等,因此在运用时要将其作为节点融入整个作战网络中,依靠网络聚能和网络释能,使高超声速武器的作战效能得到倍增。

④ 注重与其他作战力量的协同。在报告愿景中提到,联合火力支援协调员与联合空中作战中心、海军海上作战中心进行动态、实时协调,以消除高超声速武器与己方空中战机的空域冲突。现代作战,诸军兵种共同参与,这就不可避免地存在一个相互影响、相互制约的问题,因此要搞好各参战力量的协同,协调消解各种作战力量之间、各种作战样式之间、各战场空间之间、各作战方向之间、各作战阶段时节之间、作战与保障行动之间的矛盾冲突,使各种作战力量协调一致地行动,达成作战力量上的优势互补、战场空间上的相互照应、作战样式上的相互配合、作战时间上的相互衔接和作战效果上的相互利用,最大限度地发挥参战力量的整体威力,实现 $1+1>2$ 的效果。

⑤ 提高反应速度。作为受支援的部队,在地面或海面作战行动受阻或伤亡较大需要紧急支援时,希望能够得到急需的火力或其他支援。如果火力支援召之不来,或来之过迟,一方面影响了受援部队的士气,另一方面将可能导致战局向不利方向发展。尤其是随着信息技术的发展,作战节奏快,战场态势瞬息万变,战机稍纵即逝,一分一秒的延迟都可能造成战场上的重大损失。因此,无论是进攻作战还是防御作战,地面或海面部队对火力支援的时限性要求越来越高,要求高超声速武器能够具有快速反应和高速到达的能力。

4. 作战运用应注意的关键问题

高超声速武器相对于以往亚声速和超声速武器的差异不仅体现在飞行速度上,更体现在性能差异对武器的作战运用影响上。

(1) 明确运用原则,搞清高超声速武器的战略定位

高超声速武器可对敌重要战术或战略目标进行打击,并且可以携带核常两种战斗部,在作战中使用很可能会导致局势升级,另外,作为一种新型"撒手锏"装备,高超声速武器也存在造价高、数量少、保障复杂等问题。因此,必须立足高超声速武器战略定位和装备特点,灵活把握其运用原则。

一是重点使用。将高超声速武器进行相对集中部署和管控,提升指挥和管理级别,主要运用于关键任务、重要方向、重要时节和节点目标,使其发挥出最大的作战效能,例如首战使用。现代战争,首战即决战,在战争伊始,可以率先使用高超声速导弹对敌前沿基地或纵深战略目标实施快速精确打击,为后续作战行动创造有利条件。经验表明,在国家利益受到威胁但未遭到实际损害的危机时期使用战略导弹等"撒手锏"力量,可以有力支撑国家政治外交斗争,获取谈判筹码,争取最大的威慑效益。

二是科学决策。要根据当前的作战目标和战场态势确定高超声速武器需要执行的作战任务,确定是执行战略威慑任务还是直接打击任务;由于高超声速导弹一般毁伤能力较强,在低强度条件下作战时如何能够控制适度毁伤而不致作战态势升级,这也是需要考虑的问题;另外,在使用高超声速武器前,应充分考虑如果运用高超声速武器造成敌方误判或局势升级,应如何有效应对,并制定好周密方案。

（2）转变时空观念，探索高超声速武器制胜机理

高超声速时代，时间可以"消灭"空间。传统战争由于时空的一致性，时间不能压缩空间。而高超声速时代，信息和火力的高速流动，空间被急剧压缩，一地一域的行动可以同步影响到千里之外，空间范围淹没在极高的速度下。所以，在信息化作战中"快"的意义尤为重要。距离对交战双方的影响将降至最小，空间的优势可能转变为劣势，劣势也可能转变成优势，传统的作战前沿与战略纵深界限将进一步模糊，甚至前后方完全颠倒。作战时不能只盯着区域内的敌人，而是要从横向至全球、纵向至临近空间乃至太空的广大领域统筹考虑。因此，在运用高超声速武器时，要突出速度制胜、毁其要害的机理，可以从防区外对严密设防的纵深高价值军事目标进行远程快速精确打击，破除"时空概念"，以"瞬时超越时空"来加快作战进程。

（3）优先战略威慑，实现高超声速武器非核战略威慑效果

"不战而屈人之兵"为《孙子兵法》的全胜思想，即战争取胜的最高境界不是百战百胜，而是不经过直接交战使敌人屈服。高超声速武器的战略威慑运用就是利用其隐蔽突然发起攻击的特点和精确的全纵深打击能力及强大的毁伤效果所产生的巨大心理震慑效应，有针对性地实施威慑行动，不通过热战而直接达成特定的政治和军事目的。具体可以采取武器公开部署、武器试射和警示打击等方式。

公开部署。针对某一地区出现的紧张局势，在该地区公开宣布部署先进的高超声速武器，同时，通过各种媒体对装备性能、打击能力、作战训练等情况进行公开报道，展示作战实力，造成一种箭在弦上、随时可发、发必摧毁的态势，给对手造成强大的心理威慑。这是一种低强度军事威慑行动，必须使对方感受到己方具备很强的意志和能力，真真切切地感受到危险，迫使对方对冒险行动三思而行。

武器试射。随着地区局势持续升级，当公开部署不足以使对方放弃冒险行动时，可以采取武器试射这种升级的威慑行动。高超声速武器试射以导弹试射为主，以实弹发射形式向预设陆域、海域或敌敏感的周边地区发射高超声速导弹，显示实力，达成震慑目的。这是一种高强度军事威慑行动，必须科学选择靶标区域，展示导弹打击的精度和毁伤效果，力求既达成"展示肌肉"的目的，又要防止"用力过猛"，导致局势失控。

警示打击。当采用导弹试射仍没有达到预期威慑目的时，可采用警示打击的方式，即通过对敌非关键性目标或周边目标实施打击，达成警示作用，实现"小战而屈人之兵"的目的。这是军事威慑的最高表现形式，也是一种介于平战之间的准战争行动，在具有强大威慑效应的同时，也存在着扩大危机、导致局势失控的风险。在具体运用中，要注重政策性，重点选择好打击的目标、时机和强度，实施精确可靠控制，以达到警告和惩罚的目的，并最大限度地降低政治、外交方面的不利影响和负面作用。

（4）注重多元情报获取，为高超声速武器攻击提供信息支撑

基于目前战场真假目标、敌我目标并存，复杂电子侦察与对抗、各类进攻与防御行动交织的复杂战场态势，实时精确目标信息的保障难度越来越大，但也显得更为重要。目前高超声速武器精确打击需要的目标信息已经不仅仅局限于目标的绝对或相对位置信息，同时也包括用于导弹识别的特征信息等，因此对目标信息不仅存在质的要求，也存在量的要求。另外，由于高超声速武器的射程较大，为了使导弹在开机搜索时导引头的搜索区可以有效覆盖目标散布区，就要求对目标指示信息在精度和时效性上有足够的保障。

一是构建完善的天基预警侦察网。天基情报侦察是战略侦察的主要手段，应在提高侦察

卫星性能的同时,增加卫星组网数量,推进军民天基情报侦察资源共融共享共用,尽快构建和完善导弹预警卫星、成像侦察卫星、电子侦察卫星和海洋监视卫星等系统,提高全球范围、全天时、全天候、全电磁谱段获取情报信息的能力。二是发展临近空间侦察手段。积极发展临近空间侦察飞艇、临近空间高空高速无人侦察机等装备,在重要战略方向、关键区域形成临近空间侦察能力,成为天基战略侦察能力的重要补充,以解决危机时或战时天基情报侦察手段不可用或探测精度不足等问题。三是增强空中侦察能力。空中侦察具有机动灵活、针对性强、探测精度高等优势,加快发展远程隐身侦察机、长航时无人侦察机等新型空中侦察装备,增强对敌前沿军事基地和浅近纵深目标的侦察能力。四是增强特种侦察力量。积极推进特种侦察力量的技术革新和转型升级,加快研制特种侦察车辆、微型智能侦察飞行器以及侦察机器人等敌后中近程立体侦察装备,增强新一代便携式雷达、光电侦察系统、通信数传系统等先进单兵装备的配备使用,发挥特种作战侦察力量对敌纵深战略目标实施抵近侦察的优势,获取其他战略侦察手段难以获取的信息,弥补其他侦察手段的盲区,提升侦察能力。

(5) 体系破击,发挥高超声速武器性能优势

在未来信息化局部战争中,必须注重发挥高超声速武器的远程精确打击优势,对敌作战体系节点实施破击或瘫痪,从而起到摧点毁面、体系破击的效果。一是打击体系节点目标。充分发挥高超声速武器突防能力强、毁伤威力大的作战优势,在作战之初单独或与其他力量协同配合,对敌情报预警系统、指挥控制系统、防空反导系统、通信枢纽、导弹阵地、机场、预警机等作战体系节点目标实施破击,大幅削弱敌防空、制海作战能力,为己方作战飞机、弹道导弹和巡航导弹等兵器的后续联合火力兵力突击创造有利条件。二是打击首脑核心目标。运用高超声速武器快速精准的优势,打击敌核心人物、首脑机关等关键性目标,牢牢掌握战争主动权。三是打击时敏类目标。利用高超声速武器飞行速度快、可实时快速打击的特点,对敌导弹发射架、航空母舰、预警机等高价值机动目标及临时出现的时敏目标实施打击,实现发现即摧毁。四是打击战争潜力类纵深目标。利用高超声速武器突防能力强、打击距离远的特点,对敌战略纵深的军事、经济、能源、后勤基地等战争潜力类目标实施精确打击,达成"你打你的,我打我的"的非对称战略制衡效果,牵制敌军事行动,削弱敌作战潜力。五是打击坚固目标。利用高超声速武器具有极强动能的优势,对敌加固目标、深埋地下目标进行侵彻性打击。

第5章 高超声速飞行器防御问题

高超声速进攻武器凭借其性能优势向上可以威胁卫星等太空飞行器,向下可以攻击航空器及地面海面目标,作为进攻武器具有核常兼备、威慑与实战并重等特点。因此,为有效应对未来可能面临的高超声速武器威胁,高超声速飞行器的防御问题已经成为世界各国急需考虑的问题。当前,各军事强国已经着手高超声速武器防御方法的研究,其中以美国和俄罗斯发展最为快速,其防御体系建设方式方法也为其他国家开展高超声速武器防御体系建设提供了借鉴。

考虑到高超声速武器极高的速度、机动能力、飞行高度以及"速度即隐身"难以探测和防范的实际,美俄均认为之前的防空反导体系还没有足够的防御能力来有效应对高超声速武器威胁。因此,美俄加紧改进升级传统防空系统、加快发展新的预警与拦截手段,以此作为有效应对对手高超声速威胁与打击的首选途径。美国不论是在拦截方案还是在预警方案方面,都是新老手段结合多管齐下,以尽快形成能力优势。而俄罗斯仍采取务实策略,主要以 A - 235 系统、S - 500 系统、新一代超视距雷达为主要手段,且明确以核反击作为保底手段。

5.1 美国高超声速武器防御

美国在大力发展高超声速技术和进攻性武器的同时,也在按照攻防一体的思路进行高超声速目标防御系统的构建。在防御系统构建的思路上,美国一方面依托当前现有的弹道导弹防御体系的升级改进,旨在近期实现对高超声速威胁的初步预警探测能力,并进一步启动天基传感器以发展针对高超声速目标的全程跟踪能力;另一方面同步开展拦截武器概念方案探索以及涵盖全杀伤链的部件级关键技术预研,旨在远期最终实现对高超声速目标的拦截能力。与此同时,美国在防御策略上提出攻防一体的思路,发展发射前拦截的能力,试图通过以攻代防来慑止对手发起的高超声速打击。

5.1.1 具体开展的工作

美国最早提出高超声速防御系统的是洛·马公司。2015 年,洛·马公司自投资金,以"萨德"为基础,试图研发反高超版的"萨德"系统。

2016 年 5 月,美国众议院要求导弹防御局启动"高超声速助推-滑翔导弹和机动式弹道导弹防御"专项,以应对高超声速、机动式导弹威胁。

2017 年,随着相关国家相继成功进行高超声速导弹试射,美国国防部发布《弹道导弹和巡航导弹威胁评估》报告,首次将高超声速武器定义为"新兴威胁",并寻求提供更多资金投资进攻性武器及高超声速导弹或飞机的防御技术。美国《2017 财年国防授权法案》明确要求导弹防御局制定专门应对高超声速导弹威胁的计划;导弹防御局首次将"高超声速防御"列入预算,标志着美国正式全面开展高超声速防御系统的研发工作。

2018 年 5 月,美国导弹防御局向工业部门发布征求建议书,寻求高超声速武器防御"杀伤链"先进技术,主要包括早期识别和持久跟踪、低时延通信和处理、动能和非动能拦截系统技术等,目标是 2023 年使其技术成熟度达到 5 级。

2018 年 9 月,导弹防御局授出 21 份合同,开展高超声速武器防御系统概念定义研究,每份合同经费为 100 万美元,合同期为 1 年。合同涉及方案包括动能/非动能拦截(包括激光、电磁等武器)、陆基/空基/天基拦截概念方案、助推段/末段拦截概念方案等。

2018 年 9 月,DARPA 正式公布了一款与空军联合实施的拦截高超声速武器的概念"滑翔破坏者",它是一种小型飞行器,可进行动能拦截。DARPA 认定,"滑翔破坏者"将提高美国防范所有级别高超声速威胁的能力。

2018 年 11 月,时任美国国防部研究与工程副部长迈克尔·格里芬表示,美国国防部目前还没有足够的防御能力来应对对手们正在大力发展的高速机动且难以探测的武器。国防部为应对高超声速武器威胁,将申请更多经费来发展激光武器、高功率微波武器和其他定向能武器系统,以及天基导弹和新型传感器等。

2018 年 11 月,导弹防御局启动了"高超声速武器防御系统"(Hypersonic Defense Weapon System,HDWS)项目开发的相关工作,并于 2019 年与波音、洛·马和雷声 3 家公司分别签署了相关设计开发合同。

2019 年 1 月,美国洛·马公司表示其正在升级"宙斯盾"先进作战系统,以探测高超声速目标。

2019 年 10 月,美国空军宣布新型导弹预警防御卫星"下一代过顶持续红外系统"(OPIR)通过了初步设计评审。"过顶持续红外系统"属于美国下一代导弹预警卫星星座,主要用于监视和发现敌方的战略弹道导弹,很可能对高超声速目标具有很好的跟踪能力。

2020 年初,导弹防御局发布了"区域性滑翔段武器系统"(Regional Glide Phase Weapon System,RGPWS)样机开发项目的招标任务,计划研制高超声速武器的拦截器及其控制系统。导弹防御局寻求在 2025—2030 年部署 RGPWS,国防部已决定 RGPWS 初步将采用海军舰艇的 MK-41 垂直发射系统。

2020 年 2 月,导弹防御局发布征询草案,向工业界征询高超声速防御区域滑翔阶段武器系统(HDRGPWS)拦截器方案,旨在降低拦截器关键技术与系统综合集成的风险和不确定性,将拦截器的技术成熟度提升至 5 级水平。

2020 年 9 月,美导弹防御局发布《未来海基末段拦截弹概念定义》跨部门公告,寻求利用多用途末段拦截弹来补充其他中段武器,以维持可靠的分层防御战略,并击败未来高超声速威胁。

2021 年 1 月,美导弹防御局将"高超声速和弹道跟踪空间传感器"(Hypersonic and Ballistic Tracking Space Sensor,HBTSS)开发合同授予了 L3 哈里斯技术公司和诺·格公司。新型卫星将与地面雷达结合,跟踪全球任何地方的高超声速武器,计划在 2023 年前对两颗原型卫星进行在轨演示。HBTSS 作为一种独特的天基持续过顶红外传感器,可为防御高超声速威胁和弹道导弹威胁提供火力控制跟踪数据。

2021 年 6 月,在美国众议院军事委员会关于 2022 财年预算听证会上,美导弹防御局展示了最新的高超声速武器防御作战概念。这是一个运用多层解决方案来防御高超声速目标的构想,其核心思想是利用天基系统对来袭的高超声速目标进行探测、跟踪和瞄准,并由"宙斯盾"

驱逐舰发射专门研制的新型导弹(滑翔段拦截导弹)和"标准"-6舰对空导弹对处于不同飞行阶段的高超声速目标进行拦截。这一天基系统即 HBTSS,作为发现和监视目标的眼睛,而专门研制的新型导弹被称为滑翔段拦截导弹,这是一种能够在较高飞行高度实施拦截的远程导弹。根据美国人的分析,高超声速导弹在高空进行高速巡航时最为脆弱,该拦截导弹的设计则完全针对高超声速导弹的这一弱点,计划到 21 世纪 30 年代前导弹研制成功。

除此之外,美军正在基于其全球一体化多层导弹防御系统验证区域性反导系统联合作战能力研制增程型 THAAD-ER 拦截弹,使其具备拦截高超声速目标的能力。但 THAAD-ER 增程型等方案均为近期过渡方案,美国国防部希望远期采用激光武器、轨道炮甚至天基卫星反导系统等提升对高超声速目标的拦截能力。

综上可见,为应对高超声速目标威胁,美国已形成多种防御方案,提出了改进现有反导武器系统与发展全新武器系统两条技术路径,并按照"攻防一体""以攻代防"的思路在行动层面加快落实和推进。

5.1.2　美国弹道导弹防御系统

对于高超声速目标和弹道导弹目标,从目标防御角度来看,二者在防御方式上存在很大相似之处,所以美国高超声速目标防御体系建设主要是以现有弹道导弹防御体系为基础,对现有弹道导弹防御系统进行升级改进。因此,要想把握美军防御高超声速目标的特点和能力,就要先了解美军完善的弹道导弹防御系统。

当前,美国已基本形成了体系化、多层次、一体化的弹道导弹防御系统(Ground-Based Ballistics Defense System,BMDS)框架,发展出由"陆基中段""宙斯盾"(包括陆基和海基"宙斯盾")、"萨德""爱国者-3"等系统构成的多层多体系拦截系统,基本可覆盖全球、全弹道(助推段/中段/末段)、雷达与红外系统相结合、陆/海/空/天全程观测、分层拦截,目前是全球最为完善且能力最强大的导弹防御体系。

美国弹道导弹防御系统包含预警探测系统、武器拦截系统和指挥控制系统三个主要部分。预警探测系统主要包括陆基、海基预警雷达和天基预警卫星。武器拦截系统主要包括陆基、海基拦截导弹。预警探测系统和武器拦截系统通过指挥控制作战管理与通信系统(C^2BMC)相联接,保持指令信息的流畅传输。具体反导流程是首先通过天基红外系统和众多陆/海基雷达获取探测信息,然后将目标信息传送给陆基中段导弹防御系统的火控中心,火控中心在 C^2BMC 的支持下,集成这些信息并将这些信息传送至拦截器。美国弹道导弹防御系统装备数量规模和部署如表 5.1 所列。

1. 预警探测系统

美国高度重视导弹预警能力的发展。自 20 世纪 50 年代起,历经 60 余年的发展,美国导弹预警体系建设随着国家利益的拓展,由区域防御不断发展到当前的国家防御。目前,美国已经建立了世界上体系最完备、具备全球预警和多层多段反导信息支援能力的弹道导弹预警体系,主要由天基红外探测系统与陆/海基雷达组成。

表 5.1　美国导弹防御系统装备

系　统		型　号	部署现状
探测系统	天基	国防支援计划(DSP)	4 颗地球同步轨道(GEO)卫星
		天基红外探测系统(SBIRS)	4 颗高椭圆轨道(HEO)和 4 颗 GEO 卫星
		空间跟踪与监视系统(STSS)	2 颗近地轨道卫星
	海基	海基 X 波段雷达(SBX)	1 部(母港位于阿拉斯加州埃达克岛)
		舰载 AN/SPY-1 雷达	38 部(随"宙斯盾"舰全球部署)
	陆基	AN/TPY-2 X 波段雷达(前沿部署模式)	6 部(位于韩国星州郡、日本青森县车力基地和京丹后市、土耳其、以色列、卡塔尔)
		升级预警雷达 UHF 波段	5 部(位于比尔空军基地、英国菲林代尔斯和格陵兰岛图勒空军基地、阿拉斯加州克里尔、马萨诸塞州得角)
		丹麦眼镜蛇雷达 L 波段	1 部(阿拉斯加州谢米亚岛)
拦截系统		地基中段防御系统	44 枚地基拦截弹(阿拉斯加格里历堡 40 枚)、范登堡空军基地 4 枚(2023 年前会增加到 24 枚)
		海基"宙斯盾"反导系统	38 艘"宙斯盾"舰,配备 300 余枚"标准"-3 拦截弹
		陆基"宙斯盾"反导系统	1 部位于罗马尼亚(配备 24 枚"标准"-3 拦截弹),另 1 部正在波兰建设
		末端高空区域拦截系统(THAAD)	7 套(关岛和韩国各 1 套、美国本土 5 套)
		爱国者-3 系统(PAC-3)	8 个营共 33 个炮兵连部署在美国,7 个营共 27 个炮兵连部署在海外
指挥、控制、作战管理与通信系统(C²BMC)			正在部署 8.2-3 版本系统,具备区域管理多部雷达的能力及直接获取天基信息的能力,进一步强化全球作战管理能力

（1）天基预警探测系统

美国自 20 世纪 60 年代开始发射试验型预警卫星,1970 年开始部署工作型预警卫星,经过多年发展,美国先后部署了"米达斯"(MIDAS)、"国防支援计划"(DSP)、"天基红外系统"(SBIRS)和"空间跟踪与监视系统"(STSS),如表 5.2 所列,目前正在发展下一代"过顶持续红外系统"(OPIR)。

表 5.2　美军现役天基导弹预警卫星

名　称	轨道类型	服役时间	卫星数量	传感器类型
国防支援计划	地球静止轨道(GEO)	1970 年	4 颗 GEO 卫星	红外望远镜+可见光电视摄像机
天基红外系统	GEO/大椭圆轨道(HEO)	2011 年(GEO) 2006 年(HEO)	4 颗 GEO 卫星、4 个 HEO 卫星载荷	扫描型红外探测器+凝视型红外探测器
空间跟踪与监视系统	低地球轨道(LEO)	2009 年	2 颗演示验证卫星	宽视场捕获传感器+窄视场凝视型多波段跟踪传感器

1)"国防支援计划"(DSP)系统

DSP 系统是美国第一种实战部署的预警卫星系统,是为应对洲际弹道导弹攻击美国本土而建造的。其首要任务是探测陆基和海基洲际弹道导弹,在 1991 年海湾战争中的"沙漠风暴"

行动后,也用于战区战术弹道导弹预警;第二任务是检测太空飞行器发射和核爆,可以检测地球大气层内和太空中的核爆,这个能力也可用于弹道导弹拦截效果评估。DSP 系统自 1970 年发射第一颗预警卫星至 2007 年,共发射了 23 颗卫星,目前有 4 颗工作卫星运行在地球静止轨道(GEO),分别为 DSP-18、DSP-20、DSP-21 和 DSP-22。

DSP 系统上的主要载荷有两种:一是双色短波红外望远镜,每隔 8~12 s 就可以对地球表面 1/3 区域重复扫描 1 次,能在导弹发射后 90 s 探测到导弹尾焰的红外辐射信号,并将这一信息传给地面接收站,地面接收站再将情报传给指挥中心,全过程仅需 3~4 min;二是具有远望能力的高分辨率可见光电视摄像机,安装摄像机是防止把高空云层反射的阳光误认为是导弹尾焰而造成虚警。在星上红外望远镜没有发现目标时,摄像机每隔 30 s 向地面发送 1 次电视图像,一旦红外望远镜发现目标,摄像机就自动或根据地面指令连续向地面站发送目标图像,以 1~2 帧/s 的速度在地面电视屏幕上显示导弹尾焰图像的运动轨迹。DSP 系统采用 3~4 颗 GEO 卫星实现对地球表面的全天候覆盖,通过卫星旋转(6 r/min)带两种载荷实现对单星覆盖区域的快速扫描,3 颗卫星同时工作,10 s 就可完成对全球表面的 1 次扫描。

DSP 系统是美国第一种实战部署的天基预警探测系统,在美国弹道导弹防御中发挥了重要作用,可对洲际弹道导弹提供 20 min 以上预警时间。但随着导弹技术的发展,DSP 系统逐渐暴露出问题,如无法跟踪中段飞行导弹、扫描速度慢、虚警率高、预警时间短等。

2)"天基红外系统"(SBIRS)

1995 年美国提出研制使命任务更多、性能更高的 SBIRS 系统以替代 DSP 系统。系统任务目标主要包括 4 项:提供快速准确的战略和战区导弹发射报告;为导弹防御系统作战能力提供有效支持;分析各类红外信号的特征数据以进行快速判别;更好地了解战场态势,为打击任务规划、作战力量防护提供支持等。SBIRS 系统不仅能够对弹道导弹进行全程监视,而且能对飞行在中段的导弹进行探测识别、跟踪,为反导系统提供目标指示和战场空间态势等信息。

SBIRS 系统组成包括地面和空间两部分。

地面部分包括主用和备用控制站、主用和备用中继站、固定式和移动式处理系统等。地面控制站主要担负战略和战术导弹预警信息接收、处理和分发,并为相关部门和战区指挥官以及导弹防御部门和部队提供预警信息。

空间部分包括高轨和低轨两部分,高轨部分由美空军负责,包括 4 颗地球同步轨道(GEO)卫星和 2 颗大椭圆轨道(HEO)卫星,后调整为 6 颗 GEO 卫星和 4 颗 HEO 卫星(目前共发射 4 颗 GEO 卫星 GEO-1、GEO-2、GEO-3、GEO-4 和 4 颗 HEO 卫星 HEO-1、HEO-2、HEO-3、HEO-4,洛·马公司正在制造第 5 颗和第 6 颗 GEO 卫星),其中 GEO 卫星主要用于探测和发现处于助推段的弹道导弹,HEO 卫星载荷则将该系统的导弹预警覆盖范围扩展到南、北两极,两层协同预警能够借助高低轨预警卫星系统间的相互协作和优势互补实现对弹道导弹的全程预警。SBIRS 系统卫星搭载双色高速扫描型红外探测器和高分辨率凝视传感器。扫描型探测器用一维线阵对地球南、北半球进行大范围扫描,凝视型探测器利用扫描型探测器提供的探测信息,用一个精细的二维面阵将导弹的发射画面拉近放大,获取详细的目标信息。两种探测器独立接受任务指令,可以同时工作。低轨部分包括 24 颗低地球轨道(LEO)卫星,限于技术难度过大、部署成本过高,于 2002 年移交导弹防御局,并更名为"空间跟踪和监视系统"(STSS),高轨部分项目名称继续沿用 SBIRS,目前 STSS 系统仅有 2 颗在轨演示验证样机。STSS 系统目标是构建具有对弹道导弹全程跟踪和探测能力的卫星星座。

STSS 系统卫星装有 1 台宽视场捕获传感器和 1 台窄视场凝视型多波段跟踪传感器。宽视场捕获传感器通过相对地球背景观察主动段尾焰来探测处于地平线以下且逐渐爬升的导弹。窄视场凝视型多波段跟踪传感器涉及三种波长,可以观察地平线以上目标,锁定目标并在弹道中段和再入段跟踪该目标。2009 年 9 月,STSS 系统的 2 颗演示验证卫星发射入轨,多次参与美国导弹拦截试验,展示了导弹全程跟踪、立体式跟踪、多目标跟踪、空间目标跟踪、相机间任务转交、双星间通信以及下行链路和导弹防御指挥与控制系统通信能力,在多次导弹防御试验中生成高质量预警信息,拥有更优的预报精度,缩短了信息传输回路,可以提供更多拦截准备时间。

SBIRS 系统主要通过高低轨卫星的协作以及地面站的支持来实现其系统功能。其中,高轨卫星利用其覆盖范围广的优势来快速发现目标,并将卫星的跟踪数据进行初步处理后传送到地面任务控制站,任务控制站对数据进行处理、分类和目标识别,判断红外源的性质,计算出导弹弹道,然后将跟踪数据传送给低轨 STSS 卫星并引导其对导弹中段及末段进行跟踪测量,低轨 STSS 卫星利用其分辨率高的优势来连续探测、跟踪目标。同时,任务控制站将卫星信息送往导弹防御系统的 C^2BMC,引导武器拦截系统对导弹实施拦截。

与 DSP 系统卫星相比,SBIRS 系统卫星的探测谱段更宽,扫描型和凝视型探测器相结合,使 SBIRS 系统的扫描速度和灵敏度相比 DSP 系统提高了 10 倍以上,能够穿透大气层在导弹刚一点火就探测到其发射,可对目标进行精确跟踪,定位精度约 1 km,可在导弹发射后 10~20 s 内将预警信息传给预警指挥控制中心。

SBIRS 系统基本形成了覆盖全球任意区域的导弹发射红外预警能力,为美军提供全球导弹预警、战场空间感知及其他情报数据。但美军认为 SBIRS 系统生存能力弱,应发展更简单、更灵活的系统,因此,在 2018 年宣布取消 SBIRS 系统的下一步发展计划,转而支持和发展“下一代过顶持续红外”(OPIR)系统,于是美国空军在 2019 财年预算中取消了对 SBIRS 系统第 7 颗和第 8 颗同步轨道卫星的投资,并且大幅减少 SBIRS 项目后续发展资金。

(2) 陆/海基预警探测系统

美国弹道导弹防御系统的陆/海基雷达基础设施可分为固定站点固定方向的雷达和机动平台可变方向的雷达两大类。

固定站点固定方向的雷达共 6 部,包括 1 部 L 波段“丹麦眼镜蛇”雷达和 5 部 UHF 波段升级预警雷达,升级并入 BMDS 之后,这些雷达都被称为改进型早期预警雷达(Upgraded Early Warning Radar,UEWR)。UEWR 属于远程预警雷达,主要对弹道导弹进行远程预警和跟踪,可以对攻击美国本土的洲际弹道导弹实现全方位覆盖,并提供至少 15 min 的预警时间。

机动平台可变方向的相控阵雷达共有 3 种型号,包括 X 波段 AN/TPY-2 前沿部署型雷达(1 个阵面,可提供 120°方位视场)、S 波段“宙斯盾”AN/SPY-1D 远程搜索与跟踪雷达(4 个阵面,可提供 360°方位视场)以及浮动式有螺旋桨推进的海基 X 波段(Sea-Based X-band,SBX)雷达,这些雷达属于多功能跟踪测量雷达系统,其中,AN/TPY-2 雷达是一种机动式、可快速部署的高分辨率 X 波段雷达,也是美军一体化弹道导弹防御体系中的重要传感器,可远程截获、精密跟踪和精确识别各类弹道导弹。该雷达具备两种工作模式,在前沿部署预警模式下(此时雷达成为可运输的前沿部署 X 波段雷达),雷达可检测、跟踪和识别上升段的导弹,并为反导系统提供目标指示,在终端模式下,该雷达用作“战区高空区域防空系统”(THAAD)

的火控雷达,最远作用距离超过 2 000 km。SBX 雷达是一部 X 波段雷达加装在半潜式钻井平台上的预警探测系统,同时具备自我推进和依靠拖船进行转移的能力,可以针对不同的任务需求进行远程机动,可在全球范围内部署,采用高频和最先进的雷达信号处理技术,用于提供详细的弹道导弹跟踪和识别信息,能够提供来袭导弹的重要数据,可用于辨别来袭的各种弹道导弹分弹头及假目标,为导弹拦截提供远程监视截获和精密跟踪。

2. 指挥控制通信与作战管理系统

指挥控制通信与作战管理系统(C^2BMC)是弹道导弹防御系统的情报与指挥中枢,本质是位于指挥中心的一种软件系统,自 2002 年提出以来,经过十几年的研发实践,成为连接拦截系统和预警探测系统的关键,同时也充分发挥出美国全球导弹防御系统的综合性能。完整的 C^2BMC 系统具有以下五种能力:

① 态势感知。即系统可以将反导系统中各个单元的数据信息进行整合及时反馈,使传感装置和武器系统以最佳方式联合以达到作战要求。②自适应规划。即系统具有能预先拟定拦截计划,并优化分析提供最适用于当前战场态势最优方案的能力,且能够派生出作战方案计划和交战次序。③交战控制。即系统把指挥控制和管理合二为一,在交战中实现对传感装置的管理,为拦截弹规划选择最佳轨迹,制定有序的发射安排,上传拦截计划,传达指挥决策。④建模仿真与分析。C^2BMC 以自动化的形式综合分析已知数据并以数字化的方式进行作战想定和分析评估。⑤通信能力。以网络为中心,在导弹防御系统之间进行数据信息的传输。

以上五种能力高效协作、交叉配合,形成了系统的综合实力。在反导拦截作战过程中,C^2BMC 系统可以不断分析评估和纠正修改作战规划。可见,C^2BMC 系统在美国弹道导弹防御系统的组合连接、态势感知、综合集成以及信息传输等方面发挥关键节点作用。

3. 武器拦截系统

美国当前已经研制出由多种拦截弹构成,并投入实际部署、可实施分层拦截的完善弹道导弹拦截系统。该系统的构成包括陆基中段防御系统、"宙斯盾"弹道导弹防御系统、"萨德"系统和"爱国者"-3 系统,各系统性能参数如表 5.3 所列。

表 5.3　美军现役导弹拦截系统性能参数

参　数	GBI	"标准"-3 ⅠA/B	PAC-3	THAAD 基线型	THAAD 增程型
弹体直径/cm	127	34.8	25.5	34	53(第一级) 36.8(第二级)
弹体长度/m	16.8	6.58	4.635	6.17	—
弹体重量/kg	12 700	1 505	304	900	—
最大拦截距离/km	6 000	700	3~60	220	660
最大拦截高度/km	2 000	500	3~30	150	450
最大飞行速度 /(km·s^{-1})	10	3	2.4	2.8	—
导引头	中波/长波 红外导引头	长波红外导引头	Ka 波段雷达 主动寻的	双色红外导引头	—
拦截方式	均为直接碰撞的方式				

陆基中段拦截系统(GMD)主要负责对典型的洲际导弹目标进行中段拦截。该系统的主阵地位于阿拉斯加州格里利堡基地,拦截弹部署在发射井中,当前共部署了 44 枚大型陆基中段反导拦截弹(GBI)。2017 年,美国政府加大了陆基拦截弹的部署力度,并与波音公司签订合同,要求将陆基拦截弹的部署数量由 44 枚增加到 64 枚,在 2023 年前范德堡空军基地增加到 24 枚,并在现有导弹场建设额外 2 个发射井。GBI 由三级固体火箭发动机和大气层外杀伤器(exo-atmospheric kill vehicle,EKV)构成,长度 16.6 m,直径 1.3 m,总质量 22 483 kg,最大射程 5 000 km,射高 2 000 km,推进时间 206~216 s,在垂直和非垂直轨道上能达到的最大速度分别为 7.2 km/s 和 8.3 km/s,EKV 长度为 1.4 m,直径 0.6 m,质量 55 kg。

海基"宙斯盾"反导系统搭载于"宙斯盾"舰,主要使用"标准"-3 系列拦截弹,并通过不断升级持续提高系统的作战效能。美军将"标准"-3 从 Block I 型升级至 Block IIA 型之后,使该型弹的性能得到了巨大提升。"标准"-3 Block IIA 采用三级固体火箭发动机,长约 8.1 m,弹径约 0.53 m,发射重量 2 t 以上,关机速度从早期"标准"-3 的不到 3 km/s 提高到不低于 4.5 km/s,战斗部则采用了 1 枚 33 kg 的 EKV。"标准"-3 Block IIA 的最大射程可达 1 500 km 以上,最大杀伤区高界约 500 km,意味着"标准"-3 Block IIA 已经能对中、远程弹道导弹,甚至部分特定飞行轨迹的洲际导弹进行中段拦截。美海军于 2020 年 11 月 17 日在太平洋中部实施的 FTM-44 任务中,伯克级驱逐舰"约翰·芬"号发射了 1 枚"标准"-3 Block IIA,成功在中段高空拦截了 1 枚洲际导弹目标(靶弹的关机速度为 4.5 km/s,推测射程约 5 000~6 000 km),证明其具备拦截洲际弹道导弹的能力。

末段高空区域防御系统("萨德")为美军战区导弹防御系统的主要组成部分,可在大气层内、外拦截来袭的短程和中程弹道导弹,主要负责末段拦截中、远程弹道导弹,理论上也能对部分中、近程弹道导弹进行中段拦截。当前"萨德"系统的拦截弹采用单级助推器,由助推器、动能拦截器及整流罩组成,长 6.17 m,最大直径 0.37 m,起飞重量 900 kg,最大速度 2.8 km/s,可拦截 3 500 km 射程以内的弹道导弹,拦截高度 40~150 km,是典型的末端高空反导拦截系统。"萨德"系统的拦截高度正处于"爱国者"反导系统和"宙斯盾"标准-3 反导系统之间,对美国导弹防御系统形成连续的分层拦截能力起到了承上启下的作用。

陆/海基末段反导拦截系统主要包括以下几类:一是美陆军部署的"爱国者"-3 系统,该系统的拦截弹采用单级固体火箭发动机,弹长约 5.2 m,弹径约 0.25 m,发射重量约 328 kg,关机速度约 5 Ma,战斗部采用动能杀伤拦截器。"爱国者"-3 MSE 为该系统的最新改进型,强化了态势感知和多目标交战能力,拦截弹的杀伤区高界、远界也有不同程度的提升,可以更好地与"萨德"系统形成衔接;二是美海军提康德罗加级巡洋舰和伯克级驱逐舰上部署的"标准"-6 防空导弹。"标准"-6 拦截弹是在"标准"-2 Block IV 增程型弹体基础上研制而成的,在 2013 年 11 月形成了初始作战能力。该型弹装有一级助推器,长约 6.58 m,弹径约 0.34 m,发射重量约 1.5 t,"标准"-6 基本型最大飞行速度 3.5 Ma,最大飞行高度 33 km,最大射程为 370 km,采用高爆破片杀伤战斗部,既可用于攻击战术飞机、巡航导弹等目标,也可对部分近程弹道导弹进行末段拦截,通用性较强。

5.1.3　美国针对高超声速武器防御采取的对策

面对高超声速武器威胁,美国一方面对现有弹道导弹防御系统进行升级改进,另一方面同步开展拦截武器概念方案探索以及涵盖全杀伤链的部件级关键技术预研来全面提升高超声速武器防御能力,具体体现在对高超声速目标的预警探测、指挥控制和拦截三个方面。

1. 预警探测方面

美国防御高超声速武器预警探测体系建设主要以现有弹道导弹防御体系为基础,通过改进和新研陆基雷达、改进天基传感器技术两方面,提高对高超声速目标的预警探测能力。

(1)改进与新研陆基雷达

美国对陆基雷达的改进主要体现在以下五个方面。

① 升级 UHF 波段反导预警雷达,强化本土反导能力。2005—2009 年,美军已陆续将位于美国加利福尼亚州、英国和格陵兰岛的三部雷达升级为第三代"改进型早期预警雷达"(FPS-132)。位于阿拉斯加州的克里尔和马萨诸塞州科得角的两部"铺路爪"雷达也分别于2017 年和 2018 年并入弹道导弹防御系统。

② 开发新型 S 波段远程识别雷达,提升目标识别能力。2014 年 3 月,导弹防御局宣布启动新型 S 波段远程识别雷达的研制工作。2021 年 12 月 6 日,美国在阿拉斯加克利尔太空基地首次完成了远程识别雷达部署。由于该型雷达视场宽度大,运行状态下具备对各种类型的弹道导弹搜索、跟踪和识别能力,迭代升级后还可跟踪高超声速目标。

③ 研制新型 X 波段雷达。2018 年 7 月,美国防部以提供自主获取、持续精确跟踪和识别能力,优化反导系统防御为目的,提出了发展全新 X 波段反导雷达的计划,以此来增强先进导弹和高超声速目标防御能力。美国第 1 部新型 X 波段反导雷达计划部署于夏威夷,目前已在瓦胡岛进行选址研究,计划于 2023 年部署,并将在太平洋区域部署第 2 部该型号雷达。届时,不仅能够对朝鲜导弹发射活动进行有效监控,也能对中俄在亚太地区发射的导弹和高超声速目标进行监控。未来,该型雷达或将与部署在日韩的"萨德"反导系统进行协同作战,对从亚太地区发射通过太平洋上空飞向美国的弹道导弹和高超声速目标进行接力探测,为拦截系统提供精确参数。同时,该型雷达还可以与美国在建的天基传感器体系进行协同作战,一方面可以弥补该型雷达受到地球曲率限制的影响,另一方面也可以扩展太空雷达的覆盖范围,提高拦截系统的拦截效率。

④ 升级"宙斯盾"先进作战系统。美国《国防》月刊网站 2019 年 1 月 16 日刊登题为《高超声速武器对反导系统威胁日益严重》文章,洛·马公司的高管们表示,该公司正着手升级其"宙斯盾"先进作战系统,以探测高超声速目标和无人机群等新兴威胁。文章称"'宙斯盾'系统选择针对高超声速目标和无人机群这两类武器作为改进方向是对现实威胁的必然反应。'宙斯盾'系统主要对付的是传统固定翼飞机和反舰导弹、巡航导弹,这些传统目标的飞行速度大多是亚声速或者 2 倍以内声速,'宙斯盾'系统尚能应对,但对于 2~3 倍声速的反舰导弹,就已经有些勉力支撑了,更何况是 5 倍声速以上的高超声速目标。所以,升级是不得已而为之"。目前的 SPY-1 雷达将被新的防空反导雷达(Air& Missile Defense Radar,AMDR)所取代,该雷达后被命名为 AN/SPY-6,于 2019 年进行了装舰测试,将于 2023 年实现初始作战能力。

⑤ 更新"爱国者"雷达。2020 年 2 月,雷声公司在实验室控制条件下进行了其承研的美国陆军"低层防空反导传感器"(LTAMDS)雷达第一次天线阵列测试,试验取得成功。LTAMDS 项目旨在更新"爱国者"雷达,能够应对高超声速武器、无人机等新型威胁,未来将取代美国陆军"爱国者"系统的现役雷达。

（2）改进天基传感器技术

美国高度重视天基预警卫星系统的发展，主要通过推进"下一代过顶持续红外"（OPIR）及"高超声速与弹道导弹跟踪传感器"（HBTSS）两大项目，提升对高超声速目标的天基预警探测能力。

1）发展"下一代过顶持续红外"（OPIR）项目

美军认为"天基红外系统"（SBIRS）生存能力弱，应发展更简单、更灵活的系统，因此，于2018 年宣布取消 SBIRS 系统的下一步发展计划，转而支持和发展 OPIR。OPIR 属于美国下一代导弹预警卫星星座，是美国继 DSP、SBIRS 系统之后，为瞄准未来太空作战，转变装备发展理念，着力构建在"竞争性环境"中具有更强生存能力和体系弹性的天基预警体系，主要用于监视和发现敌方的战略弹道导弹，未来将逐步取代现役的 SBIRS 系统卫星。

下一代 OPIR 系统的探测能力得到了极大提高，它能探测跟踪大型弹道导弹发射和尾焰、小型低空导弹甚至空空导弹的发射，可以跟踪导弹飞行中段的"冷"弹头，并且很可能对高超声速目标具有更好的跟踪能力，包括对机动性更高的高超声速滑翔武器的跟踪能力。另外，下一代 OPIR 系统的新型卫星将基于美国空军的"空间作战构件"（SWC）建设，在各种对抗性、降级以及运行受限的环境中保持美军的空间优势，以提供能在竞争性环境中生存的导弹预警能力。OPIR 项目通过"采用成熟的卫星平台＋重点关注传感器技术"的方式，使美国在未来保持甚至获得更强预警能力的同时，有效降低单个预警卫星的成本，从而降低己方导弹预警卫星的作战目标价值，获得更高的生存概率。此外，相对简单廉价的预警卫星在战时也能够大量制造和快速部署，补充和维持天基导弹预警能力，增强导弹预警卫星的体系弹性。

根据美国 SBIRS 系统后继计划，OPIR 系统总共包括 7 颗卫星（5 颗 GEO 卫星以及 2 颗极轨卫星），任务有效载荷重量低于 272 kg，具备弹性生存能力，并分成 Block 0 和 Block I 两阶段交付。Block 0 包含 3 颗 GEO 卫星和 2 颗 HEO 卫星，计划 2025 年实现初始作战能力，2029 年前投入作战应用；Block I 将采用开放式行业竞争方式选择合同商，该阶段包含至少 2颗 GEO 卫星，计划 2020 年启动竞标，2030 年实现初始能力。

2）发展"高超声速与弹道导弹跟踪传感器"（HBTSS）项目

由于高超声速飞行器的主要飞行弹道是在高度较低的临近空间，受地球曲率的影响，陆/海基预警雷达的有效探测距离会受到极大限制，克服这一困难的有效途径是从太空探视高超声速目标。由于地球同步轨道传感器距离地球太远，无法精确探测和跟踪大气层中或在太空中滑行的高超声速目标，因此美国认为近地轨道是跟踪高超声速目标的最佳位置。在这一大背景下，HBTSS 项目应运而生。

2019 年 10 月，美国导弹防御局宣布开发 HBTSS 项目，项目旨在开发一种功能强大、价格合理、生存能力高且扩展能力强的太空传感器，用以探测和跟踪高超声速导弹等先进武器。该项目预期将探测、跟踪和识别弹道导弹和高超声速导弹"从生到死"的全寿命周期，系统部署后的主要用途包括弥补美军现有对高超声速目标预警探测能力的不足，形成对高超声速目标的全程跟踪能力，与 SBIRS 系统和 OPIR 系统卫星共同覆盖导弹主动段，增强对先进导弹的预警能力。

HBTSS 系统将首先考虑部署在近地轨道，从而获得更好的跟踪能力。与此同时，这一系统包括分散在轨道四处的传感器，这些传感器在跟踪目标的同时能够互相传递消息，通过计算后可以实现对高超声速目标的不间断跟踪。但是，在近地轨道建立一个空间传感器层是一种挑战,因为近地轨道上运行的卫星会以每小时数千千米的速度绕地球运行,这意味着为了连续覆盖某一特定区域,一个轨道平面上可能需要部署数十颗卫星以确保能稳定跟踪高超声速目标,如果想要覆盖整个地球,至少需要数百颗 LEO 卫星运行在多个轨道平面上,同时需要将整个星座联网,并及时向防御系统报告目标信息,这个建设成本是巨大的。因此,美国防部也在考虑包括中地球轨道在内的其他轨道方案。虽然从近期来看 HBTSS 项目仍是以低地球轨道为重点研究方向,但长远来看多轨道部署将对项目成功与否十分关键。

HBTSS 项目将作为由美国太空军太空发展局(SDA)负责的扩散式低地球轨道(P-LEO)太空架构所规划的数项任务之一,也是美国太空军下一代导弹预警卫星项目 OPIR 系统的组成部分,将采用持久红外传感器来探测与跟踪高超声速武器等新兴威胁。

2. 指挥控制方面

高超声速目标飞行速度快、飞行高度低且能进行大范围机动,留给防御方的反应时间有限,对 C^2BMC 提出了更高的要求。因此,美军继续推进 C^2BMC 软硬件升级,增强态势融合处理和协同作战能力。目前美国导弹防御系统的 C^2BMC 为螺旋 6.4 版本,具备区域管理多部雷达的能力、初步的网络中心战能力以及初步的全球作战管理能力。为了适应全球一体化导弹防御系统的发展要求,美国计划将该系统软件升级至螺旋 8.2-3 版本,能够高效协同多种预警探测系统和武器拦截系统。

3. 武器拦截方面

作为防御高超声速目标的实质性毁伤环节,武器拦截能力至关重要。对此,美国持续开展拦截武器概念方案探索以及涵盖全杀伤链的部件级关键技术预研,旨在远期最终实现对高超声速目标的拦截能力。

(1)升级"萨德"系统

"萨德"系统是美军目前唯一能在大气层内、外拦截弹道导弹的陆基高空远程反导系统。早在 2014 年秋,导弹防御局要求洛·马公司开展 THAAD 增程改型 THAAD-ER 的设计概念研究,实现对高超声速助推-滑翔目标拦截能力,并在更远距离上拦截来袭弹道导弹。2017年,该项目正式进入预算拨款阶段。

"萨德"系统的拦截弹安装了特殊的侧窗红外敏感器系统,还配备了功能强大的 AN/TPY-2 雷达,其有效距离远远超过目前装备的拦截器的拦截范围。增程型 THAAD-ER 配属原来的雷达和指控单元,采用两级火箭设计,其中第一级初始助推器将由直径 34 cm 增大至直径 53 cm,从而获得更大的拦截距离,而第二级助推器直径 36.8 cm 将用于在释放杀伤器前缩短与目标的距离,提高燃尽速度,提供更大的碰撞拦截动能,如果来袭高超声速目标在发射后进行了规避机动,二级助推器也可以推动导弹转向,从而扩大了拦截器的有效范围。增程型 THAAD-ER 系统将采用原有的发射装置与杀伤器,但因拦截弹体积变化,发射装置将从当前的 8 联装设计为 5 联装。

根据洛·马公司描述,增程型 THAAD-ER 系统的拦截距离、拦截高度约是基线型的 3 倍,防御区域可扩大 9~12 倍。

(2)研发"滑翔破坏者"拦截器

2018 年 9 月,DARPA 首次公布了"滑翔破坏者"(Glide Breaker)项目拦截器概念设计图,该项目旨在通过技术创新研发一款性能先进、成本低廉的拦截武器,采用动能直接碰撞的方式在大气层上部对飞行中的高超声速目标进行动能拦截,从而达到摧毁来袭高超声速目标的目的,以此增强美国防御高超声速目标威胁的能力。同时,从作战情报保障来看,该项目可以与E-8C联合监视目标攻击雷达系统、E-3哨兵预警机、RQ-4全球鹰无人机以及新型战场监视装备等平台进行整合,对来袭高超声速目标实现尽早发现,为拦截来袭高超声速目标提供预警和情报支援。

(3) 研发"滑翔段拦截导弹"

2021 年 6 月 30 日,美国《国家利益》双月刊网站刊登题为《美研发拦截高超声速导弹技术》的文章。文章称美国军方正在积极研发能够摧毁高超声速导弹的新一代武器。导弹防御局研发的新一代高超声速防御系统"滑翔段拦截导弹"是一个具备较高飞行高度的远程导弹研发项目,该拦截导弹能够从地面或海军军舰的甲板上发射,在高超声速导弹的飞行阶段(滑翔段)摧毁它。美军认为高超声速导弹在飞行期间更容易受到攻击,例如,一枚高超声速助推-滑翔武器被推至大气层,以高超声速滑翔,然后以空前的速度降落到目标上,在导弹进入最后的高速下降阶段之前,处于导弹弹道的"滑翔"点时是拦截它的最好时机。美导弹防御局局长、海军中将乔思·希尔认为,处于滑翔阶段的高超声速飞行器很可能处于最脆弱的阶段。希尔说:"我们发现,可以用'宙斯盾'舰来实现火控闭环。该舰已经证实可以排队等待远程发射,而且具备远程作战能力。"远程发射是一种先进的火控技术系统,可以通过网络从分散的地点指挥拦截导弹。导弹防御局还打算将"滑翔段拦截导弹"与正在研发中的 HBTSS 结合起来,建立一个稳定、连续的目标跟踪系统,以便瞄准和摧毁导弹。

(4) 研发定向能武器

定向能武器与传统动能武器相比,可以高速击中目标,成本更为低廉且精度更高,这些优势使得定向能武器具备应对各种新兴威胁的能力。

据美国《华盛顿自由灯塔报》网站 2018 年 11 月 13 日报道,时任美国国防部研究与工程副部长迈克尔·格里芬表示,美国防部将申请更多经费来发展激光武器、高功率微波武器和其他定向能武器系统,以应对高超声速武器以及无人机蜂群的威胁。

2020 年导弹防御局授予雷声公司用于建造首个微波技术试验台的合同,高功率微波(HPM)系统是 2019 年导弹防御局为高超声速防御武器系统选择的五种潜在拦截器技术之一。目前,美国防部已启动了低功率激光武器验证项目,随后还将计划发展激光武器、高功率微波武器及其他定向能武器系统,以应对高超声速武器的威胁。虽然美空基激光武器项目已于 2011 年终止,但该项目使美国积累了技术储备,为其新型机载激光器发展奠定了坚实基础。目前,美国已重启对机载激光武器项目的研究,发射和搭载平台以无人机和战斗机为主。2016年 8 月 26 日,导弹防御局发布"低功率激光反导武器演示系统"招标书,旨在开发用于高空长航时无人机的高能激光反导武器,特别是验证助推段反导拦截作战概念。诺·格公司"全球鹰"无人机、波音公司"魅眼"无人机、通用原子公司"复仇者"无人机等均参与了该项目竞争。搭载激光武器的高空无人机平台的飞行高度约 10.7 km,远大于美国空军研究实验室(AFRL)开展的基于 AC-130 运输机的"高能液态激光区域防御系统"(HALLADS)的飞行高度。为适应无人机平台应用,机载激光武器需严格控制功率密度。在 21 世纪初,基于波音747 平台的氧碘化学激光武器(ABL)的功率密度为 55 kg/kW,按照导弹防御局的发展路线图,为实现中空长航时无人机的载荷需要,机载激光武器的功率密度最少需达到 5 kg/kW,而导弹防御局的目标是实现 2 kg/kW 或更低,以实现高空续航数天或数周。2017 年,美空军研究实验室定向能理事会激光事业部(AFRL/RDL)发布征求建议书,征求下一代紧凑型环境下激光改进(LANCE)项目的研究建议,主要目的是整合当前和未来战斗机上的防御性激光武器,用于对抗高超声速目标。AFRL/RDL 正在研发创新方案,开发最先进的激光技术,验证紧凑、耐用的大功率激光器性能,评估激光器的作战效用。未来,美国或将激光高能武器融入陆、海、空三军联合攻防体系,既能与"萨德"系统、"爱国者"系统和中程扩展防空系统等美陆军防空武器系统协调配合,也能与美海军的导弹、火炮一起构成海基综合防空系统,还能与天基动能武器、跨大气层飞行器、卫星等组成外层空间作战系统,不仅能对高超声速目标进行拦截,还能支援其他战场作战。

5.1.4 美国高超声速武器防御体系建设特点

尽管美国高超声速武器防御体系目前尚处于边研边建边完善的阶段,但从其高超声速武器防御体系构建过程和趋势来看,其防御举措主要呈现出以下特点:

① 美国正在全面构建区域高超声速防御体系。当前美国正在加速落实其高超声速防御发展战略,从 2022 财年预算中能看出美军对高超声速防御能力极为重视,导弹防御局为 HBTSS 项目申请约 2.56 亿美元经费,进行跟踪算法的开发与卫星上红外传感器有效载荷的组装和集成,为高超声速防御技术研发申请 2.479 亿美元,并对 C²BMC 系统进行升级,从预警探测、指挥控制、通信、拦截等多方面齐头并进,全面构建高超声速防御体系。

② 着眼体系作战,探索高超声速目标的反制措施。美国着眼体系作战能力要求,通过现有系统与新式作战模式配合、多种拦截手段配合使用等多种方式,积极研发新式武器,探索高超声速目标反制措施。从体系建设上看,美国持续推进防空反导系统建设,在现有防空反导系统的基础上,通过改装设备,发展完善天基传感器系统,探索定向能等新概念拦截手段,论证滑翔段拦截的有效性,并积极探讨助推段拦截的可能性,以及提前部署,尽远抗击等手段,打造覆盖天、空、地、海四位一体,防空、反导与反高超声速武器一体的新型防空反导体系。从技术方案上看,导弹防御局将通过发展高超声速防御"杀伤链"寻求先进的防御技术,包括早期识别技术、持续传感器技术、低延迟通信和处理技术以及支持未来武器系统组件的先进技术等。从战术战法看,美国积极拓展非对称战法,通过研发新型高超声速武器,力争在高超声速武器发展领域赶超俄罗斯,并努力形成体系化作战能力。在突破俄罗斯高超声速武器战略威胁的同时,通过自身高超声速武器的发展,给俄罗斯造成战略威胁,确保美国在全球的战略利益。

③ 着眼攻防兼备,攻防协同发展。美国一方面持续加大防御体系建设投入,积极整合现有防空反导资源,着重从宏观架构和防御能力等方面入手,积极开展高超声速武器防御体系构建,力争打造天基、空基、地基、海基一体的多平台、多手段高超声速武器防御体系;另一方面,美国立足"进攻即是最好的防御"理念,积极开发新型高超声速进攻武器,确保在与主要对手高超声速武器竞争过程中的战略优势。

④ 新老手段结合。美国通过新老手段结合的方式全力发展高超声速武器防御技术。美国一方面依托当前弹道导弹防御系统的升级改进,旨在近期实现对高超声速目标的初步预警

探测能力,并进一步启动天基传感器以发展针对高超声速目标的全程跟踪能力;另一方面同步开展拦截武器概念方案探索以及涵盖全杀伤链的部件级关键技术预研,旨在远期最终实现对高超声速目标的拦截能力。近期,作为应对高超声速武器威胁的过渡方案,除正在研制增程型 THAAD-ER 拦截弹外,还提出"标准-6"拦截弹同样具备反高超声速武器的潜力。远期,准备采用激光武器、轨道炮甚至天基卫星反导系统等,提升对高超声速目标的拦截能力。

⑤ 着眼提前防御,降低高超声速武器的现实威胁。针对主要作战对手高超声速打击能力的不断增强,美国结合现有防空反导实际,将高超声速武器的防御重点布置在俄罗斯附近,通过升级日韩"萨德"系统、在夏威夷部署新型 X 波段反导雷达、未来可能发展海基新型 X 波段反导雷达等方式,在主要对手高超声速武器尚未实战化装备之前,尽早部署、提前防御,尽可能将高超声速武器对本国带来的威胁降至最低。

⑥依托天基赋能和全域指控,解决高超声速武器探测跟踪难的问题。美国高度重视天基探测系统对高超声速目标的探测跟踪能力,大力发展天基预警监视卫星系统建设。未来,HBTSS 和低轨 OPIR 作为跟踪层的一部分,解决高超声速目标难以探测和跟踪的问题,同时,C^2BMC 系统将集成所有传感器的监视、预警、探测、跟踪、目指数据,并使传感器与射手保持实时通信,实现全域联合的高超声速防御作战。

5.2　俄罗斯高超声速武器防御

面对太空军事化和高超声速武器的重大威胁,俄罗斯已将空天防御力量视为保障国家安全的非核战略威慑力量,加紧太空监视系统、反卫星系统、临近空间高超声速武器等新型武器装备的研制步伐。俄罗斯认为,未来战争将首先从大规模的空天进攻开始,空袭与防空的作战高度主要集中在 30 km 以下的空域,相应的攻防武器发展已经比较成熟,在不远的将来,随着空间作战飞行器、临近空间助推-滑翔飞行器、临近空间吸气式高超声速飞行器的发展,来自太空及临近空间的威胁将不断加剧,目前还缺少有效的反制手段来应对这些威胁。

俄罗斯正在将防空反导系统作为军队建设的重点领域之一,并且特将应对高超声速武器打击作为 2020 年前俄军装备建设的优先发展方向之一,在其新一代空天防御系统发展规划中明确提出了拦截高超声速巡航导弹、滑翔弹头等临近空间目标的任务需求。同时,随着俄罗斯 S-500 新一代远程防空导弹的服役以及对现役防空反导系统的升级,俄罗斯针对高超声速武器的防御能力将走在世界前列,成为抵御外来入侵的重要空天盾牌。

5.2.1　俄罗斯多层防空反导防御系统

从 2008 年起俄罗斯就致力于建立一体化防空反导防御系统,不仅使自身的防空反导防御系统能够统一为一个整体,还包括和独联体国家的防空反导防御系统融为一体。俄罗斯将自身建设的多层防空反导防御形象地比喻为反导"洋葱头",寓意是俄罗斯未来的防空反导系统能像洋葱一样层层包裹,能够歼灭各种距离和高度的空天目标,密集有效地防护俄罗斯特别是首都莫斯科的空域安全。

俄罗斯多层防空反导防御系统中主要包括战略反导系统和非战略防空反导系统两部分。

战略反导系统主要是 A 系列,包括现役的 A-135 系统和正在研制的 A-235 系统,非战略防空反导系统主要是 S 系列,包括 S-300、S-350、S-400、S-500 等系统。此外,俄罗斯还装备了"山毛榉-M2""铠甲-S1""莫尔菲"等末端防御系统。其中,俄罗斯多层防空反导防御系统的主体是新型战略反导系统 A-235 和第五代战役战术防空反导系统 S-500,二者都具备拦截高超声速导弹的能力。

1. A 系列/战略反导

苏联从 1953 年就开始了弹道导弹防御系统的研制工作,并先后研制了弹道导弹防御系统(A 系统)、第一代莫斯科反导弹系统(A-35 系统)、第二代莫斯科反导弹系统(A-135 系统)、第三代莫斯科反导系统(A-235 系统)和战役战术导弹防御系统。当前,俄罗斯已开始装备第三代莫斯科反导系统 A-235,并逐步修复其导弹预警能力的漏洞。

(1) A-135 系统

A-135 系统是世界上最早研究并部署的战略级反导拦截系统,是俄罗斯第二代战略反导系统。该系统主要负责保护莫斯科及其周边区域免遭洲际弹道导弹打击,属于要地防御系统,并非全国性的防御系统。该系统由顿河-N 射击雷达站、指挥计算站、通信传输系统、导弹发射井、51T6 高层拦截导弹和 53T6 低层拦截导弹组成,主要负责末段拦截。A-135 系统于 1989 年宣布成军,1995 年初进入警戒运作状态。顿河-N 探测雷达部署于莫斯科郊区索夫里诺,具有 190~1 000 km 中程探测距离。指挥系统由艾尔布鲁斯-2 超级计算机构成,运算功能非常强大。系统可部署 100 枚导弹,导弹可以分为两类:一类是构成系统的 36 枚射程较远的 51T6 拦截导弹(北约代号"女怪"),是"橡皮套鞋"拦截导弹的改进型,采用 1 百万吨级当量核弹头,用于高层(大气层以上)拦截弹道导弹,最大拦截高度 120 km,地下井发射,有效射程 350 km;另一类是组成系统的 64 枚射程较短的 53T6 拦截导弹(北约代号"小羚羊"),采用 1 万吨级当量核弹头,用于大气层内拦截弹道导弹,最大拦截高度 20 km,最大飞行速度可达 10 Ma,拦截距离为 80~100 km。

由于 A-135 战略反导系统是采用核爆方式拦截来袭导弹,附带损伤较大,加上其他原因,实战价值不高,无法有效满足俄罗斯当前的作战需求。

(2) A-235 系统

A-235 系统是俄罗斯在研的第三代战略反导系统,其雷达、指挥控制系统及电子设备等得到了更新换代。该系统自 2014 年首次成功摧毁 1 颗近地轨道卫星以来,截至 2021 年 4 月,A-235 系统已经进行了数次反导拦截试验,其系统组成及三种拦截弹参数如表 5.4 和表 5.5 所列。

顿河-2M 预警雷达站作为 A-235 战略反导系统的核心,是工作于厘米波段的四阵面有源相控阵雷达,能侦测 2 000 km 外、尺寸约为 5 cm 的近地空间飞行物,可在 3 700 km 外的近地空间发现洲际弹道导弹弹头。一旦发现敌情,该雷达站将把侦测情报传给某测算中心内的艾尔布鲁斯超级计算机,后者在算出敌方飞行器的飞行轨道后,将向单个或多个反导发射系统发出拦截指令。一部雷达可完成预警探测、目标识别、火力控制、制导拦截、效果评估等多项任务,可同时跟踪 120 个目标,制导 20 枚 77N6 反导导弹进行拦截。

表 5.4　A - 235 战略反导系统组成

名　称	型　号	功　能
雷达	顿河-2M 雷达	发现、跟踪目标及拦截弹,制导拦截弹
	马尔斯雷达	
计算机	艾尔布鲁斯计算机	系统管理、指挥、计算和雷达数据处理及控制,采用 E2K 处理器,每个处理器的运算速度达 80 亿次/秒
拦截弹	改进型 51T6 拦截弹	远程拦截弹,拦截大气层外的弹道导弹及低轨卫星
	58P6 拦截弹	中程拦截弹
	77N6 拦截弹(53T6 改进型,也称 53T6M)	近程拦截弹,拦截大气层内弹道导弹目标

表 5.5　A - 235 的三种拦截弹性能参数

名　称	远程拦截弹	中程拦截弹	近程拦截弹
型　号	改进型 51T6	58P6 拦截弹	77N6 拦截弹
弹头类型	核弹头/动能弹头	常规动能弹头	常规破片杀伤弹头
拦截距离/ km	1 000～1 500	1 000	350
拦截高度/ km	50～800	50～120	15～40
发射方式	地下井发射	公路/铁路机动发射	公路/铁路机动发射
制导方式	惯性制导	—	无线电制导

A - 235 配备了远、中、近程拦截弹,可装备核弹头、动能弹头、破片杀伤弹头等多种弹头,能摧毁集群目标,拦截洲际导弹。

A - 235 系统具有如下特点:

① 增加了中层拦截弹,三层拦截弹覆盖高度 15～800 km,能够形成从中高空到太空不同高度的三层反导拦截网,而采用双层拦截弹的 A - 135 系统则无法拦截 30～70 km 高度范围内的目标。

② 采用核、动能及破片杀伤三种拦截方式,提升了实战运用的灵活性。中、低层拦截弹使用常规弹头,能够避免 A - 135 系统拦截时出现的核污染。高层拦截弹保留核拦截方式,能在惯性制导精度较低的情况下依靠核爆炸威力摧毁目标,并且拦截高度和距离较远,不会对莫斯科地区造成核污染。

③ 中、低层拦截弹采用机动发射方式,能够提高机动能力和生存概率。

④ A - 235 系统的主要缺点是制导精度不足、抗干扰能力弱,其中低层拦截弹采用无线电制导,易受干扰,高层拦截弹采用惯性制导,精度较低。

2. S 系列/非战略防空反导

S 系列非战略防空反导系统是俄罗斯的另一系列反导利器。在俄罗斯的 S 系列防空反导系统中,S - 300 中远程防空导弹主要用于拦截飞机、战术弹道导弹等来袭目标;S - 400 远程防空导弹更注重反导拦截能力,目前俄罗斯空天军 70% 的防空导弹团已换装该型导弹;S - 500

配备的三型拦截弹将使 S-500 不仅具备战术反导和部分战略反导能力,同时具备反高超声速目标能力。

(1) S-400

S-400 系统以 S-300 PMU2 系统为基础进行改进,同时吸收了 S-300V 系列优点,为俄罗斯第四代防空反导系统。S-400 系统可采用的导弹达到 8 种之多,可发射低、中、高、近、中、远射程的导弹,构成"高低结合,梯次互补"的防护体系,打击目标最高速度可达 4.8 km/s,对付空气动力目标有效距离 3～380 km、有效高度 0.01～30 km,对付弹道导弹目标有效距离 5～60 km、有效高度 2～25 km,其中远程地空导弹 48H6E2 和 48H6E3 可分别抗击最大速度为 2.8 km/s 与 4.8 km/s 的来袭目标,射程达到 200 km 和 260 km,具有射程大、精度高的特点。

(2) S-500

S-500 属于俄罗斯第五代防空反导系统,是在 S-400 系统基础上发展而来的一种机动式远程/超远程防空反导系统,由金刚石-安泰集团设计制造,于 2002 年开始研发,2014 年试射成功,主要用于抗击空气动力学目标以及高超声速目标、弹道导弹和低轨卫星等目标。系统的批量交付工作将从 2025 年开始。

S-500 防空反导系统的优势主要有:一是作为战略防空主战装备,其作战系统秉承系列化、模块化设计理念,作战适用范围广,兼具防空、防天和反导功能,并能根据需求搭载在不同作战平台上;二是配备电子战装备和最新型通信系统,抗干扰能力强;三是整体技战术性能高,无论是探测距离、拦截高度和拦截速度,较 S-400 系统均有较大提升。

秉承 S-300、S-400 防空导弹系统设计思路,S-500 由三个子系统模块构成,分别是预警探测系统、火力打击系统和指挥控制系统。

① 预警探测系统。团级指挥机构配备大型 91N6A 远程警戒雷达,可对弹道导弹等多种目标实施远程监视。营级指挥机构配备 96L6-TsP 雷达,主要负责中近程警戒监视任务,同时具备较好的低空探测性能。整个预警探测系统的有效探测距离达 600～800 km。S-500 系统除利用自身预警探测雷达外,还可借助"沃罗涅日""集装箱""叶尼塞河"等雷达系统探测目标,这些雷达系统均具备一定的对高超声速目标预警探测能力。

"沃罗涅日"战略预警雷达探测距离可达 6 000 km,目前其覆盖范围已足以保证俄罗斯全方位预警能力,雷达主要用于探测弹道导弹,可同时跟踪约 500 个弹道目标,同时可对高超声速目标具备一定的预警探测能力。

"集装箱"超视距侦察和导弹预警雷达于 2018 年 12 月开始投入测试作战值班,这种超视距雷达能确定 2 500 km 外的各种飞机和高超声速导弹坐标,可同时追踪 5 000 个目标,是俄军应对高超声速目标的超级盾牌。

"叶尼塞河"雷达系统于 2021 年 4 月下旬投入使用,可探测跟踪高超声速目标,可以长时间连续运行,完全自动化,基本上不会出现人为差错。"叶尼塞河"系统能探测最远 600 km 外的空中目标,并保证连续追踪,能向 S-400 和 S-500 系统的多功能雷达发送目标信息。目前"叶尼塞河"雷达已整合进 S-400 系统中,未来将融入到 S-500 系统中。

② 指挥控制系统。由 85Zh6-1/2 团级作战指挥车和 55K6MA 营级作战指挥车构成,能遂行战略反导和区域防空指挥任务,并与俄军现役防空作战体系兼容。

③ 火力打击系统。为保证 S-500 执行多样化任务,其配备 76T6 和 77T6 两型火控雷

达,分别用于抗击空气动力学目标和弹道导弹目标,可同时锁定、攻击 10 批来袭目标。拦截弹方面,共配备 3 型防空导弹。其中,40N6M 型防空导弹主要担负中远程防空任务,兼具末段反导能力,最高飞行速度 9 Ma,最大射程 600 km,可实施纵深防御。77N6-N 和 77N6-N1 两型拦截弹主要担负战略反导任务,能对中远程弹道导弹实施末段和中段拦截。S-500 系统的最大拦截高度为 200 km,最远拦截距离 600 km,可拦截速度 7 km/s,射程 3 500 km 的弹道导弹,具有拦截高超声速目标的能力。

S-500 系统服役后将与 A-235、S-350、S-400 等防空导弹系统组成俄罗斯的空天防御大体系,进一步增强俄罗斯防空反导作战能力。

5.2.2　俄罗斯高超声速武器防御体系建设特点

俄罗斯在北约军事合围及自身经济发展压力下,防空反导系统发展走了一条与美国和欧洲截然不同的道路。面对巨大压力,俄罗斯能应对并做出反击,没有处于明显劣势,独特的现实条件和特殊的发展需求造就了俄罗斯在高超声速武器防御体系建设上一些独特的发展特点。

① 着眼国情,走自己的发展道路。俄罗斯防空反导系统发展与美国走了一条截然不同的道路。俄罗斯采取“继承中渐进发展”的道路,对原有系统加以升级改进,雷达系统、指控系统、拦截系统部分可以通用。例如在战斗部技术方面,美国反导系统中拦截弹大部分采用动能杀伤器技术,虽然可以有效减轻拦截弹的发射重量,提高导弹的机动性和拦截概率,但拦截弹研制技术难度和成本居高不下。俄罗斯利用自身在发动机技术方面的优势,采用了成本更低、可靠性更高的破片杀伤技术,除发射质量有所增加外,也能达到同样的精确杀伤效果。

② 继承创新,形成系列集成发展模式。为确保性能的先进性,武器装备发展最佳的选择是尽可能多地采用创新性技术,但是过多采用创新性技术会增加项目的技术风险,并可能导致项目进度拖延,经费增加。因此在确保项目按进度实施,费用在可接受范围内的前提下,为最终获得高性能装备,俄罗斯在防空/防天/反导装备建设中采取了继承与创新相统一的发展策略,即事先设计期望理想状态,但不要求装备性能一次性达到理想状态,而是通过不断采用新技术对原有成熟体系进行改进和升级,实现逐步达到一个更高层次的状态。因此俄罗斯装备建设经过多年发展,基本形成了家族化、系列化、集成化发展模式,这种模式的基本轮廓是:除了本作战体系新发展的能力更强大的部分外,还可以兼容先期作战单元同时作战,充分进行技术吸纳和集成,使之集成为一个更大、功能更加强化、作战能力更强的作战体系。例如,S-500 采用向下兼容的设计理念,可指挥和控制 S-400、S-300P 系列所有地空导弹。这样集成与创新迭代发展的模式具有如下三个方面的意义:一是可以有效利用已经成熟的技术和体系,方便综合集成,降低技术难度,满足不断变化的作战需求,确保战斗力的快速形成;二是有助于不断吸取利用相关领域的最新技术,控制进度风险和成本费用;三是减少保障压力,从保障的角度讲,除了新增部分外,其他的技术手段、方法流程均已成熟,相对减轻了保障压力。

③ 配套形成远中近程、空天一体的防空反导体系。俄罗斯 A-235 系统、S-500 和 S-350 等新一代防空反导系统,以及最新的“山毛榉”-M3 防空导弹和改进型“铠甲”-S 弹炮合一防空系统,都具备一定拦截高超声速导弹的能力。战术反导系统与战略反导系统进一步融合,从而构建起高中低空搭配、远中近程有效衔接、空天一体的防空反导体系,打击低、中、高各类来袭的高超声速目标。

④ 兼顾核威慑与实战。现役 A - 135 反导系统采用的是"以核制核"的拦截方式,更多扮演的是核威慑的角色,一旦启用就意味着核战争的爆发,后果不堪设想。新一代 A - 235 系统具备动能拦截能力,其高层拦截导弹采用动能或核拦截方式,中层拦截导弹采用破片杀伤拦截或动能拦截方式,低层拦截弹采用破片杀伤拦截方式,这样基本解决了 A - 135 系统仅使用核拦截弹从而无法用于实战的问题,同时又保留了核拦截方式,提升了威慑效果,从而实现了实战与核威慑的良好兼顾。

⑤ 拦截弹采取多种杀伤机制,综合拦截效果较好。俄罗斯拦截弹采用多种杀伤机制,包括核爆炸杀伤、破片杀伤、动能杀伤等,并正在探索激光等定向能杀伤机制。在核爆炸杀伤方面,主要是战略反导系统 A - 135 和 A - 235 采用,这种杀伤机制通过 X 射线辐射、电磁脉冲和强中子流毁伤来袭核或常规弹头,对精度要求较低,但能确保直接达成拦截目的。破片杀伤和动能杀伤是目前较成熟的主流反导杀伤机制,尽管动能杀伤机制代表着未来的发展方向,但俄罗斯现役和发展中的战术反导系统均采用破片杀伤机制,并不断将之发扬光大,例如 S - 400 和 S - 500 系统均可采用多点起爆定向破片杀伤弹头,配以智能无线电引信和精确制导系统,可确保精确拦截来袭弹头,取得类似动能杀伤的效果。在发扬传统的同时,俄罗斯也紧跟时代步伐,在 A - 235 战略反导系统和 S - 500 非战略反导系统中也采用动能杀伤机制。因此,多种杀伤机制结合,提高拦截效果。

⑥ 利用分布式机动部署实现较强的抗毁伤能力。俄罗斯的反导装备采用分布式机动部署方式提高反导系统的隐蔽性和生存力。例如,S - 500 系统依据机动式防空理念设计,机动速度快,对场地依赖小,探测跟踪系统与火力打击系统可快速组网,展开迅速。全系统展开时间小于 5 min,采用垂直"冷发射"技术,有效缩短发射前准备时间。A - 235 系统除远程拦截导弹仍采用井基发射外,其中程和近程拦截导弹均采用公路机动或铁路机动方式发射,使该系统的隐蔽性和机动性大幅提升。机动性优化随之带来的就是作战能力和作战范围的扩大。其次,S - 500 系统首次采用了分布式有源相控阵雷达,作用距离在 700 km 以上,通过雷达组网、数据链技术,可有效对付高超声速隐身目标。组网后的雷达将数个雷达子阵进行分布式配置,通过控制子阵信号之间的相位或幅度,可使敌方反辐射导弹无法精确探测、跟踪多个子阵辐射源,有效提高整个系统的抗毁伤能力。

5.3 高超声速武器防御特点

5.3.1 防御的难点

1. 预警探测的难点

对于雷达探测手段,飞行器高超声速飞行时会在其表面产生等离子体鞘套,严重影响电磁波的正常传输,同时受地球曲率、高超声速目标 RCS 较小等因素的影响,造成当前雷达预警探测手段对高超声速目标的发现距离较小。

高超声速目标的多平台发射能力也限制了对方对其预警探测能力。高超声速目标可以采用多种平台进行发射,例如采用空基(含临近空间平台)发射,空基发射的最大特点就是发射位置由特殊的"点"扩散为"面",一个国家的空域有多大,其发射区域就可能有多大,存在无穷多个发射位置。由于弹道导弹的发射位置固定,发射平台相对固定,对于典型方向弹道导弹的预警具有明显的已知性,可以长期或临时调用各种预警探测手段对已知的几个固定位置进行连续探测,这样能够实现早期预警甚至发射平台一有异动就可以及早发现,为反导作战提供足够的反应时间。而采用空基平台发射的高超声速武器,发射平台始终处于快速移动之中,发射点不固定,彻底消除了弹道导弹发射位置的已知性,无法对其进行"紧盯式"探测,更无法从空中上千批次的移动目标中探测发现哪个平台为高超声速目标发射平台,因此,高超声速目标快速动态发射在很大程度上增加了对其早期发现的难度。

另外,高超声速目标由于采用机动弹道飞行,缺失弹道导弹固有的运动参数,目前的预警探测体系无法有效获得能够支持高超声速目标航迹预测的有关数据,因此以探测弹道导弹的方式无法对高超声速目标的攻击方向和攻击区域进行推算和预测,无法在尽远距离为防御指挥信息系统提供有效的预警信息,也就无法提供足够长的预警时间。

综合以上因素可以看出对高超声速目标进行预警探测的难度。从实际部署的预警探测装备情况看,现有防空反导体系对高超声速目标的预警探测手段主要有天基红外预警卫星、陆/海基预警雷达、空基预警机等。以美国 SBIRS 系统为代表的天基红外预警卫星目前仅能实现高超声速导弹的助推段预警,不具备滑翔/巡航段预警能力;陆/海基 P/X 波段预警雷达受部署阵位、地球曲率和目标 RCS 较小等因素影响,存在较大的探测盲区,难以实现目标全弹道、远距离预警探测和跟踪;预警机受留空时间限制长时间监测能力不足,对 RCS 较小的高超声速目标探测距离较近。时任美国参谋长联席会议副主席、空军上将保罗·塞尔瓦在 2018 年 8 月 10 日演讲时表示,当物体以较低高度、超过 7 Ma 的速度飞行时,美国现有的技术手段几乎不可能对其进行准确跟踪,更谈不上拦截了。

2. 轨迹跟踪预测的难点

对高超声速目标飞行轨迹的准确跟踪和有效预测是实现拦截攻击的基础,但当前的轨迹跟踪技术水平还难以对高超声速目标进行有效跟踪。

2022 年 1 月,美国《空军杂志》发表《高超声速防御》文章,文章认为天基红外系统理论上可以通过观察高超声速目标在飞行中产生的红外信号来对其进行跟踪,但随着高超声速目标的减速,红外信号可能逐渐变得微弱以致无法捕捉到,传统卫星很难对其进行跟踪,并且当前的预警卫星主要位于地球同步轨道,距离地球太远,无法精确探测和跟踪大气层中或在临近空间滑行的高超声速武器。

陆/海基跟踪雷达由于跟踪精度高,波束很窄,对于具备以高超声速在水平方向实施大范围横向机动和在垂直方向实施大跨度跳跃机动的临近空间目标,在难以预测航线的条件下,目标容易跳出雷达有效的搜索区域,加之高超声速目标表面形成等离子体鞘套,跟踪弹道导弹的陆/海基跟踪雷达在"抓住"目标、"跟上"目标等环节都存在一些技术限制,很难实现稳定跟踪。虽然目前国际上关于机动目标跟踪的研究已经取得了一系列成果,但对强机动目标的跟踪,不论是在理论上还是实践上都有较高的技术要求,仍然是一个具有挑战性的问题。例如,对于高超声速目标运动模型、轨迹预测模型的建立,高超声速飞行器种类多且具有高飞行速度和较广的速度域,运动阶段也复杂多样,因而不能用一个运动模型完全描述,需分阶段进行建模,另外高超声速目标来袭方位不确定,飞行轨迹多变,其预测模型即使可建立,也是变参数的非惯性运动目标预测模型,从而导致了预测模型的不确定性,所以给跟踪方法的选择带来一定的难度。

3. 武器拦截的难点

法国军备局在向公众陈述发展高超声速武器动因时表示,高超声速滑翔弹头的"目标是高速且易操纵,这正是其与弹道导弹的区别。一旦初始速度达到要求,就可以在速度和高度之间进行切换,让其上升或下降、往左或往右,这样就难以被拦截。即便被(反导)防御系统瞄准,也可以进行规避操作"。美国政府问责局近期的一个报告也指出,针对中俄正在发展的高超声速武器,"世界上没有现成的反制措施"。这些都表明拦截高超声速目标的难度。具体来说,对高超声速目标进行拦截的难点主要体现在以下三个方面:

① 拦截弹机动能力要求高。高超声速目标一般采用高升阻比的升力体或乘波体气动布局,可进行大范围机动,防御系统难以高精度预测其飞行轨迹,基于预测制导的拦截弹难以实现有效拦截。若采用追踪目标运动的制导方法通常要求拦截弹的机动过载大于目标3倍才能实现高精度的制导控制。

② 拦截弹末制导精确探测难度大。高精度的末制导探测是对目标高精度拦截的首要条件,反导拦截弹比较实用的末制导探测技术是可见光和红外光学的末制导探测。

拦截弹采用红外制导方式在高速飞行时存在严重的气动热问题,尽管在飞行中段可通过抛罩技术等降低气动热对导引头的影响,但为确保中末制导顺利交接,对末制导距离提出了较高要求。头罩分离后红外导引头温度急剧上升,现有红外导引头采用的蓝宝石头罩难以适用。另外,在高超声速目标飞行的高度存在稀薄大气,应用光学探测面临着更为复杂的气动光学效应问题,这对末端制导探测的影响较大,增大了拦截导弹精确探测目标的难度。

雷达末制导系统能够避免气动热的影响,且能够获取目标较高精度距离信息,利于制导引信一体化设计,降低引战系统设计难度,当拦截导弹最大作战距离指标要求较小且目标以"较低"的高超声速飞行时,雷达制导方式是拦截导弹可行的制导方式。但当拦截导弹最大作战距离指标要求较高时,为确保中末制导顺利交接,要求雷达导引头探测距离更远,但高超声速飞行器较小的 RCS 制约了雷达导引头的探测距离,且随着目标速度的增加,"黑障"带来的不确定性影响越加严重,雷达导引将很难适用。尽管随着毫米波相控阵技术的发展,雷达导引头在尺寸、质量、探测距离上取得较大技术突破,但相对红外导引头优势不明显,不利于武器小型化设计。

③ 拦截弹精确控制难度大。防御高超声速目标对拦截弹的机动过载有较高要求,而仅凭气动力难以提供足够的过载,必须采用直接力/气动力复合控制以提供可用过载。临近空间 20～100 km 高度范围内,大气密度变化剧烈,采用直接力控制将产生更为复杂的侧喷气动干扰,这些因素将导致弹体气动力建模困难,模型的不确定性增加了拦截弹实施精确复合控制的难度。

现有防御弹道导弹目标的反导系统如"萨德""标准"-3拦截弹作战高度在 40 km 以上,一般采用红外制导方式,基于预测拦截点的制导策略,依靠姿轨控直接力发动机实现高空环境的精确制导控制,通过碰撞杀伤摧毁目标,而防御飞机类低空目标的 AIM-120 等空空导弹和"标准"-2 等地空导弹一般采用气动力控制,采用红外或雷达制导方式,依靠战斗部破片杀伤目标。高超声速目标飞行高度介于弹道导弹和飞机类目标典型作战高度之间,且具有较强的横向机动能力,目前的防空反导武器在跨空域、跨速域拦截高超声速目标时受过载能力、响应速度、探测距离等因素约束,难以覆盖目标典型飞行高度范围。

5.3.2　可能的突破点

虽然高超声速飞行器突防能力强,现有防空反导系统很难对其进行拦截,但这并不意味着高超声速飞行器就不可探测和拦截。相反,由于高超声速飞行器飞行速度快,与空气高速摩擦使自身红外辐射特征增大,可被探测距离会大大增加。与此同时,高超声速飞行器在无动力滑翔或巡航段弹道的飞行时间较长,留给拦截系统的时间窗口较大,在该段成功拦截的可能性增大。另外,高超声速飞行器的"快"是优点,但也正是因为"快",使其气动外形甚至不能遭受"微创",其信息传输与控制系统不能遭受有效干扰成为其缺陷。

1. 红外信号特征明显

高超声速飞行器红外信号特征明显,易于被红外传感器探测。高超声速飞行器高速飞行时,黏性摩擦导致高超声速飞行器蒙皮存在强烈的气动加热现象,使其成为一个明显区别于工作环境的红外辐射源,红外传感器或以红外为主的多模传感器可以成为预警系统和拦截器探测高超声速目标的一种手段。并且,虽然现有各种平台的探测技术存在探测盲区和漏洞,但每种平台的探测技术都有其独特之处,如果依靠现代信息化技术和高速计算机技术将各种探测平台组网,则可以优势互补,提高对高超声速目标的探测能力。

2. 小范围机动性能差

高超声速飞行器虽然飞行速度快,但由于受高超声速飞行时控制和过载等因素的限制,小范围机动性能差,飞行过程中必须保持额定的迎角、角速度、飞行姿态,不能在短时间内发生剧烈变化。因此,面对防御武器的打击,高超声速飞行器不能像飞机那样采取大过载机动来躲避拦截,这就为对其拦截提供了可能性。

3. 传统突防措施受限

传统弹道导弹在突防时可使用多种手段,如整形隐身、调姿隐身等,另外还可使用自卫式(弹载突防干扰装置)进行突防。由于高超声速飞行器存在"黑障"现象,内置式雷达干扰机传播电磁波受限可能无法继续使用,各类隐身涂层在高温下也可能被迅速烧毁而失去隐身作用,机动变轨需要消耗大量的燃料,且飞行过程中受到气流、热防护等多约束条件限制,导致飞行器机动能力和机动次数有限,也难以起到可靠突防作用。以上突防措施的局限性都为对其拦截提供了可能。

4. 对情报、信息等保障要求高

高超声速飞行器必须要求做到不间断的低时延、高可靠的超视距测控。高超声速飞行器飞行全程依靠自主动力或空气动力飞行,要想实现变轨迹精确打击,需进行全过程连续跟踪测量和实时定轨,需采用陆基多站接力及天基测控系统实现低时延、高可靠的超视距覆盖,完成实时、精确的"飞行遥控"。因此,使对方高超声速飞行器无法有效完成作战任务,除了摧毁、拦截高超声速飞行器本身外,还可以采用非对称手段,如运用电子干扰、网络攻击等手段干扰、破坏对方陆/海基及天基传感器、指挥控制系统的效能,或者切断、干扰、篡改高超声速目标与它们之间的信息联系,则会使高超声速目标"耳不聪""目不明""大脑不灵活",从而无法有效完成作战任务。

5.3.3　能力需求和关键技术

1. 能力需求

以体系防御为出发点,防御高超声速武器,应具备症候情报支持、预警探测、指挥控制、电子对抗与火力拦截相结合的打击、大范围的信息传输与分发五方面能力。

① 症候情报支持能力。由于高超声速武器发射时间短,搭载平台和发射方式多变,发射突然性大,故对其症候情报的获取能力极为重要,应能获取高超声速武器的部署位置、发射阵地等中长期信息。此外,具备掌握与高超声速武器相关的战备动员、兵力补充、演习试验、后勤保障、装备调动、部队部署等综合情况的能力,并通过综合分析获得症候,实施超前预警,使得实时预警、持续跟踪、全程电子对抗以及拦截武器系统等能做好先期作战准备。

② 预警探测能力。高超声速武器打击速度快、突然性强,为保证指挥员迅速、准确、全面地掌握敌情,指挥抗击行动,对整个防空反导体系预警探测系统的整体性、适应性、完备性和稳定性提出了更新更高的要求。总的来说,要具备以天基信息系统为骨干,异源型传感器网协同预警探测,具有助推段的早期预警能力,巡航段、俯冲段的稳定跟踪能力。

③ 指挥控制能力。防御作战具有先天的被动特征,防御高超声速武器更是反应时间短、作战节奏快,战机稍纵即逝,需要来自多维空间的多元作战力量形成体系对抗才能达成作战目的,这就对指挥控制能力提出了更高的要求,具体可以概括为全程一体的指挥控制能力、高度智能的决策支持能力、网络多维的通信支撑能力和灵活高效的作战管理能力。

④ 电子对抗和火力拦截相结合的打击能力。高超声速目标拦截打击能力的总体需求是应能实现多层反高超声速目标协同作战,具备对高超声速目标的分段拦截能力。具体来说,拦截打击系统应具备基于陆基反高超武器和新概念武器对高超声速目标巡航段/滑翔段、俯冲段的拦截能力,基于空基、海基、临基防御武器对高超声速目标巡航段/滑翔段的拦截能力,基于空基防御武器对高超声速目标助推段的拦截能力,形成对高超声速目标的分层、分段拦截能力。另外,在火力拦截系统对高超声速目标实施拦截的同时,电子对抗系统能够对来袭高超声速武器和平台的复合制导、指控信息传输链路(人在回路链路、武器数据链、机间数据链等)和末制导实施有效的压制性或欺骗性干扰,从而软硬打击手段相结合,提高对高超声速目标的防御能力。

⑤ 大范围的信息传输与分发能力。高超声速武器打击距离远,飞经区域广,并且飞行速度快,因此对其防御就需要实现覆盖作战地区的指挥控制、武器拦截、电子对抗等信息的有效快速传递,保障预警、跟踪、辨识、决策、拦截、评估各个环节任务的有效实施,并具备恶劣电磁环境下各类信息的传输能力;能够支持预警信息高效、安全的按需传输与分发,有效协调通信资源的调度和管理;能够支持信息共享,并具备根据作战需要快速开发和部署组合型应用业务的能力;能够支持传感器平台与作战人员、武器平台之间网络互通和业务的互操作,从而完成通信覆盖范围保障、信息传输实时性保障、传输容量保障、传输可靠性保障以及快速接入保障。

2. 关键技术

针对防御高超声速目标的能力需求,可以引申出防御高超声速目标必须突破的关键技术。

(1) 预警探测技术

只有尽早发现目标才能为拦截系统留出足够的响应和作战时间,预警系统和拦截器本身对高超声速目标的及时准确感知是实现高超声速目标防御和拦截的前提,也是首要解决的问题。

天基预警探测技术。由静止轨道、大椭圆高轨道和低轨道卫星组成的天基预警平台,因理论上具备覆盖全球范围的目标探测能力,成为防御高超声速目标的新一代预警技术。美国已经完成了 DSP 系统和 SBIRS 系统的部分建设任务,并在 2018 年启动了下一代 OPIR 项目建设,同时希望在 2030 年前将完整的 HBTSS 系统投入使用,用以探测和跟踪高超声速导弹等先进武器。俄罗斯则构建了与美国 SBIRS 功能类似的穹顶太空反导预警系统,并于 2015 年将该系统首颗预警卫星苔原发射入轨,虽然目前仅有 3 颗苔原卫星在轨服役,但在 2019 年就成功探测到 64 枚弹道导弹和 136 枚运载火箭的发射。中国在 2016 年曾公开报道拥有"前哨"系列红外预警卫星。

临近空间预警探测技术。相较于天基红外预警平台,工作于临近空间的高空气球或平流层飞艇可以在有效工作范围内获得更准确更及时的探测信息,并可以达到长时间监视重点区域的目的,因此也受到了各军事强国的重点研究并逐渐进入实用。美国 NASA、法国空间研究中心、日本宇航航空研究开发机构、欧洲航天局、中国科学院等单位均在研究用于临近空间探测活动的高空气球。其中美国在 1997 年就启动了超长航时气球(ultra long duration balloon,ULDB)的研制计划,设计飞行高度为 35~38 km,目前已基本实现预期目标。中国科学院光电研究院研制的超压气球在 2017 年实现了高度为 25 km 的验证飞行任务。美国国防部建造的大型高空飞艇(high altitude airship,HAA)可以对直径为 1 200 km 圆形区域进行搜索,空军研究实验室负责实施的集成传感器结构飞艇探测距离达到 600 km 以上,可以在 20~21 km 的工作高度留空 1 年以上,可为临近空间目标探测提供大量及时准确的数据。中国科学院光电研究院、电子科技集团公司第三十八研究所、北京航空航天大学等单位也均在开展平流层飞艇的技术攻关和装备研制,有力地支撑了中国平流层飞艇在世界军事强国中的领先地位。

(2) 信息融合技术

在军事应用上,信息融合是对来自多源的信息和数据进行监测、关联、相关、估计和综合等多级多方面处理,以得到准确的状态和身份估计,完整及时的战场态势和威胁估计。目前,信息融合技术的理论体系不断完善,形成了自己的研究领域及研究方法,它的主要研究内容包括信息融合的功能模型、体系结构、信息融合系统工程、融合的算法及其应用、系统辅助支持功能的设计、系统需求分析及性能评估方法等。信息融合算法可以分为概率统计类、不确定性数学类、模糊数学类、基于智能理论类、基于随机集与关系代数类。检验级和位置级属于较低级别的融合,数据多为同类传感器数据,如雷达组网。属性级融合属于较高级别的融合,融合在决策层、特征层或数学层上进行。态势评估级及威胁估计级的融合属于高级别的融合,参与融合的信息包含有前几层融合结果的目标状态、分类信息以及各类数据库情报。美国的协同作战能力系统是目前最为成熟的网络化防空系统,它充分利用信息融合技术将多个舰船上的传感器信息融合成具有高精度、一致性的作战图像,提供给每艘舰船,使舰船在本地传感器未发现威胁目标的情况下可以实现超视距拦截。

（3）拦截器的制导控制技术

高超声速武器主要的飞行空域在临近空间,而临近空间空气密度较低,拦截弹无法产生足够的升力和机动过载能力,因此纯气动控制的拦截导弹难以满足过载和响应时间需求,需要引入直接力控制,一般采用助推器+拦截器的拦截导弹方案提高直接力控制效率。大气层内直接力工作时受高度、速度、迎角和气动外形等因素影响,侧向喷流干扰机理较为复杂,对控制精度带来不利影响。跨大空域大速域作战的中制导算法设计需考虑最大/最小作战距离、最大/最小末速、交会角以及中末制导交接等多约束条件,末制导算法需要考虑可用过载小、直接力/气动力复合等因素,作战过程涉及头罩分离、助推分离等复杂环节,可能包含气动舵、推力矢量、姿轨控直接力等多执行机构控制,这些都是需要攻克的技术。

（4）拦截攻击技术

拦截策略和攻击方式是防御和拦截高超声速目标的工作终端,在整个拦截作战任务流程中起着决定成败的作用。目前国内外研究人员关注比较多的拦截方式主要分为两类:一类是传统防空反导系统的物理杀伤模式,但发射阵地已不再局限于传统的陆基和海基平台,而是逐渐扩展至空基、天基甚至是临近空间平台;另一类是采用以高能激光和高功率微波为主的新型定向能武器进行非接触杀伤,发射阵地也同样包括陆基、海基、空基、天基和临近空间等平台。

1) 动能拦截器技术

动能拦截是拦截高超声速目标的基本手段,但传统拦截弹在拦截高超声速目标时存在制导控制能力、拦截速度、机动过载能力、毁伤能力不足等问题。因此需要突破指挥控制技术、导弹总体技术、复合末制导技术、气动力/直接力控制技术、引战配合技术等关键技术,以提高拦截弹对高超声速目标的拦截毁伤率。

随着动能拦截器技术的发展,着眼于简化拦截器结构、降低成本,以美国为首的军事强国正积极探索适应未来作战需求的轻小型动能杀伤拦截器,总的发展趋势是制导精度不断提高,杀伤方式转向纯直接碰撞,一弹多载,并向质量、体积轻小型化方向发展,能应对更为复杂的目标,对高超声速目标的拦截逐渐发展到更为前沿、反导效果更好的助推段、上升段拦截。目前美国在动能拦截杀伤技术方面居于世界领先地位,世界各主要军事强国也在加大对动能拦截武器的研制力度。

2) 复合寻的末制导探测识别技术

对高超声速目标的直接碰撞杀伤要求拦截器能够实现高精度的末制导探测。拦截器可采用以红外成像为主的复合寻的末制导探测技术,提高对目标的末制导探测强度和精度。针对稀薄大气层中高速飞行所面临的高速气动光学效应难题,需要采用必要的侧窗制冷和气动光学校正技术来确保对目标的远距离探测强度。同时,在末制导探测系统中,复合激光探测等其他末制导探测可提供在拦截交汇前一刻更为丰富和精确的目标信息,从而提高末制导精度。

3) 高效毁伤技术

拦截高超声速目标时拦截导弹与目标交汇时飞行马赫数一般在10以上,侧向喷流干扰带来的制导控制系统不确定性以及目标较强的机动能力使实现动能碰撞的难度较大。对于传统破片毁伤方式,由于弹目交汇速度过大,且无线电或激光体制的周向引信探测距离较近,引战系统存在炸点滞后的问题。针对这一问题,可采用杀伤增强、定向战斗部等技术,结合活性含能材料破片等措施在尽可能降低引战系统尺寸质量的条件下增加杀伤范围。为实现精确起爆,解决现有周向探测引信探测距离较近的问题,可采用前向探测引信技术,通过导引引信一体化设计实现较远距离精确测距,降低引战配合难度,在高交汇速度条件下提高对机动高速小目标的杀伤概率。

4）定向能技术

定向能武器又叫束能武器,是利用激光束、微波束、粒子束、等离子束、声波束等各种束能的能量产生高温、电离、辐射、声波等综合效应,采取束的形式向一定方向发射,用以摧毁或损伤目标的武器系统。定向能武器可以根据其发射射线的频率(例如射频或激光)或者工作原理来分类,一般分为三类:高能激光武器、粒子束武器和高能微波武器。

高能激光武器是一种利用沿一定方向发射的激光束攻击目标的定向能武器,具有快速、灵活、精确和抗电磁干扰等优异性能,在光电对抗、防空和反导中可发挥独特作用。目前在研的激光器包括固态激光器、化学激光器和自由电子激光器等。目前功率最大的是化学激光器,其次为固态激光器。

粒子束武器是利用加速器把带电粒子或中性粒子加速到极高的速度,并通过电极或磁集束形成非常细的粒子束流发射出去,用于攻击目标。粒子束武器一般由粒子加速器、高能脉冲电源、目标识别与跟踪系统、粒子束精确瞄准定位系统和指挥控制系统等组成。粒子束武器的主要特点是贯穿能力强、速度快、能量大、反应灵活,能全天候作战。

高能微波武器又叫电磁脉冲武器,主要包括大功率微波系统和超宽带微波系统,其利用高能量的电磁波辐射去攻击目标,属于射频定向能武器的一种。大功率微波系统频率为数万兆赫,其根据目标设计特征发射目标设计带宽频率的大功率信号,造成目标信号处理器失灵。超宽带微波系统的频率范围覆盖了数百兆赫到千兆赫的范围。二者脉冲效应快,可在目标保护电路生效之前对其进行破坏,在研的脉冲功率武器主要有电容性、电感性和爆炸性三种。

在定向能武器中,最具发展潜力的是高能激光武器和高能微波武器,二者的性能对比如表 5.6 所列。

表 5.6　高能激光武器与微波武器性能对比

高能激光武器	高能微波武器
对目标从外向内破坏,破坏机制主要是结构性破坏	对目标从内向外破坏,破坏机制是电子损坏或破坏
波长 0.27～5 μm,从可见到红外波段	波长为 0.1 cm～3 m,不可见波段
易受云雾、灰尘和分子吸收等环境影响	受天气影响小,云雾与灰尘不是主要影响因素
需要中等孔径、玻璃镜面、披覆层和洁净的传输装置,光学表面易受损	通常采用大孔径、金属天线,耐用性好
激光束宽度窄,作用点小,可对单个目标实施外科手术式攻击,要求对目标进行精确跟踪,每次只能拦截 1 个目标	波束较宽,通常用辐射覆盖目标,可能同时照到多个目标

5.4　高超声速武器防御方法

高超声速武器的飞行弹道横跨了低空、高空、临近空间直至大气层外的巨大空域,飞行速度快,打击距离远,对现有防空反导防御体系提出了巨大挑战。为实现有效防御,必须构建完善的高超声速武器防御体系,做到尽早发现、精准跟踪、精确打击。

5.4.1　预警探测方法

预警探测系统是对高超声速武器防御的关键环节,能否发现目标及发现目标的时机关系到整个防御作战的成败。

类似于弹道导弹预警,临近空间高超声速目标预警分为上升段预警、中段预警和末段预警。通过高轨红外预警卫星对高超声速目标发射的红外信号进行搜索,同时利用天波超视距雷达和海基组网雷达系统对本土雷达所探测不到的远距离区域进行搜索,尽早发现处于上升段的高超声速目标;利用低轨红外预警卫星和天基雷达对目标进行全程跟踪,并为远程预警相控阵雷达指示方位,远程预警相控阵雷达对目标进行跟踪和粗识别后,交接给陆基多功能雷达进行精确跟踪识别,引导拦截武器进行拦截,并进行打击评估,米波雷达、凝视雷达、机动式多功能相控阵雷达等预警装备起辅助探测作用;若中段拦截失败,则进行末段拦截,此时主要靠陆基 X 波段多功能雷达辅以战术雷达进行预警。

1. 天基探测

卫星轨道高度高、探测覆盖范围大,使得天基探测具有"广域搜索,首先发现"的优势,不受地球曲率的影响,可以全天时、全天候、全球范围内监视目标,是高超声速目标早期预警探测的基本手段。高超声速飞行器在高速飞行时红外辐射特征明显,因此红外探测可作为天基预警探测高超声速目标的重要手段。此外,通过研究发现,太赫兹波段(0.1～10 THz)的电磁波可有效穿透等离子鞘套,因此可以将太赫兹探测器与红外探测器及光学探测器一起作为天基预警探测平台的主要手段。

2. 临近空间探测

临近空间探测器滞空时间长,载荷能力强,加之能够部署在临近空间,因此对高超声速目标再入滑翔段/动力巡航段的监测十分有利,通过临近空间多平台、多载荷的探测,可以在较大区域内发现、截获、跟踪和识别空间目标,可以有效克服卫星机动性差、预警机续航时间短及陆/海基预警雷达作用距离短的缺点。临近空间探测器与预警机组网后可实现优势互补,对高超声速目标的突防路线或敏感区域(目标)进行连续探测,但是临近空间探测器如飞艇的机动能力弱,需要提前部署,使用不够灵活。

3. 空基探测

空基探测手段主要包括预警机、各类有人/无人侦察机等。空基探测具有机动灵活、反应速度快、能够对特定地区进行详细、反复侦察,能够应急部署在作战地区等优势,但是空基探测平台飞行高度低(通常不超过 20 km),滞空时间较短,且有时需要深入敌方战场上空,生存能力较弱。

4. 陆/海基探测

陆/海基雷达可获得较高精度的距离、高度、速度、轨迹等目标参数,又可实现多目标探测和跟踪,从而为拦截系统提供高精度目标引导信息,且易于应急部署,是为拦截武器系统提供目标引导的基本手段。

陆/海基探测包括天波超视距雷达、远程预警相控阵雷达、X 波段大型多功能雷达、机动式多功能相控阵雷达、米波雷达和凝视雷达等。天波超视距雷达可以克服地球曲率影响,在视距外发现目标,工作在米波波段,对采用火箭助推和飞行在电离层以下的临近空间高超声速目标有一定的概略预警能力,但受电离层影响较大,探测精度差,虚警率大,数据处理能力有限,只能作为辅助探测手段,用于早期预警;远程预警相控阵雷达对高超声速目标能够进行粗识别和稳定跟踪,但会受发射盲区和地球曲率的影响;X 波段大型多功能雷达在远程预警相控阵雷达指引下进行精确识别和稳定跟踪,引导拦截武器进行拦截并进行打击评估;机动式预警相控阵雷达是工作在 P、L 波段的战术多功能雷达,可机动部署,对临近空间高超声速目标探测有很好的补防作用;米波雷达对等离子体鞘套有较理想的探测效果,波长较长,可用于远距离探测高超声速目标,但分辨率较低,精度不高,难以精确跟踪定位,起辅助探测作用,主要通过组网实现。

陆/海基预警探测平台由于位于地球表面,受地球曲率影响较大,因此仅凭单个探测平台无法满足拦截需求。目前各国都在陆/海面部署了大量多频段、多体制的预警探测雷达,并且将这些雷达进行组网,融合来自不同平台探测器的信息,实现多平台多模式全域预警探测。

5. 各平台组网

鉴于各探测平台或手段在探测高超声速目标时均具有各自的优势和不足,因此可以整体部署和综合运用陆、海、空、天及临近空间的各类预警探测平台,构成多维平台预警探测网络,充分发挥各类平台的位置、技术体制、作用原理和机动性等方面的不同优势,探索"早期预警—持续探测—精确跟踪—快速融合—实时引导"的一体化预警探测方法、程序,力争实现能探测、早发现、快引导。

5.4.2　指挥控制方法

传统的防空反导体系之间存在烟囱式壁垒,其指控系统过度依赖指控节点,网络化能力弱,作战协同性差。由于高超声速目标防御具有全空域、全时域等特征,因此需要在现有反导指控体系的基础上,建设能够覆盖陆、海、空、天等作战域的联合作战一体化指挥控制网。

一是构建攻防一体的指挥控制体系。以指挥控制为核心,以协同作战为牵引,将情报、监视、侦察和预警、跟踪、目标指示数据深度融合,全面整合进攻平台与防御平台,构建多域指挥控制体系。目前,美陆军正在加快研发"一体化防空反导作战指挥系统"(IBCS),全面整合陆基的高超声速导弹与防空反导系统。美空军正在发展"先进战斗管理系统"(ABMS),基于 F-35 战机实现空对空、空对地以及地对空导弹的整合。

二是基于数据链技术推动指控网络的全面扁平化。传统树状指控体系指挥层级多、信息传递慢,因此,必须简化指挥层级,推进数据链一体化发展,畅通各平台、各节点之间的数据交换,构建起扁平化、网络化指挥模式。目前,美军正在尝试为卫星加装指挥控制模块,赋予其反导系统天基指挥控制能力。

三是基于人工智能与数字孪生技术,助力指控系统性能升级。人工智能技术能够赋予指挥控制平台自主决策能力,实现对各作战要素的高效调用,从而大幅度减少决策时间。美海军正在推行一项名为 SBIR 的研制计划,旨在赋予"宙斯盾"系统任务规划及战术辅助决策能力。

数字孪生技术则能够赋予指控系统快速升级迭代能力,提高指控网络的可靠性和安全性。美海军正基于数字孪生技术构建虚拟的"宙斯盾"系统,2019 年 3 月,通过孪生技术构建的虚拟"宙斯盾"系统成功指挥"标准"-2 导弹对巡航靶弹进行了拦截。

综上,未来高超声速目标防御要求指挥控制系统能实现陆、海、空、天基传感器实时动态接入和多源信息融合处理,同时对高速目标的拦截更加注重信息传输和处理的实时性,重点解决时空一致性、系统误差补偿等关键技术难题,并且具备快速反应、抗干扰、生存力强等特征。

5.4.3 武器拦截方法

对高超声速目标的拦截方法主要包括现有拦截弹的动能拦截以及新型拦截手段,如以高能激光为主的定向能武器拦截、电磁轨道炮拦截、无人蜂群拦截、网络电磁拦截等。因此提高高超声速目标的拦截能力可以从升级现有拦截系统、研发新型拦截手段以及实施分段多层拦截三方面入手。

1. 升级现有拦截系统

高超声速武器的高速、高空及高机动特点对现有反导系统提出了严峻挑战。从美国现役"标准"-3、"萨德""爱国者"-3 等拦截弹的性能指标看,现有反导武器在临近空间高度存在拦截盲区,对 20～40 km 高度飞行的目标无法有效拦截,并且难以拦截飞行速度超过 20 Ma 的高超声速目标。因此,为实现对高超声速目标的全域全时精确拦截,必须升级现有反导武器系统性能,基于多传感器组网提高系统的作战反应能力,基于制导-控制一体化技术提升拦截弹的快速响应控制与机动能力,基于制导-引信一体化设计提高拦截弹的杀伤能力。例如,美军计划首先形成海基反高超声速目标能力,并正式启动了名为"高超声速防御区域滑翔段武器系统"(RGPWS)项目,该项目就是基于"标准"-6 导弹进行改进的。

2. 研发新型拦截手段

(1) 激光武器

美俄等军事强国从 20 世纪 70 年代就一直保持对激光武器的研究。2010 年 2 月,美国导弹防御局用装备在波音 747 飞机上的机载激光武器系统在 2 min 内摧毁了一枚处于助推段的液体燃料短程弹道导弹,标志着激光武器用于反导的可行性和应用前景。

虽然激光武器受当前技术水平的限制还存在许多不足,如激光器的质量和体积过大,整体功率较小,当前没有大规模实战部署,但随着科技的发展与经费的不断投入,激光武器凭借其巨大的作战潜力必将成为未来反高超声速武器的一种有效手段。

1) 优势

激光光束相位、频率、方向完全相同,颜色纯,能量高度集中,因此有"最快的刀""最亮的光""最准的尺"之称。它能通过定向发射照射目标,用高能量将目标表面材料在瞬间加热至软化、熔化、气化甚至电离程度,而且始终静音,这种特性使激光武器化成为必然,且使激光武器具备了其他武器无法比拟的优点。

一是快。激光束能以每秒 30 万千米的速度射向目标,一般的拦截导弹速度为 10 Ma,激光的速度比它快 8 万多倍。激光武器对高超声速目标进行打击不需要计算提前量,而且火力转移快,且可连续射击,能在很短的时间内转移射击方向,对于初次拦截失败的目标能够很快进行补射,战术灵活性强。如果能量足够强大集中,发现即摧毁将成为现实。

二是准。激光发射装置不受后坐力影响,系统稳定,激光束沿直线攻击目标,发散角小,几乎不受电磁干扰影响,若条件完备,可以做到指哪打哪。

三是狠。激光束能量集中,能使目标几乎同时受到三种破坏:一是热烧蚀破坏。目标在瞬间吸收巨大能量出现烧蚀、穿孔现象,这是当前激光武器毁伤或致盲目标的主要手段。二是辐射破坏。目标表面经激光照射后会形成等离子体,等离子体辐射紫外线或 X 射线,使目标内部的电子设备受损、功能瘫痪。三是力学破坏。激光照射目标时,等离子体高速向外喷射,反冲压力作用于目标,会引发激波叠加,由此产生的拉伸力使目标变形断裂,该种作用可对很薄的金属壳体部位构成物理性损伤。因此若将激光聚焦在目标关键部位上,能够做到"打蛇打七寸",造成毁灭性破坏,且没有像核武器那样的污染。

四是效费比高。激光武器虽然研制费用高,但作战使用费用则较低,以氟化氢化学激光武器为例,每发射一次仅耗费 1 000～2 000 美元,仅为"毒刺"便携式防空导弹的 1/20～1/30,并且相对一次性使用的导弹,激光武器可重复使用。

五是系统简单。相对于普通防空反导武器,激光武器系统不需要设计复杂的高速拦截弹及目标引导系统,降低了系统间电磁波通信联系,可靠性、抗干扰能力强。

2）不　足

目前具备导弹防御能力的激光武器需要上兆瓦级功率才能做到,造成激光器的质量和体积过大,整体功率较小。另外,激光武器属于精密光学武器系统,会受限于天气因素影响,在空气中激光束会衰减、衰弱,还会受限于诸如大雪、雷雨、冰雹等天气,尚不具备全天候综合作战能力。

3）需要攻克的技术

激光武器的潜力巨大,可要具备实战能力却不容易。激光武器要高效毁伤目标,首先激光束能量要足够强,这就要求有功能强大的激光器用来发射能量充足的激光;其次要有性能优异的光束控制和发射装置,确保发出的激光能量高度集中;另外还要确保激光照射目标的时间足够长,以便积累足够能量以毁伤目标,这就需要有高精度的瞄准跟踪系统,再通过综合指挥控制及通信系统的计算与调整,使激光束始终作用在运动目标的关键部位上;与此同时,高功率激光武器的高效运行还需要强大的供能系统、散热装置、克服大气效应等装置。当前,能提供兆瓦级发射功率的主要是化学激光器,但这种类型的激光器体积较大,单位体积的功率值小,战场环境适应性差。随着固体激光器小型化和新一代电子激光器的发展,具有战术应用潜力、发射功率在数万瓦至几十万瓦的高能激光武器正在涌现。但是,达到兆瓦级发射功率标准的发射器仍然有待于技术的攻关。

4）研发情况

从激光发生器诞生的那天起,各国就在激光武器化方面展开角力,以求在这一领域占领先机、形成优势。当前发展较快的国家主要是美国、俄罗斯和以色列等。

① 美国。

美国是研发激光武器最早的国家,几十年的发展使得美国积累了丰富的经验,尽管在发展中有些起伏,但其激光技术仍然走在世界前列,当前美海陆空军均有自己的激光武器研制计划。

美国空军在很长一段时间内,由于受技术、投入、需求等制约,激光武器研发进程与其他武器系统的发展相比相对缓慢。直到 20 世纪 90 年代,由于世界格局发生了重大变化,安全威胁转为主要来自空中,针对这一变化,美军调整武器发展战略,将应对弹道导弹威胁作为防御的重点,所以把发展能够拦截并摧毁弹道导弹和战术导弹的机载激光武器作为研发的重点。1992 年,美国空军提出了空基激光器计划,但由于体积过大和技术等原因,该计划被终止。进入 21 世纪后,随着技术进步与突破,固体激光器开始大量发展,因其体积小、质量轻、功率大等特点,不仅为激光武器小型化创造了条件,而且加快了激光武器实战化进程,特别适合应对肩扛式导弹、火箭弹、小型无人机、炸弹等恐怖威胁常用装置。近年来,美国洛·马公司、诺·格公司、雷锡恩公司等军工巨头在新型激光武器领域加大研发资金投入,集中研发实战化激光武器,重点是大力研发光纤激光器、高能激光器等,并加速激光武器向实战化应用推进。1996 年美军重新启动"机载激光武器"(ABL)项目的研发,并将该项目列为美国弹道导弹防御体系的重要组成部分,主要用于搜寻和摧毁处于助推段的弹道导弹任务。为了加速推进研发,美国同时动员波音、诺·格、洛·马三大军火巨头联合参与 ABL 项目研发,这在互为竞争对手的三大军火巨头之间是少见的。为此,波音公司负责改装载机平台(由一架波音 747 - 400F 货机改装而来,原型机为 YAL - 1A),诺·格公司负责提供兆瓦级的氧碘化学激光炮,而洛·马公司负责提供光束控制及火控系统。当时只有波音 747 货机是较为理想的改装平台,YAL - 1A 原型机搭载的氧碘化学激光炮全系统重达 45 t,其激光炮塔主要位于机头位置。2009 年 8 月至 2010 年 2 月,YAL - 1A 先后进行了多次空中拦截试验,成功击落 2 枚 80 km 外处于助推段飞行的弹道导弹,还对另外 7 枚靶弹进行了试验性拦截(并未摧毁)。尽管试验取得一定成果,但 YAL - 1A 最终未能达到美空军"能在 167 km 外成功摧毁弹道导弹"的目标,也没有达到设想的攻击射程和毁伤效果,ABL 项目最终于 2011 年 12 月被终止。尽管 ABL 项目下马,但该项目为美空军后续机载激光武器的研发奠定了坚实基础。当然导致 ABL 项目下马的原因是多方面的,其中体积和重量过大也是一个重要原因,因此在后续的激光武器研发上,美军更关注研发小型化并具有实战化意义的战术型激光武器。目前,美已重启对机载激光武器项目的研究,发射和搭载平台以无人机和战斗机为主。

② 俄罗斯。

冷战时期,苏联就曾对激光反卫星武器投入了大量资源和精力。俄罗斯国防部机关报《红星报》刊文称,"佩列斯韦特"激光武器在俄部分军区开始战斗值班,俄罗斯军事专家列昂诺夫表示,这款激光武器可用于防空和反导。

③ 以色列。

2021 年 6 月,以色列进行赛斯纳 208B"大篷车"飞机搭载激光系统的系列试验,成功实现从不同距离和飞行高度拦截无人机,完成研制机载高能激光武器系统的第一阶段工作。此次试验使以色列成为最早展示机载高能激光武器系统反无人机能力的国家之一。

2017 年 10 月,以色列拉斐尔先进防务系统公司开始研制"无人机穹顶"(Drone Dome)反无人机系统,可独立完成对无人机目标的探测、识别和激光硬摧毁拦截。2020 年 1 月,以色列国防部研究与发展局与拉斐尔先进防务系统公司、埃尔比特系统公司合作启动了三个高能激光演示系统的预研项目,其中一个项目是开发安装在空中平台上的激光武器用于拦截云层上方的威胁目标,并用于大范围空域防御。该项目的第一阶段旨在开发高空或者中高空长航时无人机载激光武器系统,可在广阔空域中拦截无人机目标,也可拦截云层以上的导弹。这种机载激光武器可以在敌方填装导弹推进剂前或导弹发射后在助推阶段进行拦截,能够在高空有效拦截远程威胁而不易受到恶劣天气影响,同时实现大范围空域防御且每次拦截成本很低。2020 年 2 月"无人机穹顶"进行测试,在所有测试场景中均取得了 100% 的成功,完成了上述项目第一阶段目标,其远期目标是在波音 737 或 767 飞机上开发和部署更强大的激光武器。未来,机载高功率激光系统可有效补充以色列的多层防空体系,将提高防空系统抵御该地区现有和未来威胁的能力。以色列机载高能激光武器拦截无人机试验成功说明以色列在激光器高效小型化、高质量光束、高精度跟踪、瞄准、机体和气流振动、热管理、平台适应性及系统集成等方面均已得到有效突破。

(2)电磁轨道炮

电磁轨道炮是一种当前各军事大国争相发展的新概念武器。20 世纪 50 年代,美国洛斯阿拉莫斯实验室就提出了电磁轨道炮的概念,并率先进行了等离子体电枢的轨道发射试验。

电磁轨道炮是电磁轨道发射的其中一种用途,它通过磁场与电流相互作用,产生强大的电磁能推动弹丸,将弹丸以数马赫的初速发射出去。电磁轨道主要由导轨、电枢和电源三部分组成,导轨是一对平行的金属轨道,用于传导电流,金属轨道镶嵌在用高强度材料制成的绝缘筒内构成炮管。

电磁轨道炮利用强大电磁能将弹丸的速度加速到极高,可以大大超过火炮的射程,甚至可以与一些导弹武器相媲美。与传统火炮相比,电磁轨道炮具有以下优点:一是高初速、突击能力强;二是射程远;三是反应灵敏高效,可控度较高,火力比较灵活;四是弹丸稳定性好,精准度高;五是威力大,毁伤能力强。

电磁轨道炮在反导或反高超声速目标中作用相当于动能拦截,其高初速、远射程、连续发射和低成本的特点在高超声速目标防御上有独特的技术优势。安装在舰船上,可以靠前部署,对敌方助推-滑翔高超声速导弹实施助推段拦截,而布置在本土的电磁轨道炮则可以对再入滑翔段或吸气式高超声速导弹的动力巡航段进行多次拦截。

美国是电磁轨道炮技术积累最多、技术最先进的国家。20 世纪 80 年代开始,为了全面反制苏联,美国提出"星球大战"计划,激光、粒子束、电磁轨道炮等一系列新概念武器的发展获得空前重视。冷战结束后,美国先后解决了中大口径电磁轨道炮"电弧烧蚀""高速刨削"等关键技术难题,电磁轨道炮技术开始进入工程应用研究阶段。2003 年美海军进行了电磁轨道炮发射试验,系统尺寸是未来原型机的 1/8,弹丸出口速度为 6 Ma,动能 7.25 MJ。2010 年,美海军进行了两次电磁轨道炮试射,靶标位于 370 km 外,展示了其远程打击能力。2016 年 5 月,美军进行 10 m 的电导体轨道加速发射弹丸试验,速度为 724 km/h,射速为 10 发/分钟,有效射程达 200 km,可瞬间穿透 7 块普通钢板,并具有多发同时弹射能力,展示了其精确打击能力。

(3)无人机蜂群拦截

无人机蜂群是当前各国重点发展的一项前沿攻防作战技术。无人机蜂群具有行为主体简单性、组织结构的分布式和集群系统智能化等特征。蜂群中的个体并不依赖于某个特定的节点来运行,而是通过个体良好的自组织行为和智能自主行为来完成较复杂的任务。因此,在作战过程中,当蜂群中部分个体被摧毁也不会影响系统的整体功能,并且无人机蜂群系统中的个体规模庞大,分布零散,对方很难将其全部摧毁,从而提升了无人机蜂群系统的生存力。

无人机蜂群用于反高超声速目标,可通过对各平台分散化的部署,实现对广阔战场空间的控制,各平台也可根据自身的任务划分高效利用任务载荷,与单平台陆基制导方案的拦截弹相比,具备明显优势,主要体现在:陆基雷达探测范围受部署位置、天线朝向、地球曲率等因素的影响,存在探测盲区,而无人蜂群搭载红外探测载荷可以克服陆基雷达这一缺陷;高超声速目标由于等离子鞘套现象的存在,其雷达散射特征较弱,影响了雷达作用距离,但它的蒙皮和尾焰的高温使得其红外特征明显,通过无人机搭载红外传感器进行协同定位更符合高超声速目标的目标特性;无人机蜂群具有很强的机动能力,作战范围不受陆基雷达系统以及拦截弹发射平台位置的限制,可以远离国土纵深作战,在作战运用上更灵活,战场生存能力也更强;蜂群中由多架火力打击无人机携带拦截弹,火力连续性比单平台更强。

无人机蜂群反高超声速目标所需的关键技术如下:

① 智能化的航空集群自主协同技术。实现无人机蜂群反高超声速目标需要高度智能化的自主协同技术,具体包括 4 个方面:编队飞控技术。它对控制精确程度和实时性要求很高,除了对单机的飞行姿态进行控制以外,还需要解决编队生成、队形保持、队形变换以及协同避障问题,是无人机编队作战的前提;态势评估技术。即客观反映战场情况,根据敌方兵力、部署和可能采取的策略,估计敌方意图和行动,为蜂群下一步行动提供决策依据;任务分配技术。它不仅要实现在战前根据全局信息为无人机预分配任务,为无人机的行动提供重要参考,也要在作战中根据客观环境的变化完成在线更改,实现动态规划,以适应千变万化的战场环境;航迹规划技术。在执行任务前,高级控制站需要完成全局参考航迹规划,并将该数据装订于无人机平台上,执行任务过程中发生突发情况时,无人机也需要根据自身机动能力的约束条件实时进行冲突消解、威胁规避或地形跟随。

② 红外精确定位技术。红外探测是无人机蜂群实现高超声速目标拦截的主要手段,要实现对高超声速目标的及早发现,就要求无人机对监视空域内进行全方位的快速扫描,具备大范围红外扫描技术。发现目标后,要对目标进行识别和定位,这就要求建立准确而完备的高超声速目标特征模型和信息库,尽可能减小俯仰角和方位角的测角误差,具备跟踪精度较高的红外凝视技术。同时由于高超声速目标不同飞行阶段的红外辐射峰值频段不同,为了实现对不同类型飞行器的全程跟踪预警,也要求红外探测系统具备 $3\sim5~\mu m$ 和 $8\sim12~\mu m$ 的双波段探测技术。在实现精确探测的基础上还要通过交叉定位技术正确识别目标位置,剔除虚假目标,特别是在视界内有多个目标时要实现对目标的准确定位。

③ 面向高超声速目标的网络瞄准技术。用于实现无人机蜂群网络瞄准能力的数据链应当是专用链路。区别于通用的指挥、控制、通信战术数据链,网络瞄准数据链需要具备更短的数据链更新周期和传输延迟,具备较大的传输带宽才能满足对高超声速目标的作战需求。此外,为了与预警探测无人机的作战样式相适应,数据链应当强调动态组网,不设置中心节点,建立扁平化的通信网络,并且实现作用距离 400 km 以上的超视距传输。为了提高平台生存能力,网络瞄准数据链应当采用定向通信模式,以保证在高强度电子战环境下的反无源探测能力,在天线的设计上也需要兼顾平台隐身性能。

④ 无人机相关设计技术。用于防御高超声速目标的高性能无人机平台涉及多项无人机制造的共性技术,例如总体设计技术、气动布局、飞控系统、航电系统、隐身设计等。此外,针对无人机具体作战环境,为满足无人机长滞空时间和大载荷的需求,必须降低结构重量以携带更多燃油和任务载荷,这就需要提高高强度轻质复合材料的性能和使用率。美国 RQ-170 无人

机复合材料使用率超过 90％,并且洛·马公司已经开展了全复合材料验证机试验。另外,在发动机设计方面,反高超声速目标对无人机飞行高度、速度、滞空时间方面都提出了更高的要求,采用的航空发动机相比于常规发动机要具备低油耗、可用飞行高度高、高空推力损失小、高空边界特性好的特点,火力打击无人机还需要具备短时间内的较大推力。

（4）网络电磁防御方法

高超声速飞行器在整个飞行过程中,它与地面指挥控制中心之间的联系是借助于电磁波这一介质进行的,并且地面指挥控制中心的各个分系统之间又是通过电磁波和计算机网络联结起来,因此对这些电磁波和网络进行干扰和破坏,就可以有效干扰高超声速目标正常执行任务。可见,使用网电一体作战来应对高超声速威胁是一种可选的防御方式。

网电一体作战是一种新的作战样式,它将传统的电子对抗从单纯的电磁频谱领域扩展到计算机网络领域,同时,在作战手段上也不是简单地把电子战与网络战相叠加,而是两种手段有机融合。运用网电一体作战理论来应对高超声速目标具有两大优势:

一是作战空间是全方位的。它的作战空间不再具体到传统意义上的低空、中空、高空、临近空间以及太空中的某一空间,而是覆盖了整个空间,只要有电磁波及网络存在,就是它的作战空间,可以说是一种全方位、无死角的作战空间。

二是作战手段更加有效。网电一体作战主要涉及电磁频谱与计算机网络领域,通过采取有效的手段来破坏对方整个武器系统的通信系统、指挥控制中心,使其通信联络中断、指挥失效、武器失控、制导失灵,从而不能正常发挥作用。网电一体作战在 2007 年以色列成功摧毁叙利亚核设施的“果园行动”中得到了充分的印证。2007 年 9 月 6 日,以色列空军出动了 RC-135 电子侦察机、G550 电子战飞机以及 7 架 F-15I 战机执行跨境突袭叙利亚核设施任务,此次行动代号为“果园行动”。行动中,面对叙利亚由俄制第 3 代“萨姆-15”防空导弹为核心构成的防空体系,以军在 G550 电子战飞机上搭载“舒特”网络攻击系统和网络瞄准技术（NCCT）系统,其中“舒特”网络攻击系统可以通过向对方雷达或通信系统的天线辐射大功率、窄波束定向信号,突破无线入口入侵对方通信网络、雷达网络以及计算机系统,尤其是与一体化防空系统有关的网络系统,接管对方雷达操作员控制雷达,使叙利亚整个防空体系处于失效状态,以色列非隐身战机 F-15I 可以“大摇大摆”地投下精确制导炸弹,成功摧毁叙利亚的核设施。由此可以看出网电一体作战的有效性。网电一体作战的手段主要包括以下几种:无线激活网络病毒,瘫痪对方指挥控制系统;无线注入网络炸弹,“摧毁”对方高超声速飞行器;无线修改网络指令,攻击对方的 GPS 系统;综合运用空基、临基、海基和陆基的无线电等各种电子干扰手段,破坏对方的传感器、指挥控制系统和高超声速目标发射平台之间的通信传输,干扰高超声速目标的末段制导等。这些手段如能奏效,效费比将大大优于传统的火力拦截方式。

3. 实施分段多层拦截

为提高拦截成功率,可根据高超声速目标不同飞行阶段的飞行特点及不同拦截手段的优劣势,采用分段多层拦截方法,即依托一体化拦截防御体系,运用多种有效手段,在高超声速目标的助推段、巡航/滑翔段（中段）和俯冲攻击段（末段）实施多层次、多手段的综合拦截。各飞行阶段进行拦截的优缺点如表 5.7 所列。

表 5.7　高超声速目标各飞行阶段拦截优缺点

拦截时机	优　点	缺　点
助推段拦截	目标飞行速度慢,与载体未分离,雷达反射和红外辐射特征明显	拦截器必须靠近对方发射点,拦截响应时间短
巡航/滑翔段拦截	飞行时间较长,留给拦截系统的反应时间多	飞行速度快,机动能力强,可重新规划弹道,命中点难预测
俯冲段拦截	飞行速度较低,机动能力小	俯冲攻击时刻难预测,拦截响应时间很短,目标会释放子弹药

一是助推段抵近拦截。即在高超声速目标从发射到其火箭发动机熄火的这段期间进行拦截。在此阶段,由于响应时间极短,可使用部署在临近空间的激光、动能武器等拦截平台,或在获取区域制空权和制海权的前提下采用空基平台携弹抵近拦截的方式,对处于助推段的高超声速目标实施第一道拦截。二是巡航/滑翔段接替拦截。即在吸气式高超声速目标从超燃冲压发动机开始工作(火箭发动机熄火)到超燃冲压发动机停止工作的这段过程进行拦截,而对于助推-滑翔式高超声速目标,则是在其脱离助推器进行滑翔巡航阶段进行拦截。巡航/滑翔段是拦截高超声速目标的最佳阶段。在此阶段,陆/海基武器系统有较多的响应时间,武器系统可以争取更多的拦截机会,因而在解决战场态势感知、密切协同行动和精确目标引导等问题的前提下,可使用空基平台前出拦截,陆/海基平台进行后续接替拦截,形成前后两层、空地海立体拦截体系。三是俯冲攻击段闭锁拦截。即从高超声速目标开始俯冲攻击到爆炸之前这段时间进行拦截。此阶段的高超声速目标俯冲角大,留给拦截武器的反应时间很短,一般只有一次拦截机会,但同时俯冲段目标飞行速度降低,机动能力下降,因此也存在着进行拦截的有利条件,可将激光、动能武器等新概念武器部署在重要目标周围,对进入俯冲段的高超声速目标进行密集拦截。

(1) 助推段拦截

1) 优　势

在助推段,高超声速目标速度较慢,目标还没来得及散布载荷和电子对抗措施,目标识别相对简单,没有诱饵和有源/无源干扰等问题,弹头也无法进行大范围机动变轨,发动机点火引起的红外信号等特征也较强,容易发现和识别,并且导弹并未进行弹体分离,目标体积较大。另外处于助推段的高超声速目标还处于发射国境内,如果在这个阶段进行拦截,被击落的导弹碎片和弹头都会落在发射国的国土上,对防御方来说可将对本国的伤害程度降到最低。

2) 困　难

从高超声速目标发射到助推段结束,时间非常短暂。助推段时间的长短与高超声速目标燃料类型(固体或液体)以及射程密切相关,例如洲际弹道导弹助推时间大约为 $180\sim250$ s(采用液体燃料的导弹时间稍长于这个时间),对于射程小于洲际弹道导弹的威胁目标,由于其助推段时间更短且燃料燃尽时的飞行高度较低,这两个因素决定了助推段的拦截窗口很小,拦截时间紧,拦截平台距离近。

拦截时间紧主要体现在拦截弹必须在接到传感器报告高超声速目标发射事件后的几秒钟内即展开交战,这意味着需要以极快的速度检测到目标发射事件,对其进行分类(如果判定为威胁的话)、跟踪、决策并授权交战,然而每一个环节加上交战本身都需要时间来完成,如何在有限的时间内实现是一项十分艰巨的挑战。

拦截平台距离近主要体现在对于动能拦截弹,不论其发射平台是陆/海基还是空基,都需要考虑其自身从发射平台到拦截点的飞行时间,因此要求发射平台要距离敌高超声速目标发射地点足够近,才能确保在助推段拦截窗口内对高超声速目标进行拦截。而对于以激光为代表的定向能拦截器,由于激光以光速行进,因此从理论上看非常适于助推段拦截,可以从远程在瞬间对高超声速目标进行攻击,到达目标的距离不再受制于动能拦截弹的飞行时间,但使用激光作为杀伤机制并不能回避对拦截平台距离上的要求。首先,激光的功率随着目标距离的增加而降低,即激光的作用范围是有限的。其次,尽管激光束以光速到达目标,但它必须在目标上驻留一段时间(几秒钟)才能积累足够的能量来摧毁目标。此外,在目标助推器推力终止时,目标所处高度和拦截器平台的高度差也会导致聚集在目标上的能量损失,从而限制了激光器的有效射程,同时激光杀伤目标的效果还会受到激光器的功率以及穿透大气层、在低仰角将光束聚焦于目标上的能力等因素的影响。

综上可知,不论是动能拦截器还是激光拦截器,均要求发射平台必须足够靠近可能的发射地点进行部署,以便一旦发生发射事件后能够在极短的时间内做出响应,而这在现实中实现难度大,受制因素多,甚至根本不可能实现,因此大大限制了陆、海、空基拦截平台在助推段拦截的运用。而天基拦截具有覆盖范围广、助推段防御无须前沿部署、可直接对高超声速目标进行跟瞄猎杀、不受地理边界限制、拦截无死角等潜在优势,理论上为助推段拦截高超声速目标提供了一种方法。

天基拦截弹曾是美国里根政府战略国防倡议(SDI)中的重点开发项目,在布什政府时期降级为"智能卵石"项目,后因技术和成本问题被取消。美国国会在《2018 财年国防授权法案》中考虑开展天基拦截弹的预先研究,以探索天基拦截弹技术可行性和成本可接受性。如具备可行性,美国国会则期望进一步构建"天基预警—天基跟踪—天基拦截—天基评估"的天基反导作战链路,以实现全球拦截、前沿拦截能力。但天基拦截系统也存在着固有缺陷。首先,天基系统维护难,未来拦截卫星一旦发生故障,需要发射在轨服务飞行器,不可能立即维护。其次,天基动能拦截弹为了在助推段实施拦截,拦截弹必须部署在低轨道,因为更高的高度会使拦截弹离得太远而无法短时间内到达处于助推段的目标位置。在低地球轨道上,天基拦截弹相对地面处于高速移动状态,无法停留在地球上空某个具体位置。为确保随时有不少于 1 枚天基拦截弹可用于拦截 1 枚高超声速目标,需部署多枚拦截弹,因此天基拦截弹需要由密集的卫星星座组成。2016 年,哈德森研究所发布一份报告,指出包含 24 个天基动能拦截弹的全寿命周期成本高达 260~300 亿美元,具体取决于发射成本和有效载荷配置。然而,24 个卫星组成的星座太小,无法实现全球覆盖,因此无论从成本角度还是卫星发射角度都是难以实现的。此外,天基拦截系统对拦截目标的高度有一定的限制(80~100 km),如果目标的高度太低,由于低空空气密度大,拦截器与空气摩擦的热将有可能导致拦截器发生故障。而近程目标助推段很短,发动机关机时导弹所处的高度较低,因此并不适合天基助推段动能拦截系统开展拦截。再次,传统的天基动能拦截弹为一次性消耗系统,即一旦驶向目标就不会返回原来的星座位置,因此某个拦截弹在使用后会留下空缺,对星座覆盖形成影响,因而这种设计方式会危害整个系统的能力。敌方可以先发射一枚导弹令己方形成空缺,然后再发射第二枚导弹,造成己方无法对其有效拦截。

综上,虽然以太空为基地实施助推段防御可以从理论上解决陆/海基和空基助推段防御的地理限制问题,但这种星座系统的规模大,成本超高,而且很容易受到对方导弹饱和攻击的反制措施影响。激光武器以光速传播,打击速度快、范围大,并且激光可重复发射、成本低廉,不必担忧弹药消耗问题,反导系统可长时间保证战斗力,因此以激光为代表的定向能拦截器为天基反导系统实现提供了可能,但当前激光武器质量和体积过大,整体功率较小等问题,需要逐步攻克技术瓶颈之后才具有实际应用价值。

(2)巡航/滑翔段(中段)拦截

1)优 势

从目前技术水平看,巡航/滑翔段是拦截高超声速目标的最佳阶段。在此阶段,陆/海基武器系统有较多的响应时间,有较充足的射击机会去应对目标指示不完全的情形和拦截失误。

2)困 难

高超声速目标在巡航/滑翔段可以采取机动变轨、有源/无源干扰、释放诱饵等突防措施,因此该段防御必须要进行抗干扰和目标识别,即从云层里区分出实际的威胁目标。而这难度较大,因为随着威胁目标的不断升级,防御方面临诸如诱饵、结构化进攻(威胁目标同时攻击导弹防御系统关键部分尤其是传感器)等电子对抗手段。

在拦截方法上,巡航/滑翔段拦截可使用空基平台前出拦截,陆/海基平台进行后续接替拦截,形成前后两层、空地海立体拦截体系。拦截手段可以包括动能拦截、定向能拦截等多种方式相结合。

(3)俯冲攻击段(末段)拦截

俯冲攻击阶段的高超声速目标俯冲角大,拦截窗口较小,但俯冲段目标飞行速度降低,机动能力下降,存在着进行拦截的有利条件。首先,俯冲段是高超声速目标速度最慢的时期,在巡航/滑翔段时导弹完成的大幅度机动会牺牲能量,在接近目标时飞行速度可能会降低到 5 Ma 以下。其次,俯冲段的导弹没有太多的机动空间与机动力量,无法再进行大过载的变轨与规避。

俯冲端拦截应在保卫要地 100 km 范围形成区域掩护的基础上,采用多种手段来降低高超声速来袭目标对防卫目标的影响,综合采用"软硬"结合的方式应对。"软"即采取释放干扰、诱骗、设置假目标等方式,使来袭武器打不到防卫目标;"硬"即采用武器进行拦截摧毁,将动能、激光武器等部署在重要目标周围,对进入俯冲段的高超声速目标进行密集拦截。

综上所述,针对高超声速目标不同的飞行阶段采用不同的拦截方法各有优势和不足,因此应综合运用多种拦截手段在高超声速目标的不同飞行阶段进行拦截,形成分段多层拦截模式,以实现优势互补、取长补短,最大限度提高拦截成功率。

参考文献

［1］洪延姬.临近空间飞行器技术［M］.北京：航空工业出版社，2012.

［2］宗群.高超声速飞行器鲁棒自适应控制［M］.北京：科学出版社，2018.

［3］赵良玉，雍恩米，王波兰.反临近空间高超声速飞行器若干研究进展［J］.宇航学报，2020，41(10)：1239-1250.

［4］刘文.高超声速乘波体气动布局优化及稳定性研究［D］.西安：西北工业大学，2018.

［5］秦伟伟.临近空间高超声速飞行器控制系统基本原理［M］.北京：北京航空航天大学出版社，2018.

［6］余协正，陈宁，陈萍萍，等.临近空间高超声速飞行器目标特性及突防威胁分析［J］.航天电子对抗，2019，35(6)：24-29.

［7］王倩.高超声速飞行器飞行控制系统设计方法与仿真研究［D］.上海：复旦大学，2011.

［8］牛东冰.乘波体气动外形设计综述［J］.飞航导弹，1998，(8)：5-10.

［9］闵昌万.史记·高超声速飞行［M］.北京：科学出版社，2019.

［10］蔡国飙，徐大军.高超声速飞行器技术［M］.北京：科学出版社，2012.

［11］北京海鹰科技情报研究所.高超声速技术篇［M］.北京：北京理工大学出版社，2021.

［12］骆广琦，王如根.空天飞行器动力装置［M］.北京：国防工业出版社，2018.

［13］邓帆，谭慧俊，董昊.预冷组合动力高超声速空天飞机关键技术研究进展［J］.推进技术，2018，39(1)：1-13.

［14］梁伟，金华，孟松鹤.高超声速飞行器新型热防护机制研究［J］.宇航学报，2021，42(4)：409-424.

［15］孙明玮.高超声速飞行器自抗扰控制方法［M］.北京：科学出版社，2018.

［16］孙长银.高超声速飞行器终端滑模控制技术［M］.北京：科学出版社，2014.

［17］龚旻，谭杰，李大伟，等.临近空间高超声速飞行器黑障问题研究综述［J］.宇航学报，2018，39(10)：1059-1070.

［18］李小平.高速飞行器等离子体鞘套电磁波传播理论与通信技术［M］.北京：科学出版社，2018.

［19］Gillman E D，Foster J E，Blankson I M. Review of leading approaches for mitigating hypersonic vehicle communications blackout and a method of ceramic particulate injection via cathode spot arcs for blackout mitigation［R］.NASA/TM-2010-216220，Cleveland，Ohio：Clenn Research Center，February，2010.

［20］李益翔.美国高超声速飞行器发展历程研究［D］.哈尔滨：哈尔滨工业大学，2016.

［21］赵彪.高超声速飞行器技术发展研究［D］.哈尔滨：哈尔滨工业大学，2010.

［22］王俊伟，刘都群，张灿.2021年国外高超声速领域发展综述［J］.战术导弹技术，2022，(01)：29-37.

［23］Voland R，Huebner L，McClinton C. X-43A Hypersonic vehicle technology development[J]. Acta Astmnautica, 2006, 59(1): 181-191.

[24] Shelly F, Charles M, Kenneth R, et al. Hyper-X Mach 7 scramjet design, ground test and flight results, AIAA 2005-3322[R]. Reston: AIAA, 2005.

[25] Joyce P J, Pomroy J B. The Hyper-X launch vehicle: challenges and design considerations for hypersonic flight testing, AIAA-2005-3333[R]. Reston: AIAA, 2005.

[26] 叶洁. 美国高超声速飞行器技术发展初步研究[J]. 飞航导弹, 2014, (8): 15-20.

[27] Committee on the National Aerospace Initiative, National Research Council. Evaluation of the National Aerospace Initiative[M]. Washington DC, USA: The National Academies Press, 2004.

[28] Brase L O, Haudrich D P. Flutter and divergence assessment of the HyFly missile[J]. American Institutes of Aeronautics and Astronautics, 2009.

[29] 温杰. 美国海军的 HyFly 计划[J]. 飞航导弹, 2008, (12): 10-13.

[30] 叶喜发, 张欧亚, 李新其. 国外高超声速巡航导弹的发展情况[J]. 飞航导弹, 2019, (2): 65-68.

[31] 魏子淋, 刘治德, 徐向东. 美军临近空间快速全球打击武器现状与发展[J]. 飞航导弹, 2012, (2): 3-6.

[32] Walker S, Tang M, Morris S, et al. Falcon HTV-3X—A Reusable Hypersonic Test Bed[R]. Reston: AIAA, 2008-2544.

[33] Jennings G. Waverider set for third hypersonic test flight[J]. Jane's Missiles& Rockets, 2012, 16(8): 4.

[34] Mutzman R, Murphy S. X-51 development: a chief engineer's perspective[C] //17th AIAA International Space Planes and Hypersonic Systems and Technologies Conference. Reston: AIAA, 2011.

[35] 陈星宇. 美国高超声速导弹武器研制进展及思考[J]. 中国航天, 2021, (5): 62-66.

[36] 易鑫磊. 俄美高超声速武器的发展态势与战略影响[J]. 俄罗斯研究, 2021, (2): 169-197.

[37] 林旭斌, 张灿. 俄罗斯新型高超声速打击武器研究[J]. 战术导弹技术, 2019, (1): 19-24.

[38] 章荣刚. 日本高超声速武器技术最新发展[J]. 兵工科技, 2019, (8): 41-47.

[39] 吴一. 欧洲高超声速武器技术最新发展[J]. 兵工科技, 2019, (8): 48-54.

[40] 张灿, 叶蕾. 法国高超声速技术最新发展动向[J]. 飞航导弹, 2019, (6): 25-26.

[41] 王鹏飞, 王光明, 蒋坤. 临近空间高超声速飞行器发展及关键技术研究[J]. 飞航导弹, 2019, (8): 22-28.

[42] 摩达克. 高超声速飞行器的优缺点及启示[J]. 兵工科技, 2018, (8): 83-87.

[43] 兰顺正. 临近空间高超声速飞行器的军事应用[J]. 太空探索, 2018, (1): 57-61.

[44] 丰松江. 经略临近空间[M]. 北京: 时事出版社, 2019.

[45] 李永强. 现代近距空中支援作战[M]. 北京: 航空工业出版社, 2018.

[46] 知远战略与防务研究所, 译. 重塑近距离支援: 从近距离空中支援过渡到近距离联合支援[R]. Report of Joint Air Power Competence Centre(JAPCC), 2020.

[47] USAF. Air Force future operatingconcept[EB/OL]. (2015-10-21). http://www. air-force. com.

[48] 柴水萍,范乔乔.美空军发布战略文件提出以作战灵活性为核心的未来作战概念[J].防务视点,2015,(12):50-53.

[49] 杨明映,朱昱,张笋.防抗高超声速武器作战体系建设思考[J].飞航导弹,2019,(7):21-25.

[50] 张海林,周林,左文博,等.临近空间高超声速导弹红外特性研究[J].激光与红外,2015,45(1):41-44.

[51] 韩晋山,邢建平,张浩.美国导弹预警系统的发展现状与趋势[J].科技导报,2019,37(4):91-95.

[52] 王鹏飞,罗畅,徐婧,等.高超声速导弹发展及防御策略研究[J].战术导弹技术,2021,(1):60-66.

[53] 张蕾,译.美国助推段导弹防御概念和拦截武器方案可行性分析[J].电子工程信息,2019,(2):31-36.

[54] [英]劳伦斯·弗里德曼.战略:一部历史[M].王坚,马娟娟,译.北京:社会科学文献出版社,2016.

[55] 黄志澄.新航天—创新驱动的商业航天[M].北京:电子工业出版社,2017.

[56] 李大光."萨德"反导系统入韩威胁东北亚地缘安全[J].中国经贸导刊,2017,72-75.

[57] The National Academics of Sciences, Engineering and Medicine. A threat to America's global vigilance, reach, and power:high speed maneuvering weapons[M]. Washington DC,USA:The National Academies Press,2016.

[58] 梁蕾.洲际弹道导弹突防技术发展趋势[J].飞航导弹,2018,(8):55-57.

[59] 易仕和,丁浩林.稠密大气中高超声速导引头红外成像面临的机遇、挑战与对策[J].现代防御技术,2020,48(3):1-10.

[60] 林旭斌,张斌,葛悦涛.国外智能化技术在高超声速飞行器领域的应用研究[J].飞航导弹,2020,(12):1-5.

[61] 杨杰,肖学祥.基于科技的军事理论创新[J].国防科技,2016,37(6):108.

[62] 江绍东,万鹏.美军力推高超声速武器化发展[J].中国航天,2020,(8):41-44.

[63] 胡冬冬,宋锋,叶蕾.高超声速武器核武化发展态势及影响分析[J].飞航导弹,2020,(1):51-55.